21 世纪全国高职高专机电系列实用规划教材

工程力学

主　编　江西城市职业学院　余学进
湖北教育学院　姚桂玲
副主编　南昌航空工业学院　雷金波
南阳理工学院　熊运昌
参　编　湖北教育学院　赵昌发
唐山科技职业学院　马美英

北京大学出版社
PEKING UNIVERSITY PRESS

内容简介

本书共分两篇，第1篇是构件的受力分析及平衡计算（共3章），主要介绍理论力学中静力学部分。第2篇是构件的基本变形及强度计算（共5章），主要介绍材料力学部分。

全书基本概念和理论论述深入浅出、简明扼要、突出少而精，充分反映当今教学改革的趋势，涵盖了工程力学课程的基本要求。全书8章内容如下。

静力学基本概念及原理，平面力系，空间力系的平衡，轴向拉伸与压缩（含压杆稳定），剪切和挤压，圆轴的扭转，弯曲，组合变形（含强度理论）。

本书可作为高等院校工科各类专业工程力学课程的教材，也可作为成人教育相应专业的教材，也可供相关技术人员参考。

图书在版编目(CIP)数据

工程力学/余学进，姚桂玲主编. —北京：北京大学出版社，2006.1

(21世纪全国高职高专机电系列实用规划教材)

ISBN 7-301-10464-2

Ⅰ. 工… Ⅱ. ①余… ②姚… Ⅲ. 工程力学—高等学校：技术学校—教材 Ⅳ. TB12

中国版本图书馆CIP数据核字(2005)第161309号

书　　名：工程力学
著作责任者：余学进　姚桂玲　主编
责 任 编 辑：李　虎
标 准 书 号：ISBN 7-301-10464-2/TH・0056
出 版 者：北京大学出版社
地　　址：北京市海淀区成府路205号　100871
网　　址：http://www.pup.cn　http://www.pup6.com
电　　话：邮购部62752015　发行部62750672　编辑部62750667　出版部62754962
电 子 信 箱：pup_6@163.com
印 刷 者：河北滦县鑫华书刊印刷厂
发 行 者：北京大学出版社
经 销 者：新华书店
787毫米×1092毫米　16开本　11印张　250千字
2006年1月第1版　2006年8月第2次印刷
定　　价：18.00元

前　言

为了适应高等工业学校工程力学课程的教学改革和发展需要，根据教育部制定的工程力学课程基本要求和我们长期从事力学教学的经验，我们编写了这本工程力学教材。

工程力学是研究物体机械运动一般规律和工程构件的强度、刚度、稳定性的计算原理及方法的科学，它综合了理论力学和材料力学两门课程中的有关内容，是一门理论性和实践性都较强的课程，它是现代工程技术的重要理论基础之一，在基础课和专业课之间起着重要的桥梁作用。

木书内容以静力学和材料力学为主。适用于60～80学时工程力学的教学需要，也可用作本科相关专业少学时教材和成人教育的工程力学教材，还可供有关工程技术人员参考。

在本书编写中结合专业特点，积极吸取其他同类教材的优点，突出基本概念、基本理论。内容精炼、重在应用。在内容安排、例题和习题取舍上，力求符合学生的认知规律和教学规律。

学习这门课程，重在循序渐进，不断运用力学理论知识分析和解决实际问题，为今后从事科研工作和解决工程实际问题打下坚实的基础。

本书由江西城市职业学院、湖北教育学院、南昌航空工业学院、南阳理工学院、唐山科技职业学院共同编写而成，具体分工如下。

江西城市职业学院　余学进——前言，第1、2章

南昌航空工业学院　雷金波——第3章、目录、附录

湖北教育学院　姚桂玲——第4章

　　　　　　　赵昌发——第5、6章

南阳理工学院　熊运昌——第7章

唐山科技职业学院　马美英——第8章

全书由余学进、姚桂玲主编，雷金波、熊运昌担任副主编，并由余学进教授统一全稿。在本书编写过程中江西城市职业学院的陈明德教授提出了许多宝贵的建议，南昌航空工业学院的彭迎凤副教授参加了书稿的讨论，在此谨向他们表示衷心的感谢。限于编者水平，本书难免存在缺点和错误之处，敬请读者批评指正。

编　者

2005.10

目　录

第1篇　构件的受力分析及平衡计算

第2篇 构件的基本变形及强度计算

第 1 篇　构件的受力分析及平衡计算

物体受到力的作用时，其机械运动状态将发生变化，同时物体的形状也会发生改变。平衡是物体运动状态的一种特殊情况，在一般工程问题中，平衡是指物体相对于地球静止或作匀速直线运动。静力学是研究物体在力系作用下平衡规律的科学。力系是指作用在物体上的一组力。物体的平衡状态是指物体相对于地球处于静止或作匀速直线运动。物体处于平衡状态时，作用在该物体上的力系称为平衡力系。本篇主要研究物体(构件)在主动力和约束力作用下的平衡问题，研究如何将工程实际问题简化成为便于分析计算的力学模型。主要介绍以下内容：

力和力系的基本概念、基本原理，静力学研究的基本对象；约束及约束反力的概念，工程中不同约束类型的受力特点及其一般表达方法；物体受力分析的一般步骤；平面力系的概念及其分类；平面力系向一点简化的方法及其结果；平面任意力系(包括各种特殊平面力系)的平衡方程及平面状态下物系平衡问题的解法；空间力沿坐标轴的分解和投影；力对点之矩的矢量表示，力对轴之矩的概念及其应用，主矢和主矩的概念；空间任意力系(包括各种特殊空间力系)的平衡方程及其应用；物体的重心和平面图形形心的概念。

本篇运用逻辑推理和数学演绎方法，由静力学基本原理出发，建立了严密而完整的理论体系。既可直接用于解决工程实际问题，也为很多工程专业课程如材料力学、结构力学、机械原理等奠定了理论基础。

第 1 章　静力学基本概念及原理

学习本章时要求读者必须明确和掌握的问题如下：

(1) 了解和掌握力和力系的基本概念、基本原理，明确静力学研究的基本对象。

(2) 了解和掌握约束及约束反力的概念，工程中不同约束类型的受力特点及其一般表达方法。

(3) 了解和掌握物体受力分析的一般步骤及其在工程中的应用。

1.1　力和刚体的概念

力和刚体是静力学中两个重要的基本概念，力一般是指物体间相互机械作用，刚体是指在力的作用下不会变形的物体（即其内部任意两点之间的距离始终保持不变），它是一个理想化的力学模型。

1.1.1　力的概念

力是物体间的相互机械作用，这种作用使物体的运动状态发生改变，或使物体产生变形。力使物体改变运动状态的效应称为力的外效应，使物体产生变形的效应称为力的内效应。力对物体作用的效应取决于力的三要素，即力的大小、方向、作用点。

度量力的大小通常采用国际单位制(SI)，力的单位采用牛(N)或千牛(kN)。

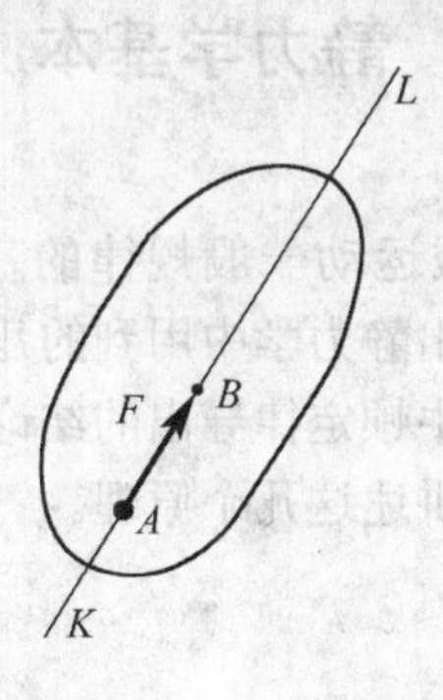

图 1.1　力的示意图

力的方向包含方位和指向两个意思，如铅直向下，水平向右等。

作用点指力在物体上的作用位置。

力具有大小和方向，所以**力是矢量**。

在图 1.1 中，矢量 $\boldsymbol{AB}$ 表示力 $\boldsymbol{F}$，黑体字母 $\boldsymbol{F}$ 表示矢量，矢量的长度表示力 $\boldsymbol{F}$ 的大小，而 A 是力 $\boldsymbol{F}$ 的作用点，矢量的指向表示力的方向。

1.1.2　力系的分类

力系依作用线分布情况有以下几种：若所有力的作用线在同一平面内时，称为平面力系；否则称为空间力系。若所有力的作用线汇交于同一点时，称为汇交力系；而所有力的作用线都相互平行时，称为平行力系。力偶系则是指力系中所有各力均以力偶的方式组成。

1.1.3　刚体的概念

静力学主要研究物体的平衡，即物体机械运动的一种特殊状态，此时物体的变形成为次要因素，可以忽略不计。这就引出一种理想的物体概念，即刚体的概念。所谓刚体是指在力作用下体积和形状都不会改变的物体，其内部任意两点间距离始终保持不变。这是一个理想化的力学模型。

必须指出刚体概念的应用有一定范围。当研究力对物体的外效应时，可把物体抽象为刚体。而在研究物体的内部和破坏时，如材料力学中就不能把物体作为刚体，否则会导致错误。

实践经验表明，作用于刚体的力可沿其作用线移动而不改变其对刚体的运动效应，例如，用小车运送物品时如图 1.2 所示，不论在车后 A 点用力 $\boldsymbol{F}$ 推车，抑或在车前同一直线上的 B 点用力 $\boldsymbol{F}$ 拉车，效果都是一样的。力的这种性质称为力的可传性。

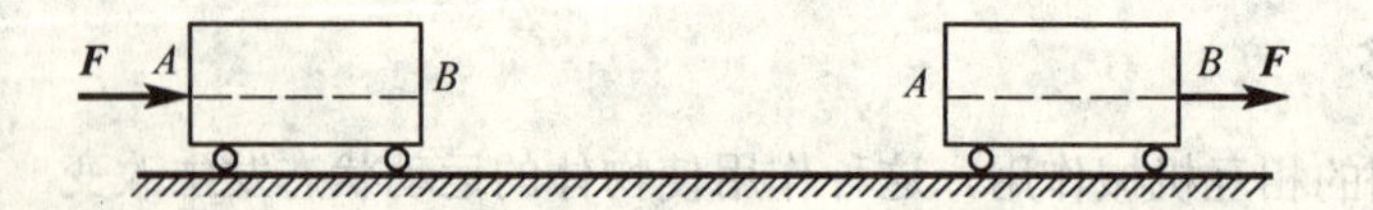

图 1.2　力的可传性

1.2　静力学基本原理

牛顿运动定律是研究物体机械运动一般规律的基础，也是研究机械运动的特殊情形——平衡问题的基础。这里只提出静力学中用到的几个原理。这几个原理，有的就是牛顿定律本身的内容；有的则是可由牛顿定律导出的结论。不过这里将不加证明，而只作为由实践验证的原理提出来。下面就讲述这几个原理。

1.2.1　二力平衡原理

作用于同一刚体的两个力平衡的必要与充分条件是：两个力大小相等、方向相反、作用线在同一直线上。

例如，在一根静止的刚杆的两端沿着同一直线 AB 施加两个拉力 F_1 及 F_2 (图 1.3(a))或压力 F_1 及 F_2 (图 1.3(b)，使 $F_1=-F_2$，由经验可知，刚杆将保持静止，既不会移动，也不会转动，所以 F_1 与 F_2 两个力平衡。反之，如果 F_1 与 F_2 不满足上述条件，即或者它们的作用线不同，或者 $\boldsymbol{F}_1\neq-F_2$，则刚体将从静止开始运动，就是说，两个力不能平衡。

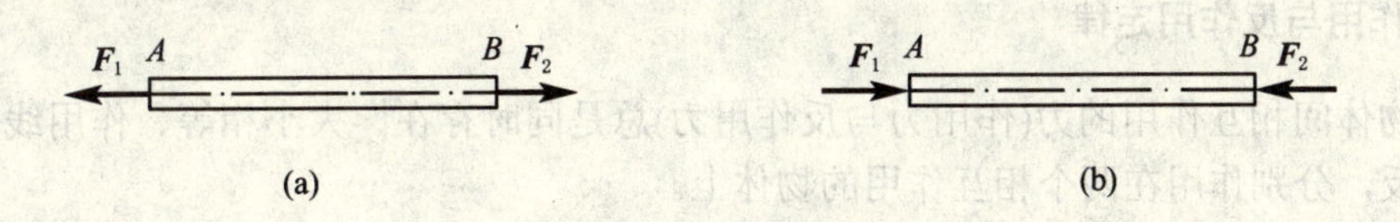

图 1.3　二力平衡构件

1.2.2　加减平衡力系原理

在任一力系中加上一个平衡力系，或者减去一个平衡力系，所得新力系与原力系对于刚体的作用效应相同。

推论 1：力的可传性原理

作用于刚体上的力，可沿其作用线移至刚体内任意一点，而不改变它对于刚体的效应。

1.2.3　力的平行四边形法则

作用在一个物体上的两个共点力可以合成为一个合力，合力作用于两分力的公共作用点。合力的大小和方向由以这两力为边的平行四边形对角线确定。

如图 1.4(a)所示作矢量 $\boldsymbol{AB}$ 及 $\boldsymbol{AD}$ 分别代表力 $\boldsymbol{F}_1$ 及 $\boldsymbol{F}_2$，以 AB 和 AD 为邻边作平行四边形 $ABCD$，则对角线矢量 $\boldsymbol{AC}$ 即代表 $\boldsymbol{F}_1$ 与 $\boldsymbol{F}_2$ 的合力 $\boldsymbol{F}_R$；力 $\boldsymbol{F}_1$ 及 $\boldsymbol{F}_2$ 则称为 $\boldsymbol{F}_R$ 的分力。

平行四边形法则表明，共点的两个力的合力等于这两个力的矢量和，用矢量方程表示，就是

$$\boldsymbol{F}_R=\boldsymbol{F}_1+\boldsymbol{F}_2$$

有时用三角形法则求合力的大小和方向：在图 1.4(b)中，作矢量 AB 代表力 $\boldsymbol{F}_1$，再从 $\boldsymbol{F}_1$ 的终点 B 作矢量 BC 代表力 $\boldsymbol{F}_2$，最后从 $\boldsymbol{F}_1$ 的起点 A 向 $\boldsymbol{F}_2$ 的终点 C 作矢量 AC，则 AC 即为合力 $\boldsymbol{F}_R$。

推论 2：三力平衡汇交定理

当刚体受三个力作用而平衡时，若其中任何两个力的作用线相交于一点，则剩余一力的作用线必交于同一点，且三个力的作用线位于同一平面内，如图 1.5 所示。

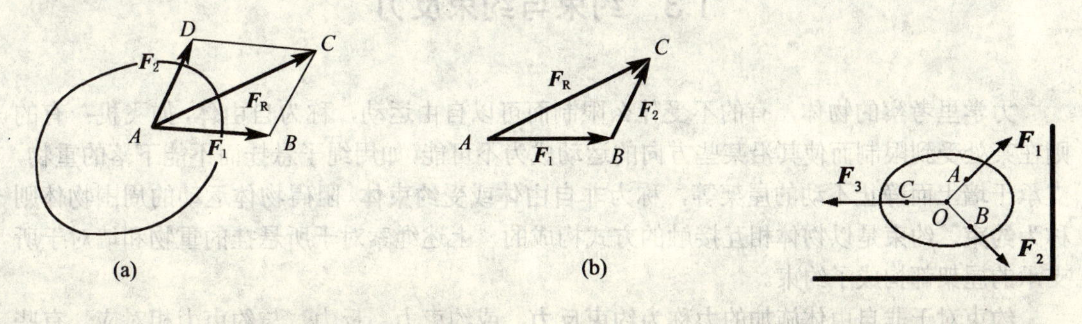

图 1.4　力的合成　　　图 1.5　三力平衡汇交

1.2.4 作用与反作用定律

两物体间相互作用的力(作用力与反作用力)总是同时存在、大小相等、作用线相同而方向相反，分别作用在两个相互作用的物体上。

1.2.5 刚化原理

如果变形体在某一力系作用下处于平衡，若将此变形体刚化为刚体，其平衡状态不变。

例如，在图 1.6(a)中，弹簧 *AB* 在力 F_1、F_2 的作用下保持平衡。若将该弹簧刚化成为图 1.6(b)中的刚杆，其平衡状态不改变。

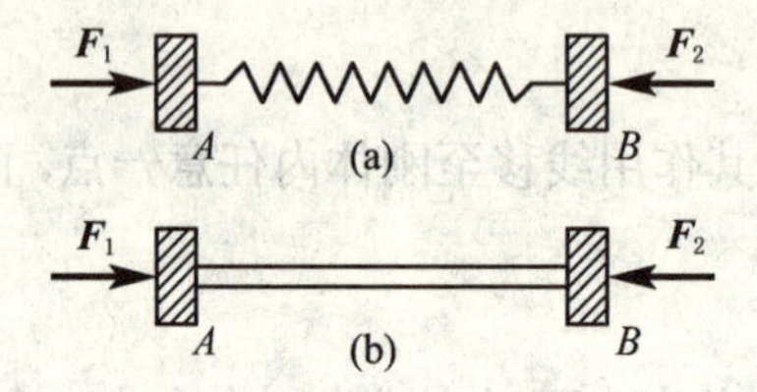

图 1.6 刚化原理说明

此原理建立了刚体的平衡条件和变形体的平衡条件之间的联系，它说明了变形体平衡时，作用在其上的力系必须满足把变形体刚化为刚体后刚体的平衡条件。这样就能把刚体的平衡条件应用到变形体的平衡问题中去，从而扩大了刚体静力学的应用范围，这在弹性体静力学和流体静力学中有重要的意义。

必须指出，刚体的平衡条件是变形体平衡的必要条件，而非充分条件。因此，要研究变形体是否平衡，仅有刚体平衡条件是不够的，还需考虑变形体的特性。

1.2.6 解除约束原理

当任何约束解除时，可用相应的约束反力代替。

此原理表明，在静力学中，约束对物体的作用，完全取决于约束反力。

1.3 约束与约束反力

力学里考察的物体，有的不受什么限制而可以自由运动，称为**自由体**，如飞机；有的则在某处受到限制而使其沿某些方向的运动成为不可能，如用绳子悬挂而不能下落的重物，支承于墙上而静止不动的屋架等，称为**非自由体**或**受约束体**。阻碍物体运动的周围物体则称为**约束**。约束是以物体相互接触的方式构成的，上述绳索对于所悬挂的重物和墙对于所支承的屋架都构成了约束。

约束对于非自由体施加的力称为**约束反力**，或约束力、反力。与约束力相对应，有些力主动地使物体运动或使物体有运动趋势，这种力称为**主动力**。如重力、水压力、土压力等都是主动力，工程上也常称作**荷载**。

主动力一般是已知的，而约束力则是未知的。但是，某些约束的约束力的作用点、方位或方向，却可根据约束本身的性质加以确定，确定的原则是：**约束力的方向总是与约束所能阻止的运动方向或运动趋势相反**。下面是工程中常见的几种约束的实例、简化记号及对应的约束力的表示法。对于指向不定的约束力，图中的指向是假设的。

1.3.1　柔性体约束

绳索、链条、皮带等属于柔性体约束。由于柔性体只能承受拉力，所以柔性体给予所系物体的约束力作用于接触点，方向沿柔性体中心线而背离物体如图 1.7 所示。

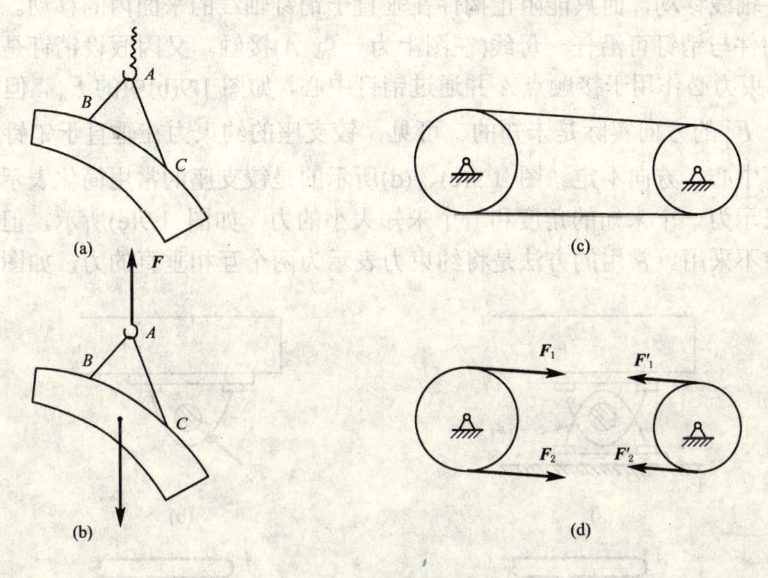

图 1.7　柔性体约束

1.3.2　光滑接触面

当两物体接触面上的摩擦力可以忽略时，即可看作光滑接触面。这时，不论接触面形状如何，只能阻止接触点沿着通过该点的公法线趋向接触面的运动。所以，光滑接触面的约束力通过接触点，沿接触面在该点的公法线上，并为压力(指向物体内部)，如图 1.8 所示。

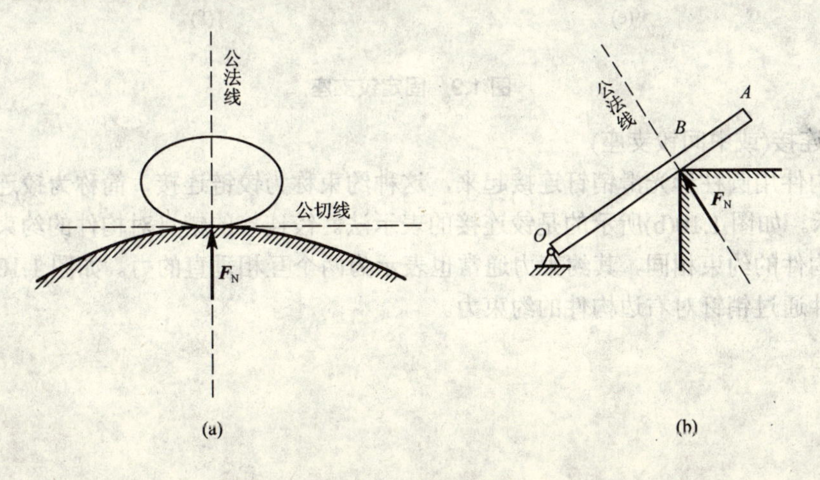

图 1.8　光滑面约束

1.3.3　铰支座与铰连接

在工程中铰支座和铰链接应用很多，主要有以下几种类型：

1) 固定铰支座

工程上常用一种叫做支座的部件，是指将一个构件支承于基础或另一静止的构件上的一种装置。如将构件用圆柱形光滑销钉与固定支座连接，该支座就称为**固定铰支座**，简称**铰支座**。图 1.9(a)所示的是构件与铰支座连接示意图，销钉不能阻止构件转动，也不能阻止构件沿销钉轴线移动，而只能阻止构件在垂直于销钉轴线的平面内的移动。当构件有运动趋势时，构件与销钉可沿任一母线(在图上为一点 A)接触。又因假设销钉是光滑圆柱形的，故可知约束力必作用于接触点 A 并通过销钉中心，如图 1.9(b)中的 F_A，但接触点 A 不能预先确定，F_A 的方向实际是未知的。可见，铰支座的约束力在垂直于销钉轴线的平面内，通过销钉中心，方向不定。图 1.9(c)、(d)所示的是铰支座的常用简化表示法。铰支座的约束力可表示为一个未知的角度和一个未知大小的力，如图 1.9(e)所示，但这种表示法在解析计算中不采用。常用的方法是将约束力表示为两个互相垂直的力，如图 1.9(f)所示。

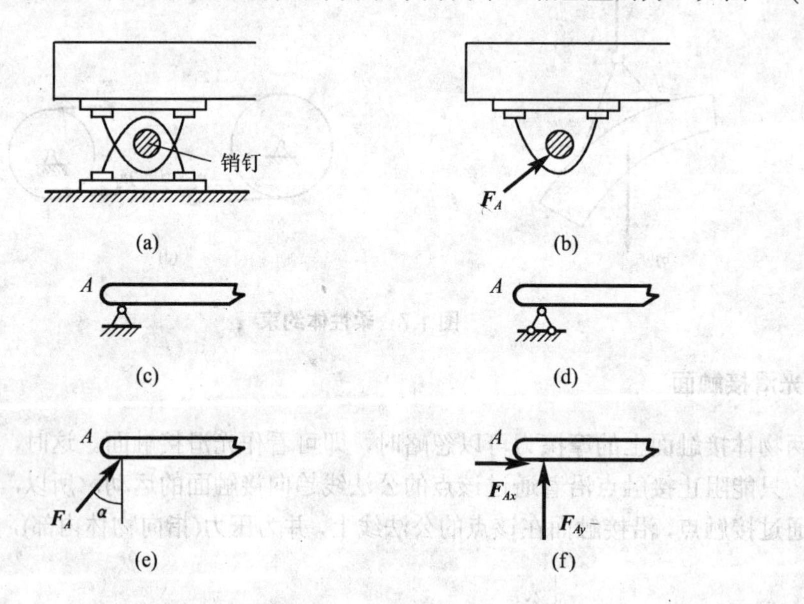

图 1.9　固定铰支座

2) 铰连接(或中间铰支座)

两个构件用圆柱形光滑销钉连接起来，这种约束称为铰链连接，简称为铰连接，如图 1.10(a)所示。如图 1.10(b)所示的是铰连接的表示法。铰连接的销钉对构件的约束与铰支座的销钉对构件的约束相同，其约束力通常也表示为两个互相垂直的力。如图 1.10(c)所示的是左边构件通过销钉对右边构件的约束力。

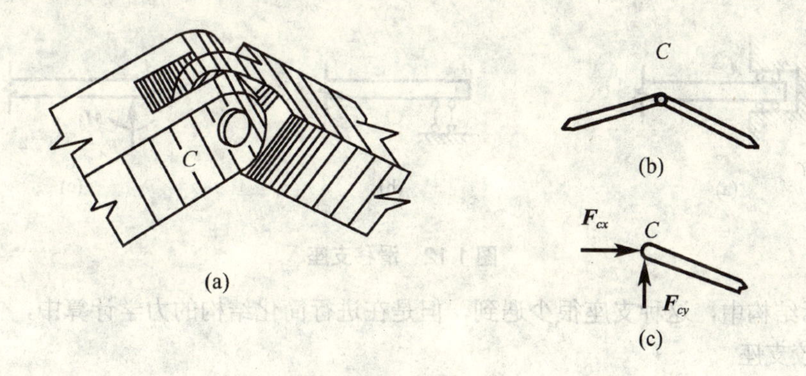

图 1.10　铰链连接

如用光滑销钉使一个构件直接与固定物体连接，也叫**铰连接**。这时铰的作用与固定铰支座相同。

3) 活动铰支座或辊轴支座

将构件用销钉与支座连接，而支座可以沿着支承面运动，就成为**活动铰支座**，或者称**辊轴支座**。图 1.11(a)所示的是辊轴支座的示意图，图 1.11(b)、(c)、(d)所示的是辊轴支座的常用简化表示法。假设支承面是光滑的，辊轴支座不能阻止沿着支承面的运动，而能阻止物体与支座连接处向着支承面或离开支承面的运动。所以，辊轴支座的约束力通过销钉中心，垂直于支承面，指向不定(即可能是压力又可能是拉力)。图 1.11(e)所示的是辊轴支座约束力的表示法。

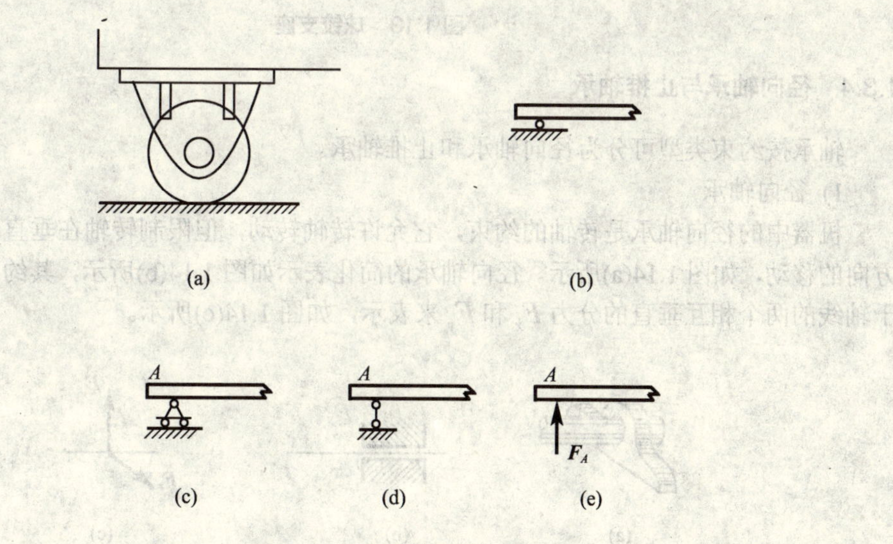

图 1.11　活动铰支座

4) 滑移支座

这种支座只允许构件沿平行于支承面的方向移动，不允许有垂直于支承面方向的移动，也不允许转动，故滑移支座的约束力可表示为垂直于支承面方向的一个力和一个力偶。图 1.12(a)所示的为一滑移支座的示意图。图 1.12(b)、(c)所示的即为这种支座的简化表示法与约束力表示法。

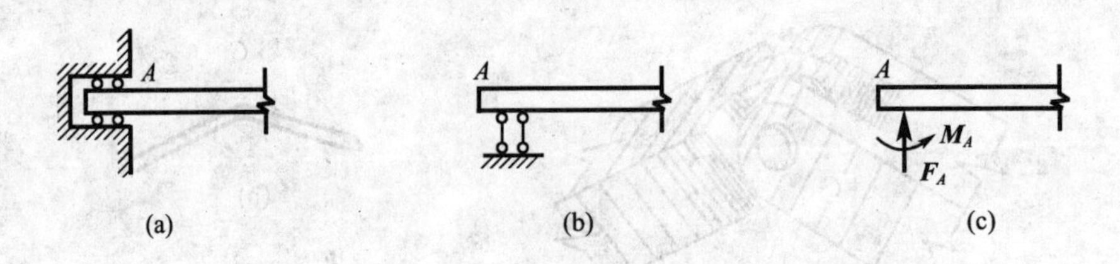

图 1.12 滑移支座

在实际结构中，这种支座很少遇到，但是在进行简化结构的力学计算中，常会遇到。

5) 球铰支座

物体的一端做成球形，固定的支座做成一球窝，将物体的球形端置入支座的球窝内，则构成**球铰支座**，简称球铰，如图 1.13(a)所示。球铰支座的示意简图如图 1.13(b)所示。球铰支座是用于空间问题中的约束。球窝给予球的约束力必通过球心，但可取空间任何方向。因此可用三个相互垂直的分力 F_x、F_y、F_z 来表示，如图 1.13(c)所示。

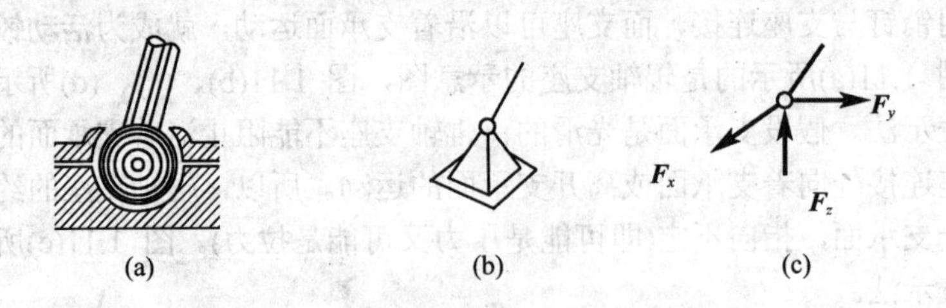

图 1.13 球铰支座

1.3.4 径向轴承与止推轴承

轴承按约束类型可分为径向轴承和止推轴承。

1) 径向轴承

机器中的径向轴承是转轴的约束，它允许转轴转动，但限制转轴在垂直于轴线的任何方向的移动，如图 1.14(a)所示。径向轴承的简化表示如图 1.14(b)所示，其约束力可用垂直于轴线的两个相互垂直的分力 F_x 和 F_y 来表示，如图 1.14(c)所示。

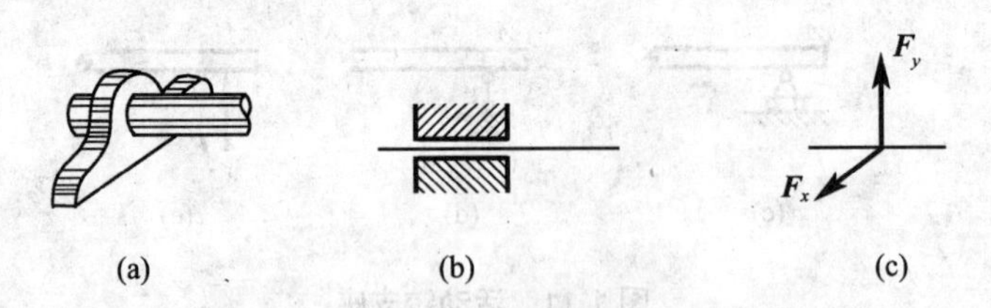

图 1.14 径向轴承

2) 止推轴承

止推轴承也是机器中常见的约束，与径向轴承不同之处是它还能限制转轴沿轴向的移动，如图 1.15(a)所示。止推轴承的简化表示如图 1.15(b)所示，其约束力增加了沿轴线方向的分力，如图 1.15(c)所示。

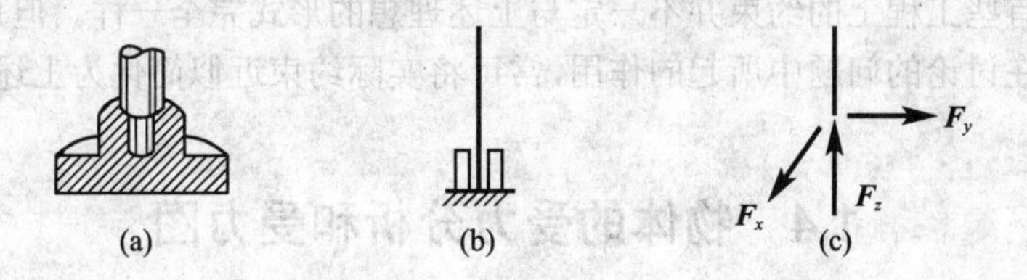

图 1.15　止推轴承

1.3.5　固定支座

将物体的一端牢固地插入基础或固定在其他静止的物体上，就构成**固定支座**，有时也称为**固定端**，如图 1.16 所示。图 1.16(a)所示为**平面固定支座**，如图 1.16(b)所示为**空间固定支座**，它们的简化表示如图 1.16(c)、(d)所示。

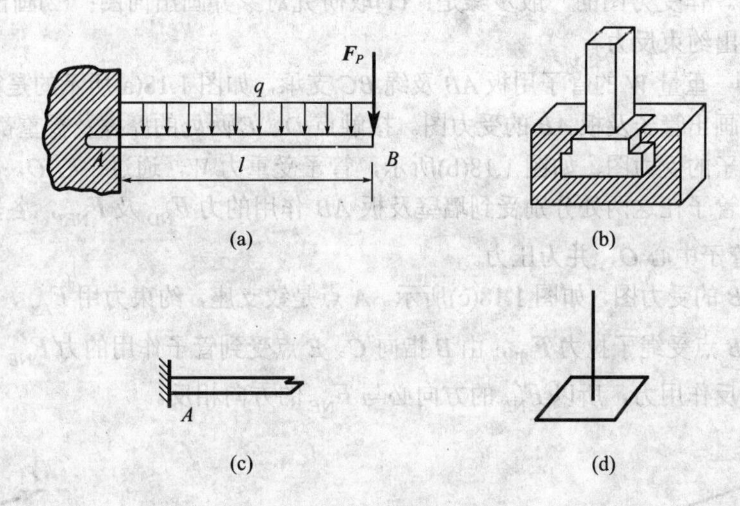

图 1.16　固定支座

从约束对构件的运动限制来说，平面固定支座既能阻止杆端移动，也能阻止杆端转动，因而其约束力必为一个方向未定的力和一个力偶。平面固定支座的约束力表示如图 1.17(a)所示，其中力的指向及力偶的转向都是假设的。空间固定支座能阻止杆端在空间内任一方向的移动和绕任一轴的转动，所以其约束力必为空间内一个方向未定的力和方向未定的力偶矩矢量。空间固定支座的约束力表示如图 1.17(b)所示，图中力的指向及力偶的转向都是假设的。

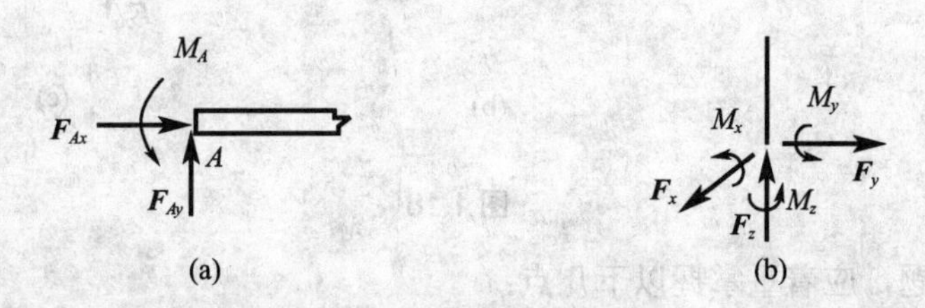

图 1.17　固定支座约束力

事实上，有些工程上的约束并不一定与上述理想的形式完全一样。但是，根据问题的性质以及约束在讨论的问题中所起的作用，常可将实际约束近似简化为上述几种类型之一。

1.4 物体的受力分析和受力图

所谓受力分析，是指对研究对象上所有受力的大小和方向的分析过程。受力分析是解决力学问题的第一步。准确和熟练地作好研究对象的受力分析是静力学学习的基本要求。

工程上的结构物或机械，一般都是颇为复杂的，在进行受力分析时，需要根据问题的要求，适当加以简化成为合理的力学模型。将这力学模型用图形表示出来，所得图形就叫做受力图。简化的原则是：力求符合客观存在的条件，反映结构物或机械的力学特点，并满足工程要求。作受力图的一般步骤是：(1)取研究对象并画出简图；(2)画出主动力；(3)分析约束并画出约束反力。

【例 1.1】 重量 W 的管子用板 AB 及绳 BC 支承，如图 1.18(a)所示的是简化后的平面图形。试分别画出管子及板 AB 的受力图。接触点 D、E 两处的摩擦及板重都不计。

首先作管子的受力图，如图 1.18(b)所示，管子受重力 W，通过中心 O。因 D、E 两处为光滑接触，管子在这两处分别受到墙壁及板 AB 作用的力 F_{ND} 及 F_{NE}，各垂直于墙壁及板 AB，通过管子中心 O，并为压力。

再作板 AB 的受力图，如图 1.18(c)所示。A 点是铰支座，约束力用 F_{Ax}、F_{Ay} 表示，指向假设如图。B 点受绳子拉力 F_T，由 B 指向 C。E 点受到管子作用的力 F'_{NE}；F'_{NE} 与 F_{NE} 互为作用力与反作用力，所以 F'_{NE} 的方向必与 F_{NE} 的方向相反。

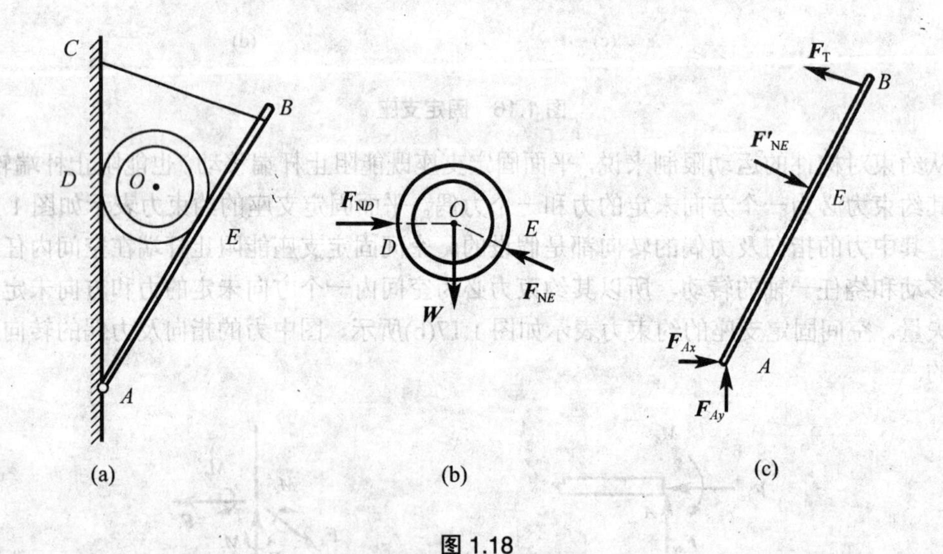

图 1.18

通过上述例题，应着重掌握以下几点：

(1) 作图时要明确所取的研究对象，把它单独取出分析。在取整体作为研究对象时，有时为了简便，可在题图上直接画出力，但要明确，这时整体所受约束实际上已被解除。

(2) 要特别注意二力构件的受力分析，所谓二力构件是指只受两力作用而平衡的构件。有些构件不计自重，又无其他主动力作用，只在两处受约束。这种构件都可看成二力构件。对于这类构件，根据二力平衡条件，无论构件的形状和约束情况如何，只要将两个力沿作用点连线相对反向画出即可。

(3) 注意两构件连接处的反力间关系。当所取对象是几个物体连在一起时，它们结合处的约束反力是内力不需画出，而拆开结合时，连接处的的约束反力是一对作用力与反作用力，要等值、反向、共线地分别画在两个物体上。

1.5　小　结

本章主要阐述了静力学中的重要概念和基本原理，介绍了工程中常见的约束和约束反力分析及物体的受力分析。

1. 静力学是研究物体在力系作用下的平衡条件的科学

2. 静力学公理

公理1　力的平行四边形法则。

公理2　二力平衡条件。

公理3　加减平衡力系原理。

公理4　作用与反作用定律。

公理5　刚化原理。

公理6　解除约束原理。

3. 约束与约束反力

限制非自由体某些位移的周围物体，称为约束。约束对非自由体施加的力称约束力。约束力的方向与该约束所能阻碍的位移方向相反。

4. 物体的受力分析与受力图

画物体的受力图时，首先要明确研究对象(即取分离体)。物体受的力分为主动力和约束力。要注意分清内力与外力，在受力图上一般只画研究对象所受的外力，还要注意作用力与反作用力之间的相互关系。

1.6　思考与练习

1. 力沿某轴的分力与在该轴上的投影两者有何区别？力沿某轴的分力的大小是否总是等于力在该轴上的投影的绝对值？

2. 试述力偶矩与力矩的区别与联系。

3. 怎样将实际工程结构简化为合理的力学模型？一般应从哪几个方面进行简化？试举例说明。

4. 绘制下列指定物体的受力图。物体重量除图上已注明者外，均略去不计。假设接触处都是光滑的。

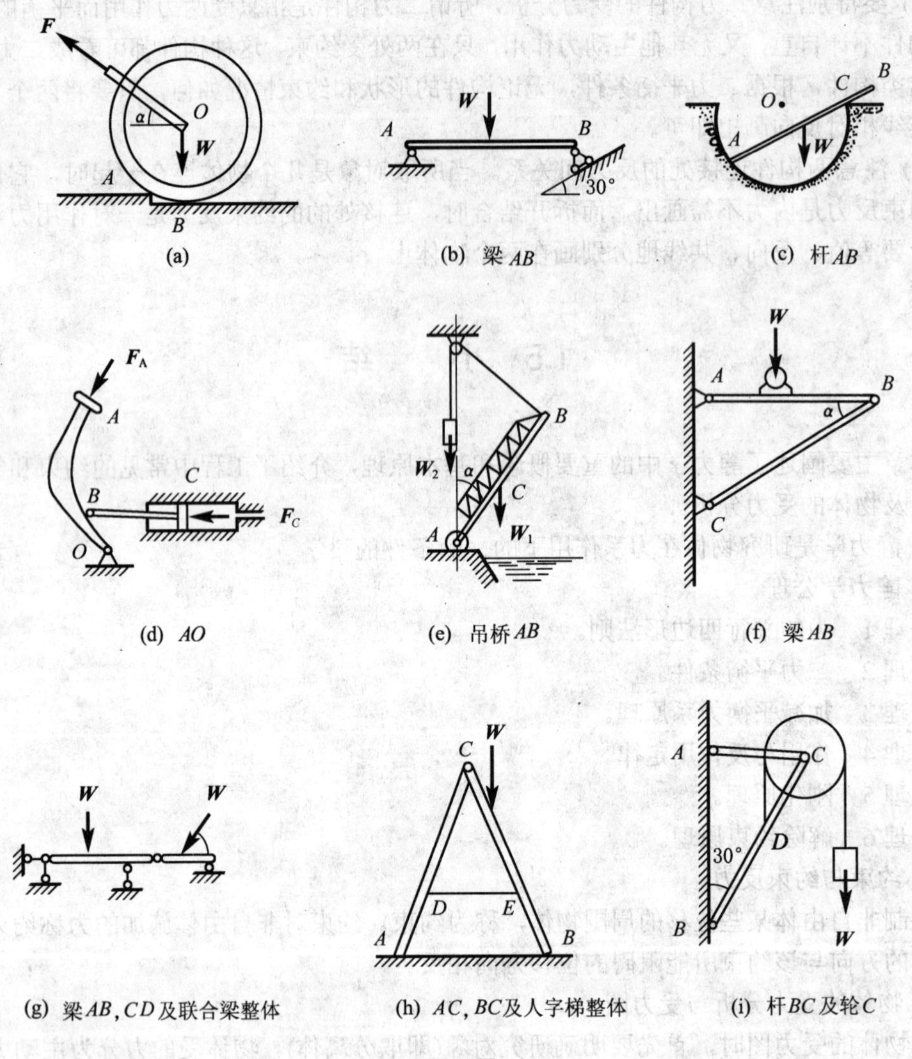

题 4 图

5. 改正下列受力图中存在的错误(各物体的重量除注明者外均略去不计，并假设接触处都是光滑的)。

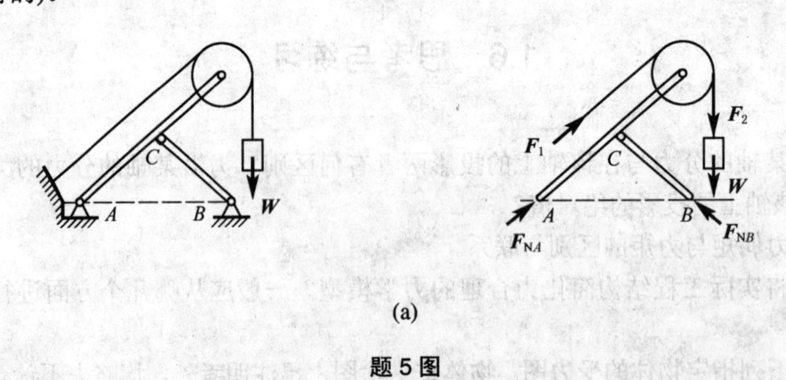

(a)

题 5 图

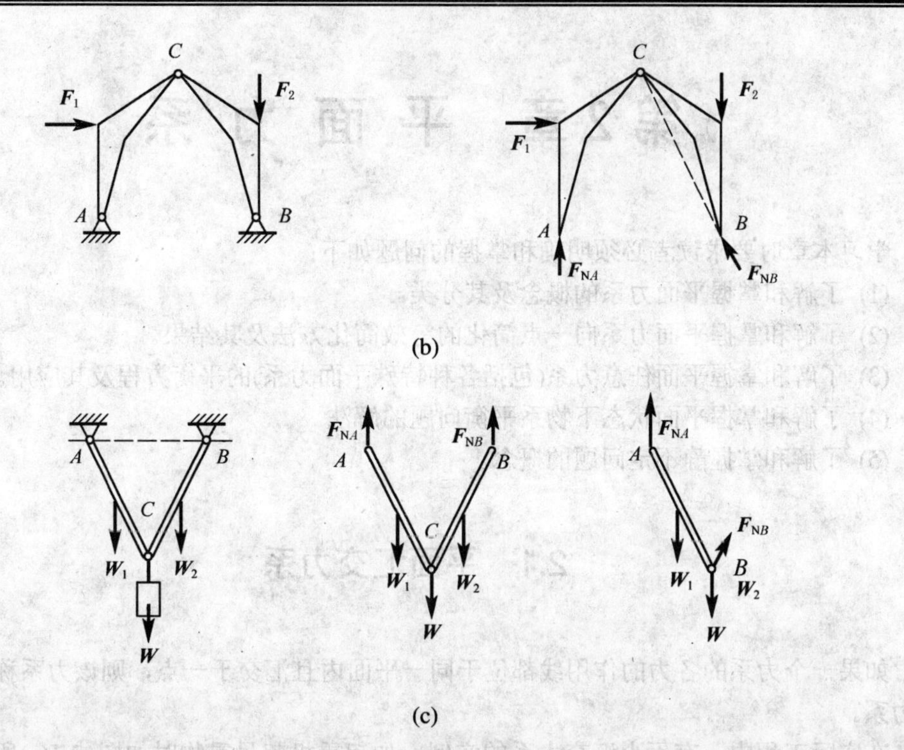

题 5 图

第2章　平 面 力 系

学习本章时要求读者必须明确和掌握的问题如下：

(1) 了解和掌握平面力系的概念及其分类。

(2) 了解和掌握平面力系向一点简化的等效简化方法及其结果。

(3) 了解和掌握平面任意力系(包括各种特殊平面力系)的平衡方程及其应用。

(4) 了解和掌握平面状态下物系平衡问题的解法。

(5) 了解和掌握静不定问题的概念。

2.1　平面汇交力系

如果一个力系的各力的作用线都位于同一平面内且汇交于一点，则该力系称为**平面汇交力系**。

在实际工程中，有不少汇交力系的实例。如起重机起吊重物时如图 2.1(a)所示，作用于吊钩C的力有：钢绳拉力$\boldsymbol{F}_3$及绳AC和BC的拉力$\boldsymbol{F}_1$及$\boldsymbol{F}_2$，如图 2.1(b)所示，它们都在同一铅直平面内并汇交于C点，组成一个平面汇交力系。如图 2.2(b)所示为图 2.2(a)所示的屋架的一部分，其中各杆所受的力汇交于一点，也组成一平面汇交力系。

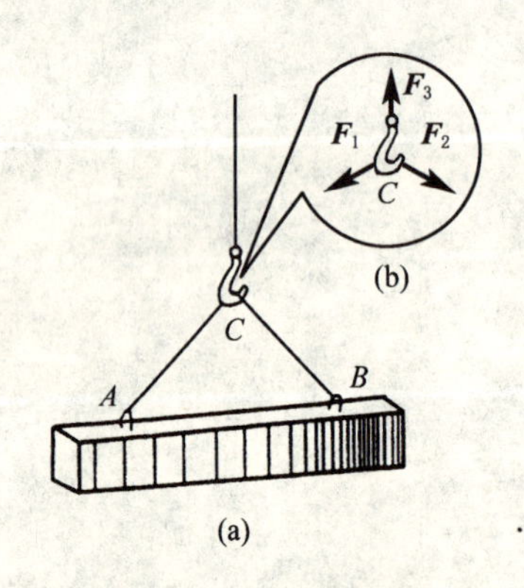

图 2.1　吊钩受力图

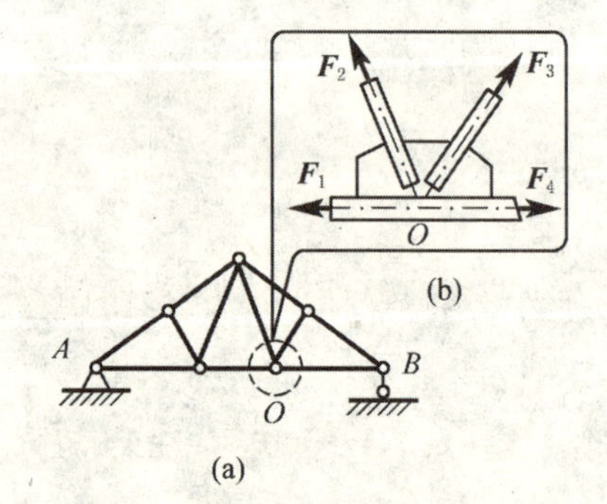

图 2.2　节点 O 受力图

2.1.1　平面汇交力系合成的几何法

如图 2.3(a)所示，设有汇交力系$\boldsymbol{F}_1$、$\boldsymbol{F}_2$、$\boldsymbol{F}_3$、$\boldsymbol{F}_4$作用于刚体上的A点，试求其合成结果。前面介绍过，共点的两个力可以利用平行四边形法则或三角形法则合成为一个合力，合力等于两个分力的矢量和，并作用于两分力的公共作用点。所以，对此平面汇交力系只需连续应用三角形法则将各力依次合成，如图 2.3(a)所示：先将力$\boldsymbol{F}_1$、$\boldsymbol{F}_2$合成为力$\boldsymbol{F}_{\mathrm{R}_1}$，然后将力$\boldsymbol{F}_{\mathrm{R}_1}$与$\boldsymbol{F}_3$合成为力$\boldsymbol{F}_{\mathrm{R}_2}$，最后把力$\boldsymbol{F}_{\mathrm{R}_2}$与$\boldsymbol{F}_4$合成为$\boldsymbol{F}_{\mathrm{R}}$。力$\boldsymbol{F}_{\mathrm{R}}$就是$\boldsymbol{F}_1$、$\boldsymbol{F}_2$、$\boldsymbol{F}_3$、

$\boldsymbol{F}_4$四个力的合力，合力$\boldsymbol{F}_\mathrm{R}$的作用线通过 A 点。实际上，作图时力$\boldsymbol{F}_{\mathrm{R}_1}$和$\boldsymbol{F}_{\mathrm{R}_2}$可不必画，同样也能够得到合力$\boldsymbol{F}_\mathrm{R}$，所得多边形 $Aabcd$ 称为力多边形，如图 2.3(b)所示。用力多边形求合力的方法称为**力多边形法则**。

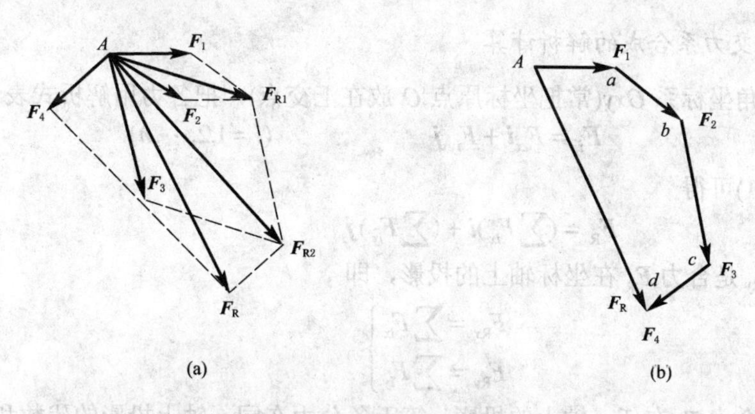

图 2.3　汇交力系的合成

上述方法可以推广到汇交力系有 n 个力的情况，则可得结论：平面汇交力系合成的结果是一个**合力**，它等于原力系各力的矢量和，合力作用线通过力系汇交点。以$\boldsymbol{F}_\mathrm{R}$表示汇交力系的合力则

$$\boldsymbol{F}_\mathrm{R}=\boldsymbol{F}_1+\boldsymbol{F}_2+\cdots+\boldsymbol{F}_n=\sum \boldsymbol{F}_i \tag{2.1}$$

对平面汇交力系，有时用几何法求合力较为方便。

2.1.2　平面汇交力系合成的解析计算

1. 力的分解与力的投影

按照矢量的运算规则，可将一个力分解成两个或两个以上的分力。最常用的是将一个力分解成为沿直角坐标轴 x、y 的分力。设有力 $\boldsymbol{F}$，根据矢量分解公式有

$$\boldsymbol{F}=F_x\boldsymbol{i}+F_y\boldsymbol{j} \tag{2.2}$$

其中$\boldsymbol{i}$、$\boldsymbol{j}$是沿坐标轴正向的单位矢量，F_x、F_y是力$\boldsymbol{F}$在 x、y 轴上的投影。如果已知$\boldsymbol{F}$与坐标轴正向的夹角α、β则

$$F_x=F\cos\alpha, F_y=F\cos\beta \tag{2.3}$$

式中的角α、β可以是锐角，也可以是钝角，由夹角余弦的符号即可知力的投影为正或负，或观察力在坐标轴的投影来判断投影的正负号。

式(2.3)也可写成

$$F_x=\boldsymbol{F}\cdot\boldsymbol{i}，\ F_y=\boldsymbol{F}\cdot\boldsymbol{j} \tag{2.4}$$

就是说，一个力在某一轴上的投影，等于该力与沿该轴方向的单位矢量之标积。这结论不仅适用于力在直角坐标轴上的投影，也适用于在任何一轴上的投影。

若已知$\boldsymbol{F}$在 x、y 轴上的投影F_x、F_y，则可求得$\boldsymbol{F}$的大小及方向余弦：

$$\left.\begin{aligned}F&=\sqrt{F_x^2+F_y^2}\\ \cos\alpha&=\frac{F_x}{F},\ \cos\beta=\frac{F_y}{F}\end{aligned}\right\} \tag{2.5}$$

2. 平面汇交力系合成的解析计算

任取一直角坐标系 Oxy(常把坐标原点 O 放在汇交点)，把各力用解析式表示

$$\boldsymbol{F}_i=F_{ix}\boldsymbol{i}+F_{iy}\boldsymbol{j} \qquad (i=1,2,\cdots,n)$$

代入式(2.1)可得

$$\boldsymbol{F}_{\mathrm{R}}=(\sum F_{ix})\boldsymbol{i}+(\sum F_{iy})\boldsymbol{j} \tag{2.6}$$

$F_{\mathrm{R}x}$ ，$F_{\mathrm{R}y}$ 是合力 $\boldsymbol{F}_{\mathrm{R}}$ 在坐标轴上的投影，即

$$\left.\begin{aligned}F_{\mathrm{R}x}&=\sum F_{ix}\\ F_{\mathrm{R}y}&=\sum F_{iy}\end{aligned}\right\} \tag{2.7}$$

这表明，合力 F_{R} 在任一轴上的投影，等于各分力在同一轴上投影的代数和。这一关系对任何矢量都能成立，称为**合矢量投影定理。即合矢量在任一轴上的投影，等于各分矢量在同一轴上投影的代数和。**

由合力的投影可求其大小和方向余弦

$$\left.\begin{aligned}F_{\mathrm{R}}&=\sqrt{F_{\mathrm{R}x}^2+F_{\mathrm{R}y}^2}\\ \cos(\boldsymbol{F}_{\mathrm{R}},x)&=\frac{F_{\mathrm{R}x}}{F_{\mathrm{R}}}\\ \cos(\boldsymbol{F}_{\mathrm{R}},y)&=\frac{F_{\mathrm{R}y}}{F_{\mathrm{R}}}\end{aligned}\right\} \tag{2.8}$$

【例 2.1】 用解析法求图 2.4 所示平面汇交力系的合力。已知 F_1 =500 N，F_2=1000 N，F_3=600 N，F_4=2000 N。

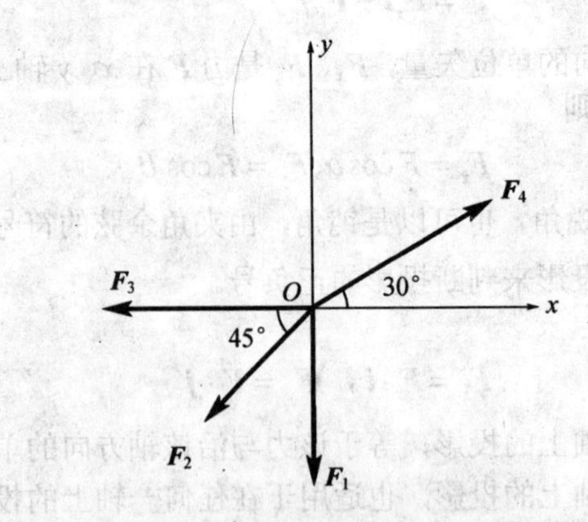

图 2.4 【例 2.1】中的平面汇交力系图

【解】：合力 F_{R} 在 x、y 轴上的投影为

$$F_{\mathrm{R}x}=\sum F_{i_x}=0-1000\cos45°-600+2000\cos30°=425\ \ \mathrm{N}$$

$$F_{Ry}=\sum F_{i_y}=-500-1000\sin 45^\circ+0+2000\sin 30^\circ=-207\ \text{N}$$

再求合力 F_R 的大小及方向余弦

$$F_R=\sqrt{F_{Rx}^2+F_{Ry}^2}=473\ \text{N}$$

$$\cos(\boldsymbol{F}_R,x)=\cos a=\frac{425}{473}=0.9$$

$$\cos(\boldsymbol{F}_R,y)=\cos\beta=\frac{-207}{473}=-0.438$$

所以　a=26°，β=116°。

2.1.3　平面汇交力系的平衡方程

如果平面汇交力系的合力等于零，则该力系称为平衡力系。反过来说，如果一个平面汇交力系平衡，其合力必为零。所以，**平面汇交力系平衡的必要与充分条件是：力系的合力等于零**，即 $\boldsymbol{F}_R=0$，亦即

$$\sum F_i=F_1+F_2+\cdots+F_n=0 \tag{2.9}$$

合力 $\boldsymbol{F}_R$ 等于零，必须且只需 $F_{Rx}=0$，$F_{Ry}=0$，所以据式(2.3)，$\boldsymbol{F}_R=0$ 等价于代数方程：

$$\sum F_{i_x}=0,\ \sum F_{i_y}=0 \tag{2.10}$$

即**力系中各力在 x、y 二轴中的每一轴上的投影之代数和均等于零**。这二个方程称为平面汇交力系的平衡方程，可以求解两个未知数。

解答平衡问题时，未知力的指向可以任意假设，如结果为正值，表示假设的指向就是实际的指向；如结果为负值，表示实际的指向与假设的指向相反。

式(2.9)表明，如用作图法将 $\boldsymbol{F}_1$，$\boldsymbol{F}_2$，…，$\boldsymbol{F}_n$ 相加，得到的将是自行闭合的力多边形(各力矢量首尾相接)。就是说，平面汇交力系平衡的图解条件是力多边形自行闭合。有些简单的平面汇交力系平衡问题，利用这条件，很容易得到所需要的结果，而无须写平衡方程。

对于不平行的三个力平衡，有如下结论：**若不平行的三个力成平衡，则三个力作用线必汇交于一点**。这就是所谓的**三力平衡汇交定理**另一种表达方法。

【例 2.2】 梁 AB 支承和受力情况如图 2.5(a)所示，求支座 A、B 的约束反力。

【解】 考虑梁的平衡，作受力图如图 2.5(b)所示。根据铰支座的性质，$\boldsymbol{F}_A$ 的方向本属未定，但因梁只受三个力，而 $\boldsymbol{F}$ 与 $\boldsymbol{F}_B$ 交于 C，故 $\boldsymbol{F}_A$ 必沿 AC 作用，并由几何关系知 $\boldsymbol{F}_A$ 与水平线成 30°。假设 $\boldsymbol{F}_A$ 与 $\boldsymbol{F}_B$ 的指向如图 2.5(b)所示。取 x、y 轴如图 2.5(b)所示，由平衡方程得

$$\sum F_{i_x}=0,\ F_A\cos 30^\circ-F_B\cos 60^\circ-F\cos 60^\circ=0$$
$$\sum F_{i_y}=0,\ F_A\sin 30^\circ+F_B\sin 60^\circ-F\sin 60^\circ=0$$

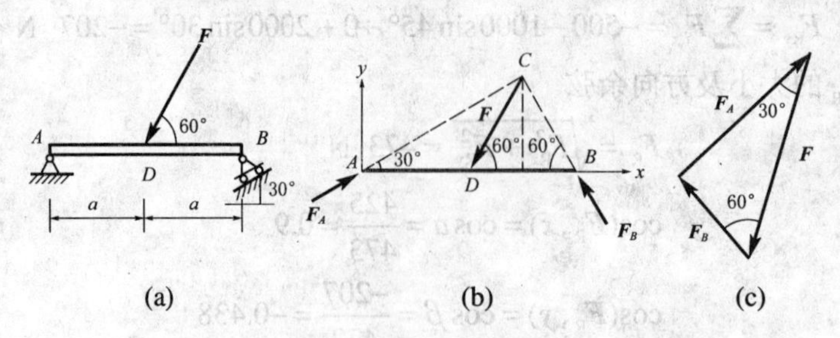

图 2.5　【例 2.2】中梁 AB 的支承和受力情况图

联立解得

$$F_A = \sqrt{3}F/2, \qquad F_B = F/2$$

结果为(+)，表明假设的 $\boldsymbol{F}_A$ 与 $\boldsymbol{F}_B$ 的指向是正确的。(请考虑，怎样选取投影轴，可以避免解联立方程。)

2.2　力矩和平面力偶系的平衡

力对刚体的作用使刚体的运动状态发生改变，包括平移效应与转动效应，其中力对刚体的平移效应可用力矢来度量；而力对刚体的转动效应可用力对点的矩（简称力矩）来度量，即力矩是度量力对刚体转动效应的物理量。力偶是由两个力组成的特殊力系，它的作用也只改变物体的转动状态。共面力偶组成的力系称为平面力偶系。

2.2.1　力对点的矩

力对刚体的作用使刚体的运动状态发生改变(包括平移与转动)，其中力对刚体的平移效应用力矢量来度量；而力对刚体的转动效应可用力对点的矩来度量，即力矩是度量力对刚体转动效应的物理量。设有一作用于物体的力 $\boldsymbol{F}=\boldsymbol{AB}$ 及一点 O(图 2.6)，点 O 至力 $\boldsymbol{F}$ 的作用线的垂直距离为 a，用 $M_O(\boldsymbol{F})$ 代表力 $\boldsymbol{F}$ 对 O 点的力矩的大小，则

$$M_O(F) = F\alpha \tag{2.11}$$

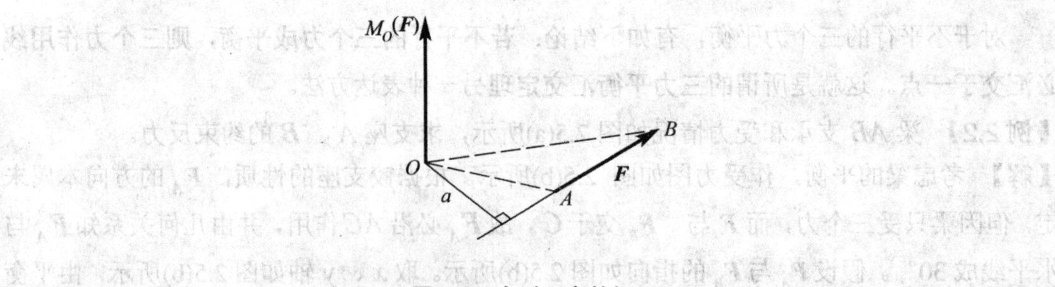

图 2.6　力对一点的矩

这里的 O 点称为力矩中心，简称矩心，a 称为力臂。力矩的单位是牛·米(N·m)或千牛·米(kN·m)等。

在平面力系问题里，力对一点的力矩被作为代数量，其正负号的规定是：如果力使静

止物体绕矩心转动的方向(通常简单地说力使物体转动的方向或力矩的转向)是逆时针向，则取正号；反之，则取负号。

2.2.2　力偶与力偶矩

设有大小相等、方向相反、作用线不相同的两个力 $\boldsymbol{F}$ 及 $\boldsymbol{F}'$，如图 2.7 所示。它们的矢量和等于零，表明不可能将它们合成为一个合力。另一方面，它们又不满足二力平衡条件(因作用线不同)，所以不能成平衡。力学上把大小相等、方向相反、作用线不同的两个力作为一个整体来考虑，称为**力偶**。两力作用线之间的距离 a 则称为**力偶臂**。通常用记号($\boldsymbol{F}$，$\boldsymbol{F}'$)表示力偶。

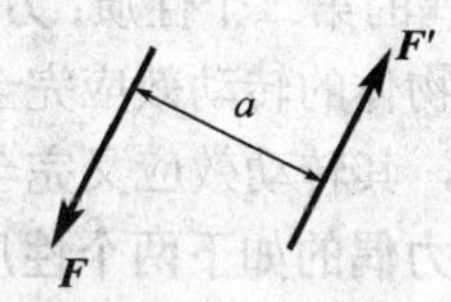

图 2.7　力偶

力偶具有一些独特的性质，这些性质在力学理论上和实践上都常加以利用。下面就对力偶的这些性质分别加以说明。

首先，如上所述，力偶没有合力，即不能用一个力代替，又不能和一个力平衡。

力偶不能用一个力代替，可见它对于物体的效应与一个力对于物体的效应不同。一个力对于物体有移动和转动两种效应；而一个力偶对于物体却只有转动效应，没有移动效应。怎样量度力偶的转动效应呢？前面讲过，力对物体绕一点转动的效应是用力矩来表示的，力偶对物体绕某点的转动的效应则用力偶的两个力对该点的矩之和来度量。现在计算组成力偶的两个力对于任一点的力矩之和。

设在平面 P 内有一力偶($\boldsymbol{F}$，$\boldsymbol{F}'$)，如图 2.8(a)所示。任取一点 O，命 $\boldsymbol{F}$ 及 $\boldsymbol{F}'$ 的作用点 A 及 B 对于点 O 的矢径为 r_A 及 r_B，而 B 点相对于 A 点的矢径为 r_{AB}。由图 2.8(a)可见，$r_B = r_A + r_{AB}$。于是，力偶的两个力对于 O 点的力矩之和为

$$M_O(\boldsymbol{F},\boldsymbol{F}') = r_A \times \boldsymbol{F} + r_B \times \boldsymbol{F}' = r_A \times \boldsymbol{F} + (r_A + r_{AB}) \times \boldsymbol{F}'$$

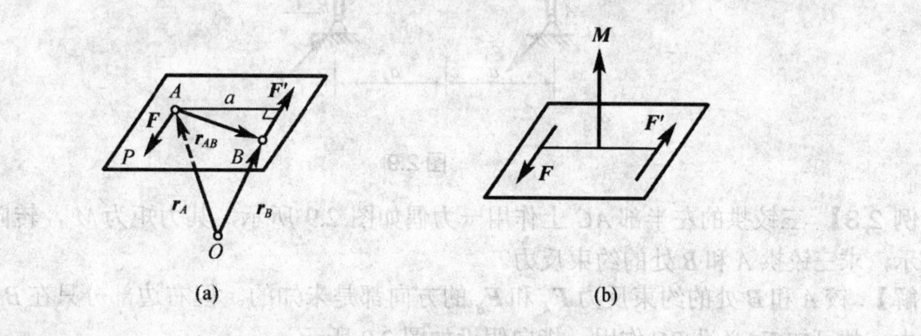

(a)　　　(b)

图 2.8　力偶矩矢量

但 $\boldsymbol{F} = -\boldsymbol{F}'$，因此

$$M_O(F, F_A) = r_{AB} \times F'$$

矢积 $r_{AB}\times F'$ 是一个矢量，称为力偶矩。用矢量 M 代表力偶矩(以后，在空间问题里，凡是讲力偶矩，都指矢量 M)，则

$$M = \boldsymbol{M} = r_{AB}\times \boldsymbol{F}' \tag{2.12}$$

由图可见，力偶矩 M 的模等于 $F'\times a$，即力偶矩的大小等于力偶的力与力偶臂之乘积；M 垂直于 A 点与 $\boldsymbol{F}'$ 所构成的平面，即垂直于力偶所在的平面；M 的指向与力偶在其所在平面内的转向符合右手螺旋法则。力偶矩 M 的表示如图 2.8(b)所示。

力偶矩的单位与力矩的单位相同，也是牛·米(N·m)。

由以上可得到

$$M_O(F,F')=M$$

因为 O 点是任取的，于是可得力偶的第二个性质：**力偶对于任一点的矩就等于力偶矩，而与矩心的位置无关**。因此，力偶对物体的转动效应完全决定于力偶矩。

既然力偶无合力，没有移动效应，其转动效应又完全决定于力偶矩，因此：**力偶矩相等的两力偶等效。据此，又可推论出力偶的如下两个性质：**

(1) **只要力偶矩保持不变，力偶可在其作用面内及彼此平行的平面内任意搬动而不改变其对物体的效应**。由此可见，只要不改变力偶矩 M 的模和方向，不论将 M 画在物体上的什么地方都一样，即力偶矩是自由矢量。

(2) 只要力偶矩保持不变，可将力偶的力和臂作相应的改变而不致改变其对物体的效应。

2.2.3　平面力偶系的合成和平衡方程

如果平面力偶系的合力偶矩等于零，则该力偶系必平衡；反之，如一力偶系成平衡，则该力偶系的合力偶矩必等于零。于是可知，**平面力偶系平衡的必要与充分条件是：**合力偶矩等于零，亦即

$$M = M_1 + M_2 + \cdots + M_n = \sum M_i = 0 \tag{2.13}$$

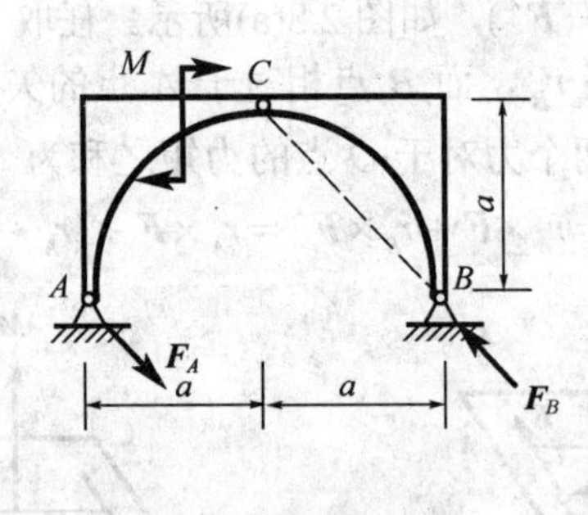

图 2.9

【例 2.3】 三铰拱的左半部 AC 上作用一力偶如图 2.9 所示，其力矩为 M，转向如图 2.9 所示，求三铰拱 A 和 B 处的约束反力。

【解】 铰 A 和 B 处的约束反力 $\boldsymbol{F}_A$ 和 $\boldsymbol{F}_B$ 的方向都是未知的。但右边部分只在 B、C 两处受力，故可知 $\boldsymbol{F}_B$ 必沿 BC 作用，指向假设如图 2.9 所示。

现在考虑整个三铰拱的平衡。因整个拱所受的主动力只有一个力偶，$\boldsymbol{F}_A$ 与 $\boldsymbol{F}_B$ 应组成一力偶才能与之平衡。从而可知 $\boldsymbol{F}_A=-\boldsymbol{F}_B$，而力偶臂为 $2a\cos45°$。

于是平衡方程为

$$\sum M_i = 0 \qquad F_A \times 2a\cos 45° - M = 0$$

故
$$F_A = F_B = M/(\sqrt{2}a)$$

请考虑：如将力偶移到右边部分 BC 上，结果将如何?这是否与力偶可在其所在平面内任意移动的性质矛盾?

2.3　平面任意力系的平衡

在一个平面内各个力任意分布的力系称为平面任意力系，它是平面力系最一般的情况。平面任意力系简化的理论基础是力的平移定理，平面任意力系的平衡条件是在力系简化的基础上建立的。

2.3.1　力的平移定理

在讨论平面任意力系的简化之前，先介绍力的**平移定理**

设一力 $\boldsymbol{F}_A$ 作用在刚体上的 A 点如图 2.10(a)所示，现将其等效地平移到刚体上的任一点 B。为此，可以在 B 点加上大小相等、方向相反且与 $\boldsymbol{F}_A$ 平行的一对平衡力 $\boldsymbol{F}_B$ 和 $\boldsymbol{F}_B'$，并使 $\boldsymbol{F}_A=\boldsymbol{F}_B=\boldsymbol{F}_B'$。根据加减平衡力系公理，力 $\boldsymbol{F}_A$ 与三个力 $\boldsymbol{F}_A$、$\boldsymbol{F}_B$ 和 $\boldsymbol{F}_B'$ 等效。显然，$\boldsymbol{F}_B'$ 和 $\boldsymbol{F}_A$ 组成一个力偶，称为附加力偶，设其力偶臂为 d。由此过程，作用于 A 点的力 $\boldsymbol{F}_A$，可由作用在 B 点的力 $\boldsymbol{F}_B$ 和一个附加力偶 $(\boldsymbol{F}_A,\boldsymbol{F}_B')$ 来代替。可见，作用在 A 点的力 $\boldsymbol{F}_A$ 在平移到刚体上任一指定点 B 时，必须同时附加一个力偶。该力偶的力偶矩大小为

$$M = F_A d = M_B(\boldsymbol{F}_A) \tag{2.14}$$

其作用面为力 $\boldsymbol{F}_A$ 与 B 点所确定的平面。

由此可得力的平移定理：作用在刚体上的力，可以等效地平移到刚体上任一指定点，但必须在该力与指定点所确定的平面内附加一个力偶，附加力偶的力偶矩等于原力对指定点的力矩。

如图 2.10(b)所示的一个力 $\boldsymbol{F}_B$ 和一个力偶 M，常称为是共面的一个力和一个力偶。根据上述力的平移定理的逆过程，可以得知共面的一个力和一个力偶总可以合成为一个力，此力的大小和方向与原力相同，但它们的作用线却要相距一定的距离。

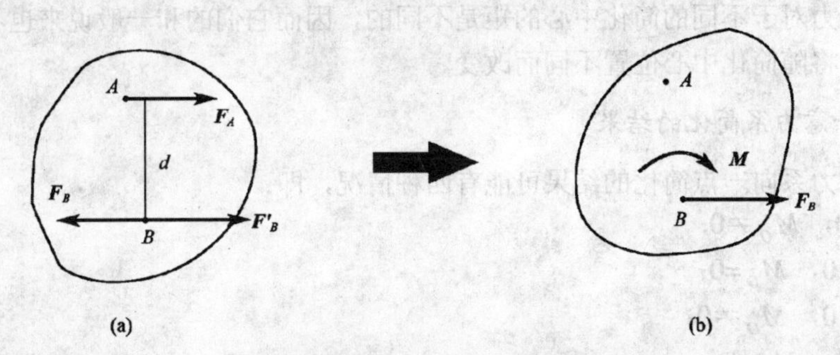

图 2.10　力的平行移动

2.3.2　平面任意力系的简化

1. 平面任意力系向一点简化

设有平面任意力系 $\boldsymbol{F}_1$、$\boldsymbol{F}_2$、…、$\boldsymbol{F}_n$，各力分别作用于 A_1、A_2、…、A_n 各点，如图 2.11 所示。简化时可任取一点 O 作简化中心，根据力的平移定理将各力平行移至 O 点，并各附加一个力偶，于是得到一个作用于 O 点的汇交力系 $\boldsymbol{F}_1'(=\boldsymbol{F}_1)$、$\boldsymbol{F}_2'(=\boldsymbol{F}_2)$、…、$\boldsymbol{F}_n'(=\boldsymbol{F}_n)$ 和一个附加力偶系。汇交力系 $\boldsymbol{F}_1'$、$\boldsymbol{F}_2'$、……、$\boldsymbol{F}_n'$ 可合成为一个力 $\boldsymbol{F}_{\mathrm{R}}$，等于各力的矢量和，称为原力系的主矢量，

$$\boldsymbol{F}_{\mathrm{R}} = \boldsymbol{F}_1 + \boldsymbol{F}_2 + \cdots + \boldsymbol{F}_n = \sum \boldsymbol{F}_i \tag{2.15}$$

附加力偶系可合成为一个力偶，力偶矩 M 等于各附加力偶矩的代数和，称为原力系对于简化中心 O 的主力矩(简称主矩)，即

$$M_o = M_1 + M_2 + \cdots + M_n \tag{2.16}$$

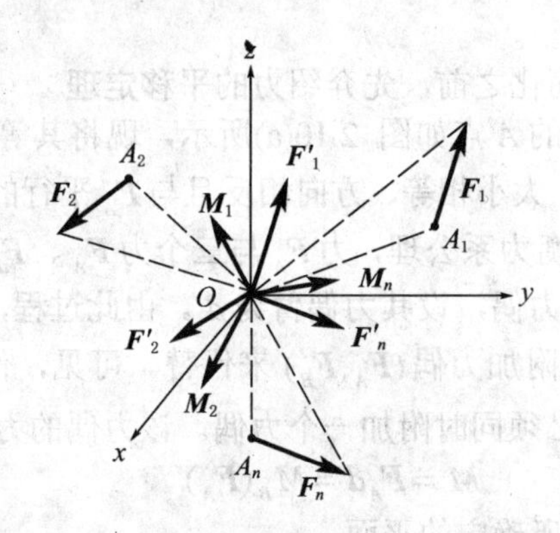

图 2.11　平面内的任意力系向一点简化示意图

平面任意力系向一点(简化中心)简化的结果一般是一个力和一个力偶，这个力作用于简化中心，等于原力系中所有各力的矢量和，亦即等于原力系的主矢量；这个力偶的矩等于原力系中所有各力对于简化中心的矩的代数和，亦即等于原力系对于简化中心的主矩。

如果选取不同的简化中心，主矢量并不改变，因为原力系中各力的大小及方向一定，它们的矢量和也是一定的。所以，**一个力系的主矢量是一常量，与简化中心位置无关**。但是，力系中各力对于不同的简化中心的矩是不同的，因而它们的和一般说来也不相等。所以，主矩一般将随简化中心位置不同而改变。

2. 平面任意力系简化的结果

平面任意力系向一点简化的结果可能有四种情况，即：

(1) $\boldsymbol{F}_{\mathrm{R}}=0$，$M_O\neq0$；

(2) $\boldsymbol{F}_{\mathrm{R}}\neq0$，$M_O=0$；

(3) $\boldsymbol{F}_{\mathrm{R}}\neq0$，$M_O\neq0$；

(4) $\boldsymbol{F}_{\mathrm{R}}=0$，$M_O=0$

下面对这四种情况分别加以讨论：

(1) 如果 $\boldsymbol{F}_{\mathrm{R}}=0$，$M_O\neq0$，即力系的主矢量等于零，而主矩不等于零，则原力系合成为

一个合力偶。合力偶矩为

$$M_O=\sum M_O(F_i)$$

(2) 如果 $\boldsymbol{F}_R\neq0$，$M_O=0$，即力系的主矢量不等于零，而主矩等于零，则原力系合成为一个合力。合力为 F_R

$$\boldsymbol{F}_R=\sum \boldsymbol{F}_i$$

(3) 如果 $\boldsymbol{F}_R\neq0$，$M_O\neq0$，即力系的主矢量不等于零，主矩不等于零，则可继续简化，最终简化成为一个合力。过程如下：主矩 M_O 所代表的力偶与主矢量 $\boldsymbol{F}_R$ 在同一平面内如图 2.12 所示。令力偶的两个力为 $\boldsymbol{F}_R'$ 与 $\boldsymbol{F}_R''$，使 $\boldsymbol{F}_R'=-\boldsymbol{F}_R''=\boldsymbol{F}_R$，并使 $\boldsymbol{F}_R''$ 与 $\boldsymbol{F}_R$ 位于同一直线上。这时 F_R 与 $\boldsymbol{F}_R''$ 成平衡力系，可以去掉。于是只剩下作用于 O' 的力 $\boldsymbol{F}_R'$ 与原力系等效，$\boldsymbol{F}_R'$ 为原力系的合力，距离 $d=M_O/F_R$。

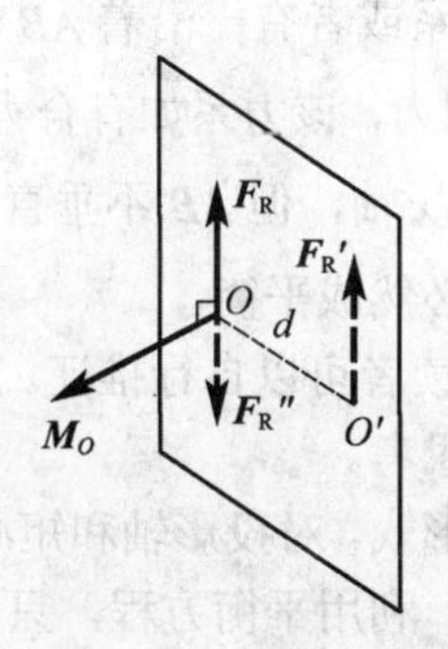

图 2.12　主矩和主矢在同一平面内的力系

由此可推出**合力矩定理：平面任意力系可简化成为一个合力，则合力对任一点的矩等于原力系各力对同一点的矩的代数和**。这一结论称为**合力矩定理**，$M_O(\boldsymbol{F}_R)=\sum M_O(F_i)$

(4) 如果 $\boldsymbol{F}_R=0$，$M_O=0$，即力系的主矢量等于零，主矩等于零，则原力系平衡。

2.3.3　平面任意力系的平衡方程

平面任意力系平衡的充分与必要条件是力系的主矢量和力系对任一点的主矩都等于零，即

$$\boldsymbol{F}_R=0,\quad M_O=0$$

如果力系所在平面为 xy 平面，坐标原点 O 为矩心，平衡方程可简化为

$$\sum \boldsymbol{F}_{ix}=0,\sum \boldsymbol{F}_{iy}=0,\sum M_{iO}=0 \tag{2.17}$$

即力系中各力在两个直角坐标轴中的每一轴上的投影的代数和都等于零，所有各力对于任一点的矩的代数和等于零。

式(2.17)称为**平面任意力系的平衡方程**，其中前两个称为**投影方程**，后一个称为**力矩方程**。这一组方程虽然是根据直角坐标系导出来的，但在写投影方程时，可以任取两个不相平行的轴作为投影轴，而不一定要使两轴互相垂直，写力矩方程时，矩心也可以任意选取，而不一定取在两投影轴的交点。

式(2.17)是平面任意力系平衡方程的**基本形式**，除了这种形式外，同样还可将平衡方程表示为**二力矩形式**或**三力矩形式**。

二力矩形式的平衡方程是一个投影方程和二个力矩方程，即任取两点 A、B 为矩心，另取一轴 x 为投影轴，建立平衡方程

$$\sum \boldsymbol{F}_{ix}=0,\sum M_{iA}=0,\sum M_{iB}=0 \tag{2.18}$$

但 A、B 的连线应不垂直于 x 轴。

三力矩形式的平衡方程是任取不在一直线上的三点 A、B、C 为矩心而得到的力矩平衡方程

$$\sum M_{iA}=0,\sum M_{iB}=0,\sum M_{iC}=0 \tag{2.19}$$

现在说明二力矩形式的方程(2.18)是平面任意力系成平衡的必要与充分条件。设一平面任意力系满足方程 $\sum M_{iA}=0$，则由力偶对于任一点的矩是常量(等于力偶矩)这一性质可知，该力系不可能简化成为一个力偶，而只可能简化成为一个通过 A 点的力或者平衡。如果该力系又满足方程 $\sum M_{iB}=0$，则该力系或者有一沿着 AB 作用的合力，或者成平衡。如果再满足 $\sum F_{ix}=0$，则力系必成平衡。因为，该力系如有合力，则前两个方程要求合力沿着 AB 作用，$\sum F_{ix}=0$ 却要求合力垂直于 x 轴，但 AB 不垂直于 x 轴，所以两个要求不能同时满足，可见原力系不可能有合力，而必然成平衡。

关于三力矩形式的方程(2.19)，读者可以自行推证。对于为什么不可能写出三个投影形式平衡方程的问题，也请读者自己思考。

尽管平衡方程可以写成不同的形式，对投影轴和矩心的选择，除了上面提出的条件外，别无限制，对于平面任意力系来说，利用平衡方程，只能求解三个未知数。

至于平面平行力系， 即各力都在一个平面内平行分布的力系。如取 y 轴平行于各力，则 $F_{ix}\equiv 0$，因而平面平行力系的平衡成为

$$\sum \boldsymbol{F}_{iy}=0,\ \ \sum M_{iO}=0 \tag{2.20}$$

也可表示为二力矩形式，写成

$$\sum M_{iA}=0,\ \ \sum M_{iB}=0 \tag{2.21}$$

可见，对于平面平行力系，利用平衡方程可求解两个未知数。

在解答实际问题时，可以根据具体情况，采用不同形式的平衡方程，并适当选取投影轴和矩心，以便简化计算。

【例 2.4】 梁的一端为固定端，另一端悬空，如图 2.13(a)所示，这样的梁称为悬臂梁。设梁上受最大集度为 q 的分布荷载，并在 B 端受一集中力 $\boldsymbol{F}$ 。试求 A 端的约束力。

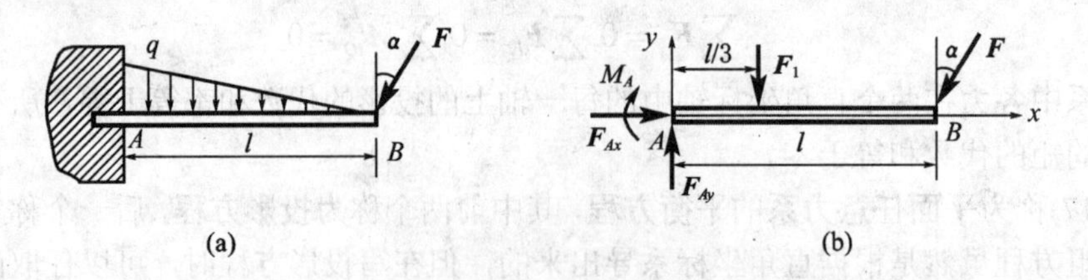

图 2.13　受分布荷载和集中荷载的悬臂梁及受力图

【解】 作梁 AB 的受力图如图 2.13(b)所示。为了计算方便，首先将梁上匀布载荷合成为一个合力 F_1，F_1 的大小为 $F_1=ql/2$，方向与匀布载荷方向相同，作用点在距 A 点 $l/3$ 处。由

梁的平衡条件得到三个平衡方程

$$\sum F_{ix}=0, F_{Ax}-F\sin\alpha=0$$

$$\sum F_{iy}=0, F_{Ay}-F\cos\alpha-F_1=0$$

$$\sum M_{Ai}=0,-M_A-F_1 l/3-Fl\cos\alpha=0$$

将 $F_Q=ql/2$ 代入，依次解得

$F_{Ax}=F\sin\alpha$，$F_{Ay}=ql/2+F\cos\alpha$，$M_A=-ql^2/6-Fl\cos\alpha$

【例 2.5】 梁 AB 支承及载荷如图 2.14(a)所示。已知 F =15kN，M =20 kN·m，求各约束力。图中长度单位是m。

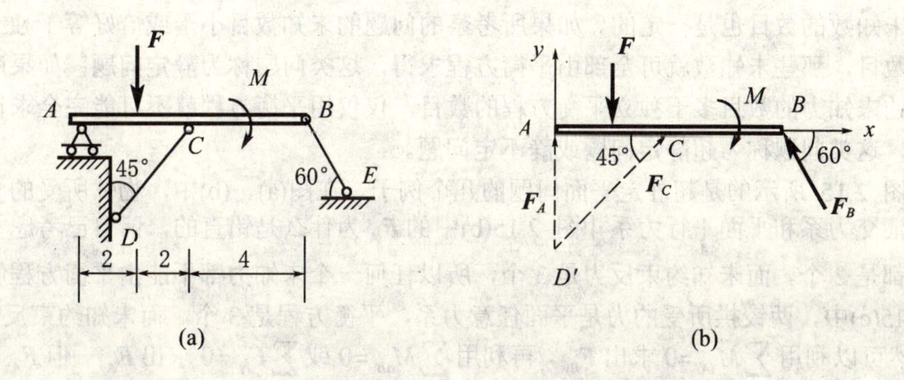

图 2.14　梁 AB 的荷载及受力图

考虑梁的平衡，作受力图如图 2.14(b)所示，图中约束力的指向都是假设的。从受力图可看出，如果首先用投影方程，则不论怎样选取投影轴，每个平衡方程中将至少包含两个未知量。为了使每个平衡方程中的未知量最少，便于求解，首先取 $\boldsymbol{F}_C$ 与 $\boldsymbol{F}_A$ 的交点 D' 为矩心，由 $\sum M_{iD''}$ =0 可直接求得 $\boldsymbol{F}_B$，然后由 $\sum F_{ix}$ =0 与 $\sum F_{iy}$ =0 分别求出 $\boldsymbol{F}_C$ 与 $\boldsymbol{F}_A$。

写力矩方程时，可应用合力矩定理，将某些力分解成为两个力，分别求其对所选矩心的矩，使计算简化。此外，载荷中的力偶对任一点的矩都等于力偶矩 M，而写投影方程时可不考虑力偶。

$$\sum M_{iD'}=0,\quad F_B\sin 60°\times 8+F_B\cos 60°\times 4-F\times 2-M=0$$

将 F 与 M 之值代入，解得　　F_B =5.6kN

$$\sum F_{ix}=0,\quad F_C\cos 45°-F_B\cos 60°=0$$

解得　　F_C =3.96kN

$$\sum F_{iy}=0,\quad F_A+F_C\sin 45°+F_B\sin 60°-F=0$$

将 F 及 F_B、F_C 之值代入，解得　　F_A =7.35kN

此外，也可以 $\boldsymbol{F}_A$ 与 $\boldsymbol{F}_B$ 的交点为矩心，由力矩方程求 $\boldsymbol{F}_C$，以 $\boldsymbol{F}_C$ 与 $\boldsymbol{F}_B$ 的交点为矩心，由力矩方程求 $\boldsymbol{F}_A$，但都需先确定矩心位置，不如上面的方法简捷。读者不妨试做，以资校核。

2.4　物体系统的平衡问题

工程中受力对象很多是由几个物体组成的系统，当物体系统平衡时，组成该系统的每一个物体都处于平衡状态，因此研究物体系统的平衡问题具有重要的理论和实践意义。

2.4.1　静定与超静定问题

从前面的讨论已经知道，对每一类型的力系来说，独立平衡方程的数目是一定的，能求解的未知数的数目也是一定的。如果所考察的问题的未知数目小于或恰好等于独立平衡方程的数目，那些未知数就可全部由平衡方程求得，这类问题称为**静定问题**；如果所考察的问题的未知力的数目多于独立平衡方程的数目，仅仅用平衡方程就不可能完全求得那些未知力，这类问题称为**超静定问题**或**静不定问题**。

如图 2.15 所示的是超静定平面问题的几个例子。在图(a)、(b)中，物体所受的力分别为平面汇交力系和平面平行力系［图 2.15(b)中的 $\boldsymbol{F}_A$ 为什么是铅直的，请自己考虑］，平衡方程都是 2 个。而未知约束反力是 3 个，所以任何一个未知力都不能由平衡方程解得。在图 2.15(c)中，两铰拱所受的力是平面任意力系，平衡方程是 3 个，而未知约束反力是 4 个，虽然可以利用 $\sum M_{iA}=0$ 求出 $\boldsymbol{F}_{By}$，再利用 $\sum M_{iB}=0$ 或 $\sum \boldsymbol{F}_{iy}=0$ 求出 $\boldsymbol{F}_{Ay}$，但 $\boldsymbol{F}_{Ax}$ 及 $\boldsymbol{F}_{Bx}$ 却无法求得，所以仍是超静定问题。

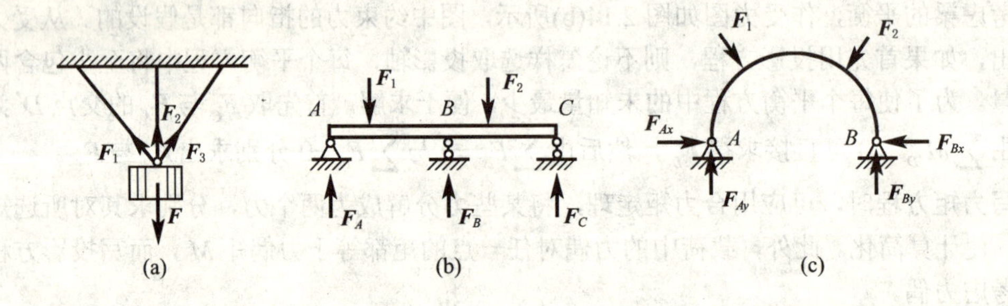

图 2.15　超静定问题的例子

一般说来，平面任意力系约束力超过 3 个时是超静定的；空间任意力系，则约束力超过 6 个时即成为超静定的。

需要说明，超静定问题并不是不能解决的问题，而只是不能仅用平衡方程来解决的问题。问题之所以成为超静定的，是因为静力学中把物体抽象成为刚体，略去了物体的变形；如果考虑到物体受力后的变形，在平衡方程之外，再列出某些补充方程，问题就可以解决了。这些内容将在后继课程，如材料力学中讨论。对于工程结构，无论是静定结构还是超静定结构，它们在受到荷载作用时，若不计变形，其几何形状和位置是保持不变的，因此称它们为几何不变体系。关于体系的几何组成分析问题将在《结构静力学》中详细讨论。

2.4.2 物体系统的平衡

实际研究对象往往不止一个物体，而是由若干个物体组成的物体系统，因此研究物体系统的平衡具有重要意义。在物体系统中，各物体之间以一定的方式联系着，整个系统又以适当方式与其他物体相联系。各物体之间的联系构成**内约束**。而系统与其他物体的联系则构成**外约束**。当系统受到主动力作用时，各内约束处及外约束处一般都将产生约束力。内约束处的约束力是系统内部物体之间相互作用的力，对整个系统来说，这些力是**内力**；而主动力和外约束处的约束力则是其他物体作用于系统的力，是**外力**。应当注意：外力和内力是相对的概念，是对一定的考察对象而言的。

静力学里考察的物体系统都是在主动力和约束力作用下保持平衡的。为了求出未知的力，可取系统中的任一物体作为考察对象。对于平面力系问题而言，根据一个物体的平衡，一般可以写出 3 个独立的平衡方程。如果该系统共有 n 个物体，则共有 $3n$ 个独立的平衡方程，可以求解 $3n$ 个未知数。要是整个系统中未知数的数目超过 $3n$，则成为超静定问题。

在解答物体系统的平衡问题时，也可将整个系统或其中某几个物体的结合作为考察对象，以建立平衡方程。但是，**对于一个受平面任意力系作用的物体系统来说，不论是就整个系统或其中几个物体的组合或个别物体写出的平衡方程总共只有 $3n$ 个是独立的**。因为，作用于系统的力满足 $3n$ 个平衡方程之后，整个系统或其中的任何一部分必成平衡，因而，多余的方程只是系统成为平衡的必然结果，而不再是独立的方程。至于究竟以整个系统或其中的一部分作为考察对象，则应根据具体问题决定，总以平衡方程中包含的未知数最少，便于求解为原则。须注意此 $3n$ 个独立平衡方程，是就每一个物体所受的力都是平面任意力系的情况得出的结论，如果某一物体所受的力是平面汇交力系或平面平行力系，则平衡方程的数目也将相应减少；如受的力是空间力系，则平衡方程的数目要增加。

还应指出，如所取的考察对象中包含几个物体，由于各物体之间相互作用的力(内力)总是成对出现的，所以在研究该考察对象的平衡时，不必考虑这些内力。

下面举例说明如何求解物体系统的平衡问题。

【例 2.6】 联合梁支承及荷载情况如图 2.16(a)所示。已知 $F_1=10\text{kN}$，$F_2=20\text{kN}$，试求约束反力。图中长度单位是m。

【解】 联合梁由两个物体组成，作用于每一物体的力系都是平面任意力系，共有 6 个独立的平衡方程；而约束力的未知数也是 6(A、C 两处各 2 个，B、D 两处各 1 个)，所以是静定的。首先以整个梁作考察对象，受力图如图 2.16(b)所示。由 $\sum F_{ix}=0$ 有

$$F_{Ax}-F_2\cos60^\circ=0$$

由此得

$$F_{Ax}=F_2\cos60^\circ=10\text{kN}$$

其余三个未知数 F_{Ay}、F_D 及 F_B，不论怎样选取投影轴和矩心，都无法求得其中任何一个，因此必须将 AC、BC 两部分分开考虑。现在取 BC 作为考察对象，受力图如图 2.16(c)所示。

由

$$\sum F_{ix}=0,\qquad F_{CX}-F_2\cos 60°=0$$

故　$F_{CX}=F_2\cos 60°=10\text{kN}$

$$\sum M_{Ci}=0,\qquad F_B\times 3-F_2\sin 60°\times 1.5=0$$

故　$F_B=8.66\text{kN}$

$$\sum F_{iy}=0,\qquad F_B+F_{Cy}-F_2\sin 60°=0$$

故　$F_{Cy}=8.66\text{kN}$

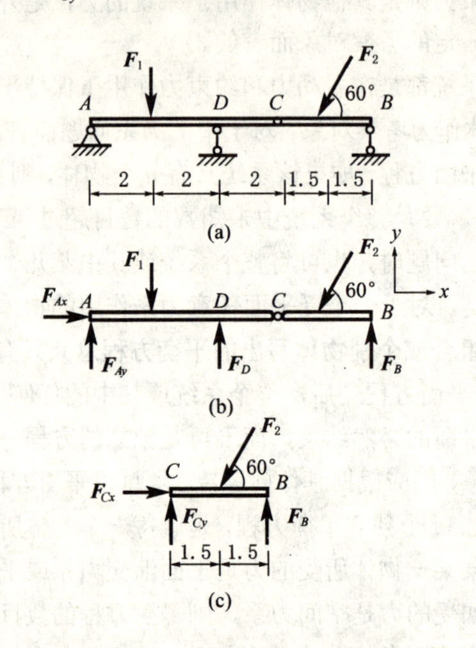

图 2.16　联合梁支承及荷载情况

再分析受力图 2.16(b)，这时，F_{Ax} 及 F_B 均已求出，只有 F_{Ay}、F_D 两个未知数，可以写出两个平衡方程求解

$$\sum M_{Ai}=0,\ F_D\times 4+F_B\times 9-F_1\times 2-F_2\sin 60°\times 7.5=0$$

将 F_1、F_2 及 F_B 之值代入，解得 $F_D=18\text{kN}$

$$\sum F_{iy}=0,\ F_{Ay}+F_D+F_B-F_1-F_2\sin 60°=0$$

将各已知值代入，即得 $F_{Ay}=0.66\text{ kN}$。

本题也可一开始就将 *AC* 与 *BC* 分开，由两部分的平衡直接求解各未知数，而用整体的平衡方程进行校核。

【例 2.7】 某厂厂房三铰刚架，由于地形限制，铰 *A* 及 *B* 位于不同高程，如图 2.17(a)所示。刚架上的荷载已简化为两个集中力 F_1 及 F_2。试求 *A*、*B*、*C* 三处的反力。

【解】 本题是静定问题，但如以整个刚架作为考察对象，受力图如图 2.17(a)所示，不论怎样选取投影轴和矩心，每一平衡方程中至少包含两个未知数，而且不可能联立求解(读者可自己写出平衡方程，进行分析)。即使用另外的方式表示 *A*、*B* 处的反力，例如将 *A*、*B* 处的反力分别用沿着 *AB* 线和垂直于 *AB* 线的分力来表示，这样可以由 $\sum M_{Ai}=0$ 及

$\sum M_{Bi}=0$ 分别求出垂直于 AB 线的两个分力，但对进一步的计算并不方便。因此，将 AC 及 BC 两部分分开考察，作受力图 2.17(b)、(c)。虽然就每一部分来说，也不能求得四个未知数中的任何一个，但联合考察两部分，分别以 A 及 B 为矩心，写出力矩方程，则两方程中只有 $F_{Cx}(=F'_{Cx})$ 及 $F_{Cy}(=F'_{Cy})$ 两个未知数，可以联立求解。现在根据上面的分析来写出平衡方程。

据图 2.17(b)可得

$$\sum M_{iA}=0 \qquad F_{Cx}(\mathrm{H}+\mathrm{h})+F_{Cy}\cdot l-F_1(l-a)=0 \tag{2.22}$$

据图 2.17(c)可得

$$\sum M_{iB}=0 \qquad -F'_{Cx}\mathrm{H}+F'_{Cy}\cdot l+F_2(l-b)=0 \tag{2.23}$$

联立求解式(2.22)及式(2.23)，可得

$$F_{Cx}=F'_{Cx}=\frac{F_1(l-a)+F_2(l-b)}{2H+h}$$

$$F_{Cy}=F'_{Cy}=\frac{F_1(l-a)H-F_2(l-b)(H+h)}{l(2H+h)}$$

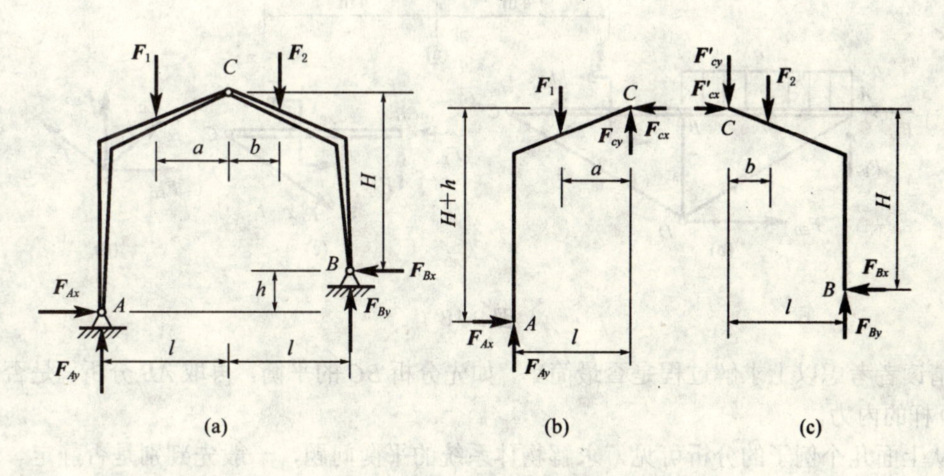

图 2.17 厂房三铰刚架

其余各未知约束反力，请读者自己计算并进行校核。

如果只需求 A、B 两处的反力而不需求 C 处的反力，请考虑怎样用最少数目的平衡方程求解。

如果 A、B 两点高度相同(h=0)，又怎样求解最为简便?

【例 2.8】 在图 2.18 所示悬臂平台结构中，已知荷载 M=60kN·m，q=24kN/m，各杆件自重不计。试求杆 BD 的内力。

【解】 这是一个混合结构，求系统内力时必须将系统拆开，取分离体，使所求的力出现在受力图中。具体过程分为三步，先取 ACD 部分，受力图见 2.18(b)，由

$$\sum M_{iA}=0,\ F_{ED}\times 3+M+4q\times 2=0$$

得
$$F_{ED}=-84\text{kN}$$

然后取 BC 分析，受力图如图 2.18(c)所示，由

$$\sum M_{iB}=0,\ \frac{3}{5}F_{DC}\times 4+M=0$$

得　　　　$F_{DC}=-25\text{kN}$

最后取铰 D 分析，受力图如图 2.18(d)所示，平衡方程为

$$\sum F_{ix}=0,\qquad \frac{4}{5}F_{DC}-F_{ED}-\frac{4}{5}F_{AD}=0$$

$$\sum F_{iy}=0\qquad \frac{3}{5}F_{AD}+F_{BD}+\frac{3}{5}F_{DC}=0$$

得　　　　$F_{AD}=80\text{kN},\ F_{BD}=-33\text{kN}$

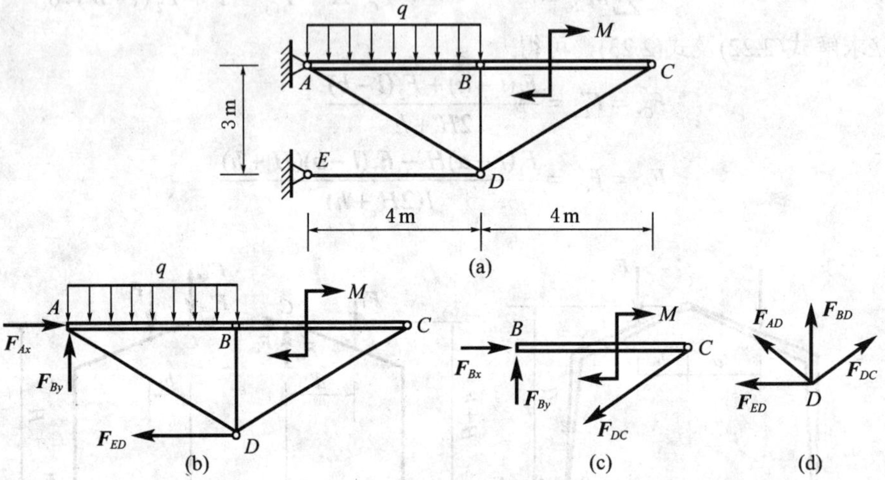

(a)　(b)　(c)　(d)

图 2.18

请读者考虑以上求解过程是否最简单，如先分析 BC 的平衡，再取 AB 分析，是否可求解 BD 杆的内力。

从上面几个例子的分析可见，求解物体系统的平衡问题，一般先判别是否静定。若是静定的，再选取适当的考察对象——可取整个系统或其中的一部分，分析其受力情况，正确作出受力图，以建立必要的平衡方程求解。通常可先观察一下，以整个系统为对象是否能求出某些未知量，如不能，就需分别选取其中一部分来考察。建立平衡方程时，应注意投影轴和矩心的选择，能避免解联立方程就尽量避免，不能避免时，也应力求方程简单。选取不同的考察对象，建立不同形式的平衡方程，求解过程的繁简程度不一样，希望读者用心体察，务求灵活掌握。

在实际工程中，人们已经把重点转移到用计算机来分析这些力学平衡问题，以上静定问题的平衡分析都可通过编制计算机程序来求解，且结果正确可靠，速度又快。

2.5　小　结

本章主要讨论了平面力系的平衡问题，平面状态下物系平衡问题的解法，并介绍了静

不定问题的概念。

1. 平面任意力系的简化

1) 简化结果

主矢 $\boldsymbol{F}_{\mathrm{R}}=\boldsymbol{F}_1+\boldsymbol{F}_2+\cdots+\boldsymbol{F}_n=\sum\boldsymbol{F}_i$，与简化中心位置无关。

主矩 $M_O=\sum M_O(F_i)$，与简化中心位置有关。

2) 简化结果讨论

$\boldsymbol{F}_{\mathrm{R}}\neq 0$，$M_O=0$，合力作用线通过简化中心。

$\boldsymbol{F}_{\mathrm{R}}\neq 0$，$M_O\neq 0$，合力作用线到简化中心的距离为 $\boldsymbol{d}=|M_O|/|\boldsymbol{F}_{\mathrm{R}}|$。

$\boldsymbol{F}_{\mathrm{R}}=0$，$M_O\neq 0$，合力偶矩与简化中心位置无关。

$\boldsymbol{F}_{\mathrm{R}}=0$，$M_O=0$，力系平衡。

2. 平面任意力系的特殊情况

(1) 平面汇交力系

(2) 平面平行力系

3. 求解物体系统平衡问题的步骤

(1) 适当选取研究对象，画出各研究对象的受力图。

(2) 分析各受力图，确定求解顺序，并根据选定的顺序逐个选取研究对象求解。

2.6 思考与练习

1. 请比较各力系的平衡条件及平衡方程的形式。

2. 汇交力系的平衡方程能否用力矩平衡方程来表示？为什么？使用条件是什么？

3. 请总结物体系统平衡问题分析的步骤和方法。

4. 如果一个结构包含的未知量个数恰好等于此结构所能建立的独立平衡方程的个数，则此结构是静定结构。此说法是否正确？

5. 一个力和一个力偶能否用一个力来等效？能否用两个力来等效？

6. 在如题 6 图所示的三铰钢架的 D 处作用一水平力 $\boldsymbol{F}$，求 A、B 支座反力时，水平力是否可沿作用线移至 E 点？为什么？

7. 在如题 7 图所示的三铰刚架的 G、H 处各作用一铅直力 $\boldsymbol{F}$，求 A、B 支座反力时，是否可将两铅直力合成，以作用于 C 点而大小为 2$\boldsymbol{F}$ 的一个铅直力来代替？为什么？是否可将点的力 F 平移至 C 点并附加一个 $M=\boldsymbol{F}\ a$ 的力偶？

8. 题 8 图所示的是一钢结构节点，在沿 OA、OB、OC 的方向受到三个力的作用，已知 F_1=1kN，F_2=1.41kN，F_3=2kN，试求这三个力的合力。

9. x 轴与 y 轴斜交成 α 角(如题 9 图所示)。设一力系在 xy 平面内，对 y 轴和 x 轴上的 A、B 两点有 $\sum M_{iA}=0$，$\sum M_{iB}=0$，且 $\sum F_{iy}=0$，但 $\sum F_{ix}\neq 0$．已知 $OA=a$，求 B 点在 x 轴上的位置。

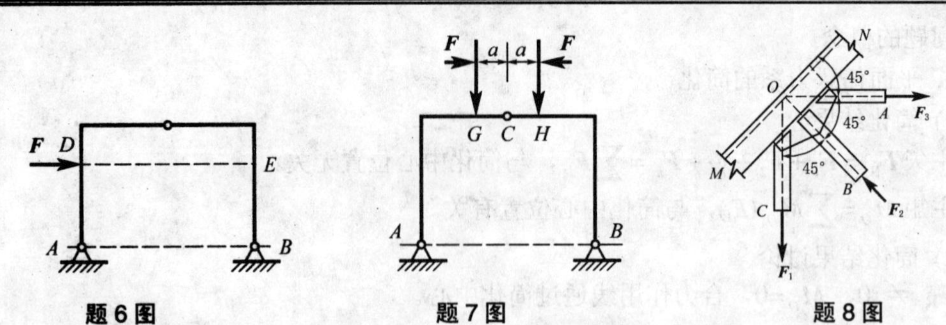

题 6 图　　题 7 图　　题 8 图

10. 如题 10 图所示，一平面力系(在 Oxy 平面内)中的各力在 x 轴上投影之代数和等于零，对 A、B 两点的主矩分别为 M_A =12N · m，M_B =15N · m，A、B 两点的坐标分别为(2，3)、(4，8)，试求该力系的合力(坐标值的单位为m)。

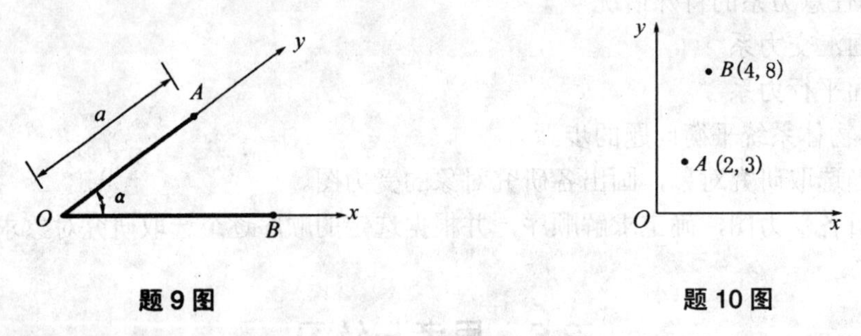

题 9 图　　题 10 图

11. 如题 11 图所示已知挡土墙自重 W =400kN，土压力 F =320kN，水压力 F_1 =176kN，求这些力向底面中心 O 简化的结果；如能简化为一合力，试求出合力作用线的位置。图中长度单位为 m。

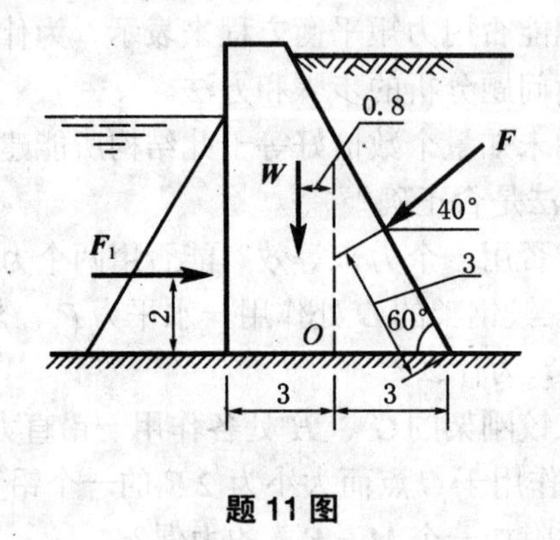

题 11 图

第 3 章　空间力系的平衡

学习本章时要求读者必须明确和掌握的问题如下：

(1) 了解和掌握空间力沿坐标轴的分解和投影。

(2) 了解和掌握力对点之矩的矢量表示、力对轴之矩的概念及其应用。

(3) 了解和掌握力系向一点简化的方法及其结论分析、主矢和主矩的概念。

(4) 了解和掌握空间任意力系(包括各种特殊空间力系)的平衡方程及其应用。

(5) 了解和掌握物体的重心、形心概念，组合图形形心的一般求法。

3.1　空间力沿坐标轴的分解与投影

对空间力系进行分析时，常常将空间力沿坐标轴分解或投影，然后对空间力系进行简化。

3.1.1　空间力沿坐标轴的分解

空间力系是指各力的作用线不在同一平面内的力系，可分为空间汇交力系、空间力偶系和空间任意力系，空间任意力系是力系中最一般的力系。

按照矢量的运算规则，可将一个力分解成两个或两个以上的分力。最常用的是将一个力分解成为沿直角坐标轴 x、y、z 的分力。设有力 $\boldsymbol{F}$，根据矢量分解公式有

$$F = F_x i + F_y j + F_z k \tag{3.1}$$

其中 $\boldsymbol{i}$、$\boldsymbol{j}$、$\boldsymbol{k}$ 是沿坐标轴正向的单位矢量，如图 3.1 所示；$\boldsymbol{F}x$、$\boldsymbol{F}y$、$\boldsymbol{F}z$ 分别是力 $\boldsymbol{F}$ 在 x、y、z 轴上的投影。

3.1.2　空间力沿坐标轴的投影

力 $\boldsymbol{F}$ 在空间直角坐标轴上的投影计算，一般有两种方法。

(1) 直接投影法：如果已知 $\boldsymbol{F}$ 与各坐标轴正向的夹角 α、β、γ，则

$$F_x = \boldsymbol{F}\cos\alpha, F_y = \boldsymbol{F}\cos\beta, F_z = \boldsymbol{F}\cos\gamma \tag{3.2}$$

式中，角 α、β、γ 可以是锐角，也可以是钝角，由夹角余弦的符号即可知力的投影为正或负。有时，若力与坐标轴正向的夹角为钝角，也可改用其补角(锐角)计算力的投影的大小，而根据观察判断投影的符号。

式(3.2)也可写成

$$F_x = \boldsymbol{F}\cdot\boldsymbol{i}, F_y = \boldsymbol{F}\cdot\boldsymbol{j}, F_z = \boldsymbol{F}\cdot\boldsymbol{k} \tag{3.3}$$

就是说，一个力在某一轴上的投影，等于该力与沿该轴方向的单位矢量之标积。这结论不仅适用于力在直角坐标轴上的投影，也适用于在任何一轴上的投影。例如，设有一轴 ξ，

沿该轴正向的单位矢量为 $\boldsymbol{n}$，则力 F 在 ξ 轴上的投影为 $F_\xi = \boldsymbol{F} \cdot \boldsymbol{n}$。设 $\boldsymbol{n}$ 在坐标系 Oxy 中的方向余弦为 l_1、l_2、l_3，则

$$F_\varepsilon = F_x l_1 + F_y + F_z l_3 \tag{3.4}$$

(2) 二次投影法：已知力 F 与坐标轴间的方位角 θ 和仰角 γ。不妨设 $\boldsymbol{F}$ 与某一坐标轴(取为 z)的夹角称为仰角 γ，与另一轴(如 x)的夹角(即平面 $AA'\ BB'$ 与坐标面 xz 的夹角) θ，力 $\boldsymbol{F}$ 在平行于 xy 的平面上的投影 F' 矢量在平面上的投影仍是矢量，其起点和终点分别是原矢量的起点和终点的垂足。如图 3.2 所示，则

$$\left.\begin{aligned} F_x &= F'\cos\theta = F\sin\gamma\cos\theta \\ F_y &= F'\sin\theta = F\sin\gamma\sin\theta \\ F_z &= F\cos\gamma \end{aligned}\right\} \tag{3.5}$$

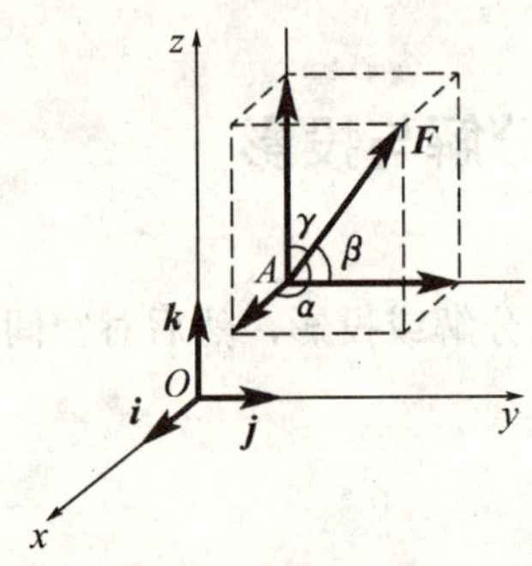

图 3.1　力沿坐标轴分解　　　　图 3.2　力在坐标轴上的投影

应该注意：上式是一个解析表达式，θ、γ 是力与坐标轴正向所夹的角度，其决定着投影的正负值。由于是一个统一的表达式，式(3.5)常用于计算机编程。在一些实际问题中，人们习惯于先计算投影的大小，然后再判别正负号。

若已知 $\boldsymbol{F}$ 在 x、y、z 轴上的投影 F_x、F_y、F_z，则可求得 $\boldsymbol{F}$ 的大小及方向余弦：

$$\left.\begin{aligned} & F = \sqrt{F_x^2 + F_y^2 + F_z^2} \\ & \cos\alpha = \frac{F_x}{F},\ \cos\beta = \frac{F_y}{F},\ \cos\gamma = \frac{F_z}{F} \end{aligned}\right\} \tag{3.6}$$

如果 $\boldsymbol{F}$ 位于某一坐标平面内，将该平面取为 xy 面，则 $F_z = 0$，而 F_x 和 F_y 可用式(3.2)或式(3.3)中的前两式求得。

3.2　力对点之矩与力对轴之矩

力对点之矩和力对轴之矩都是度量物体转动效应的物理量，但是两者既有差别，又有联系。在空间问题中，力对点之矩是矢量，而力对轴之矩是代数量。两者之间的关系由力矩关系定理来确定。

3.2.1　力对点之矩

前面讲过，作用于物体的力一般将产生转动效应。力的转动效应是用力矩来度量的。

设有一作用于物体的力 $\boldsymbol{F}=\boldsymbol{AB}$ 及一点 O(如图 3.3 所示，物体未画出)，点 O 至力 $\boldsymbol{F}$ 的作用线垂直距离为 a，用 $M_O(\boldsymbol{F})$代表力 $\boldsymbol{F}$ 对 O 点的矩的大小，则

$$M_O(\boldsymbol{F})=Fa \tag{3.7}$$

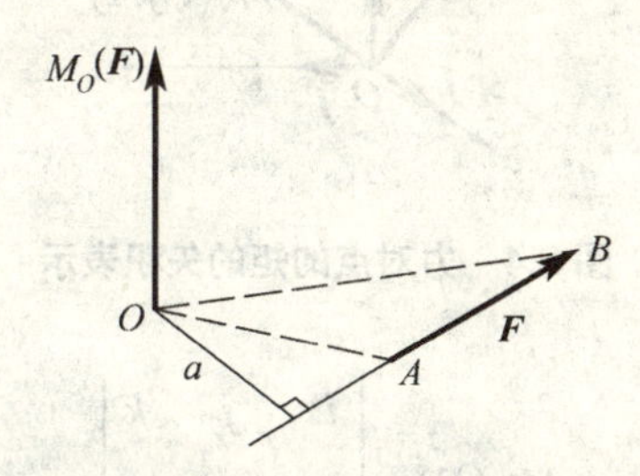

图 3.3　力对点的矩

在空间力系问题里，力对点的矩为**矢量**。在空间力系问题里，各个力和矩心分别构成不同的平面，各力对于物体绕矩心的转动效应，不仅与各力矩的大小及其在各自平面内的转向有关，而且与各力和矩心所构成的平面方位有关。为了表明力对于物体绕矩心的转动效应，要提出三个因素：力矩的大小；力和矩心所构成的平面；在该平面内力矩的转向。这三个因素，不可能用一个代数量表示出来，而须用一个矢量来表示。在图 3.3 中，自矩心 O 作矢量 $\boldsymbol{M}_O(\boldsymbol{F})$ 表示力 $\boldsymbol{F}$ 对于 O 点的矩。矩矢 $\boldsymbol{M}_O(\boldsymbol{F})$ 的大小为 $M_O(\boldsymbol{F})=\boldsymbol{F}\cdot\boldsymbol{a}$；

$\boldsymbol{M}_O(\boldsymbol{F})$ 垂直于 O 点与力 $\boldsymbol{F}$ 所决定的平面；至于 $\boldsymbol{M}_O(\boldsymbol{F})$ 的指向，则按右手螺旋法则决定：如以力矩的转向为右手螺旋的转向，则螺旋前进的方向就代表矩矢 $\boldsymbol{M}_O(\boldsymbol{F})$ 的指向，或者说，从矩矢 $\boldsymbol{M}_O(\boldsymbol{F})$ 的末端向其始端看去，力矩的转向是逆时针向。

力矩 $\boldsymbol{M}_O(\boldsymbol{F})$ 既然与矩心位置有关，因而矩矢 $\boldsymbol{M}_O(\boldsymbol{F})$ 只能画在矩心 O 处，所以矩矢是**定位矢**。

由力对点的矩的定义可知，将力 $\boldsymbol{F}$ 沿其作用线移动时，由于 $\boldsymbol{F}$ 的大小、方向以及由 O 点到力作用线的距离都不变，力 $\boldsymbol{F}$ 与矩心 O 构成的平面的方位也不变，因而力对于 O 点的矩也不变。也就是说，**力对于点的矩不因为沿其作用线移动而改变。**

3.2.2　力对点之矩的矢积表示及解析表示

由上面关于矩矢 $\boldsymbol{M}_O(\boldsymbol{F})$ 的规定不难看出，如果从矩心 O 作矢量 OA，称为力作用点 A 对于 O 点的矢径或位置矢，用 r 表示如图 3.4 所示，则力 $\boldsymbol{F}$ 对于 O 点的矩 $\boldsymbol{M}_O(\boldsymbol{F})$ 可用矢积 $r\times\boldsymbol{F}$ 来表示。因为，根据矢积的定义，$r\times\boldsymbol{F}$ 是一个矢量，它的模恰好与 $\boldsymbol{M}_O(\boldsymbol{F})$ 相等，它的方向也与 $\boldsymbol{M}_O(\boldsymbol{F})$ 相同。因而

$$\boldsymbol{M}_O(\boldsymbol{F})=\boldsymbol{r}\times\boldsymbol{F} \tag{3.8}$$

就是说，一个力对于任一点的矩等于该力作用点对于矩心的矢径与该力的矢积。如过矩心 O 取直角坐标系 $Oxyz$，并设力 $\boldsymbol{F}$ 的作用点 A 的坐标为(x，y，z)，如图 3.4 所示，则式(3.8)可表示为

$$
\begin{aligned}
M_O(\boldsymbol{F}) &= \boldsymbol{r}\times\boldsymbol{F} = (x\boldsymbol{i} + y\boldsymbol{j} + z\boldsymbol{k})\times(F_x\boldsymbol{i} + F_y\boldsymbol{j} + F_z\boldsymbol{k}) \\
&= (yF_z - zF_y)\boldsymbol{i} + (zF_z - xF_z)\boldsymbol{j} + (xF_y - yF_z)\boldsymbol{k}
\end{aligned}
\tag{3.9}
$$

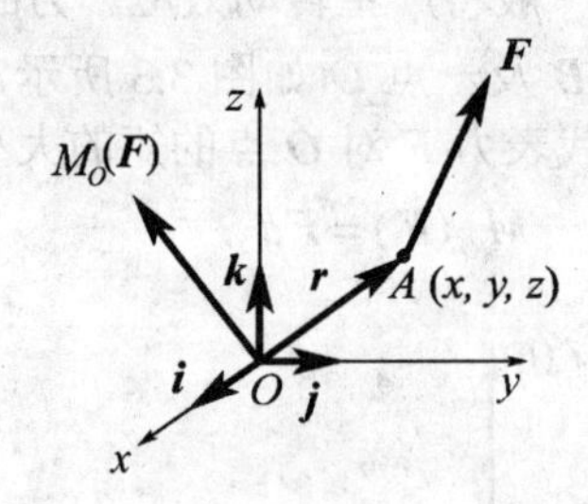

图 3.4　力对点的矩的矢积表示

或者用行列式表示为

$$
M_O(\boldsymbol{F}) = \begin{vmatrix} \boldsymbol{i} & \boldsymbol{j} & \boldsymbol{k} \\ x & y & z \\ F_x & F_y & F_z \end{vmatrix} \tag{3.10}
$$

对于平面力系问题，取各力所在平面为 xy 面，则任一力的作用点坐标 z=0，力在 z 轴上的投影 F_z =0，于是式(3.9)及式(3.10)退化成为只与 k 相关的一项。这时，将 $\boldsymbol{F}$ 对 O 点的矩作为代数量，就得到

$$
M_O(\boldsymbol{F}) = xF_y - yF_z，或 M_O(\boldsymbol{F}) = \begin{vmatrix} x & y \\ F_x & F_y \end{vmatrix} \tag{3.11}
$$

利用式(3.9)或式(3.10)，可由一个力的作用点的坐标及该力的投影计算其对 O 点的矩，而无需量取 O 点到力作用线的距离。

由于坐标的选取是任意的，式(3.11)、(3.9)实际上说明了计算一个力对一点的矩时，可将该力分解成为两个或三个适当的相互垂直的分力，分别计算其对该点的矩，再求代数和或矢量和即可。

3.2.3　力对轴之矩

除力对点之矩外，力学中还用到力对轴之矩这一概念，它表示的是力使物体绕轴转动的效应。

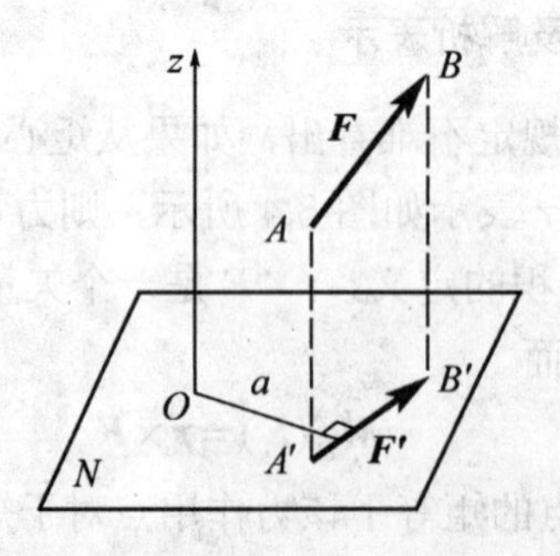

图 3.5　力对某一轴的矩

一个力对于某轴之矩等于这个力在垂直于该轴的平面上的投影对于该轴与该平面的交点之矩。

例如，在图 3.5 中，设有一力 $\boldsymbol{F}=\boldsymbol{AB}$ 及一轴 z。任取一平面 N 垂直于 z 轴，并命 z 轴与平面 N 的交点为 O。将力 $\boldsymbol{F}$ 投影到平面 N 上，得 $\boldsymbol{F}'=\boldsymbol{A'B'}$。以 a 代表从点 O 至 $\boldsymbol{F}'$ 的垂直距离，则力 $\boldsymbol{F}$ 对于 z 轴的矩等于 $\boldsymbol{F}'$ 对于 O 的矩，即，如令 M_z［有时也写作 $M_z(\boldsymbol{F})$］代表 $\boldsymbol{F}$ 对于 z 轴的矩，则 $M_z=M_O(\boldsymbol{F}')$，亦即

$$M_z=\pm F'a \tag{3.12}$$

z 轴常称为矩轴。

式(3.12)中的符号表明力使静止物体绕 z 轴转动的方向，或者简单地说，表明力矩的转向，符号的规定仍是依照右手螺旋法则：令力矩的转向为右手螺旋转动的方向，若螺旋前进方向与 z 轴正方向一致，如图 3.5 所示的情况，则取正号；反之，取负号。

力对于轴之矩的单位也是牛·米(N·m)或千牛·米(kN·m)等。

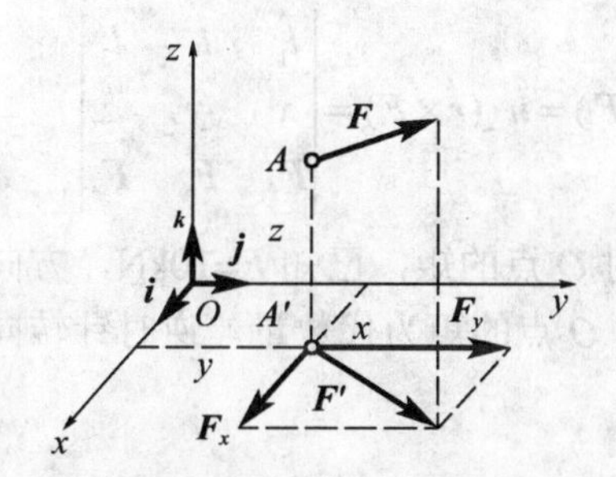

图 3.6　力对坐标轴的矩

从定义可知，在下面两种情况下，力对于轴之矩等于零：(1)力与矩轴平行(这时 $\boldsymbol{F}'=0$)；(2)力与矩轴相交(这时 $a=0$)。这两种情况，也可以用一个条件来表示：**力与矩轴在同一平面内。**

在许多问题中，直接根据定义，由力在垂直于一轴的平面上的投影计算力对轴的矩，往往很不方便。因此，常利用力在直角坐标轴上的投影及其作用点的坐标来计算力对于一轴的矩。

有一力 $\boldsymbol{F}$ 及任一轴 z。为了求力 $\boldsymbol{F}$ 对于 z 轴的矩，以 z 轴上一点 O 为原点，作直角坐标系 $Oxyz$，如图 3.6 所示。设力 $\boldsymbol{F}$ 的作用点 A 的坐标为 $A(x, y, z)$，而力 $\boldsymbol{F}$ 在坐标轴上的投影为 $\boldsymbol{F}_x$、$\boldsymbol{F}_y$、$\boldsymbol{F}_z$。将 $\boldsymbol{F}$ 投影到垂直于 z 轴的平面即 xy 平面上得 $\boldsymbol{F}'$，显然 $\boldsymbol{F}'$ 在坐标轴 x、y 上的投影就是 $\boldsymbol{F}_x$、$\boldsymbol{F}_y$，而 A' 的坐标就是 x、y。据定义，$\boldsymbol{F}$ 对于 z 轴的矩等于 $\boldsymbol{F}'$ 对于 O 点的矩，即 $M_z(\boldsymbol{F})=M_O(\boldsymbol{F}')$；而 $\boldsymbol{F}'$ 对于 O 点的矩由式(3.11)求得为 $M_O(\boldsymbol{F}')=x\boldsymbol{F}_y-y\boldsymbol{F}_x$，因而有

$$M_z(F)=xF_y-yF_x$$

用相似方法可求得 $\boldsymbol{F}$ 对 x 轴的及对 y 轴的矩。这样就得到

$$M_x=yF_z-zF_y,\quad M_y(F)=zF_x-xF_z,\quad M_z(F)=xF_y-yF_x \tag{3.13}$$

用这一组式子计算力对轴的矩，往往比直接根据定义计算来得方便。

3.2.4 力对点之矩与对轴之矩的关系

力对一点的矩与对一轴的矩两者既有差别，又有联系。将式(3.9)与式(3.13)两式对比，可见式(3.9)中各单位矢量前面的系数就分别等于 $\boldsymbol{F}$ 对于 x、y、z 轴的矩。但根据矢量分解的公式，各单位矢量前面的系数也就是 $M_O(\boldsymbol{F})$ 在各轴上的投影。这就表明，$M_O(\boldsymbol{F})$ 在各轴上的投影分别等于 $\boldsymbol{F}$ 对于各轴的矩。因为坐标轴 x、y、z 是任取的，于是可得定理如下：

一个力对于点之矩在经过该点的任一轴上的投影等于该力对于该轴的矩。

根据这一定理，不难求出一个力 $\boldsymbol{F}$ 对于除坐标轴以外的任一轴的矩。例如，设有通过坐标原点 O 的任一轴 ξ，沿该轴的单位矢量 n 在坐标系 $Oxyz$ 中的方向余弦为 l_1、l_2、l_3，则

$$M_\xi(\boldsymbol{F}) = n \cdot M_O(\boldsymbol{F}) = M_x(\boldsymbol{F})l_1 + M_y(\boldsymbol{F})l_2 + M_z(\boldsymbol{F})l_3 \tag{3.14}$$

或者写成

$$M_\xi(\boldsymbol{F}) = n \cdot (r \times F) = \begin{vmatrix} l_1 & l_2 & l_3 \\ x & y & z \\ \boldsymbol{F}_x & \boldsymbol{F}_y & \boldsymbol{F}_z \end{vmatrix} \tag{3.15}$$

【例 3.1】 求图 3.7 中力 $\boldsymbol{F}$ 对 O 点的矩，已知 $\boldsymbol{F}$=10kN，方向和作用点如图 3.7 所示。

【解】 在平面 Oxy 内力 $\boldsymbol{F}$ 对 O 点的矩为代数量，逆时针转向为正，反之为负。它有 3 种计算方法。

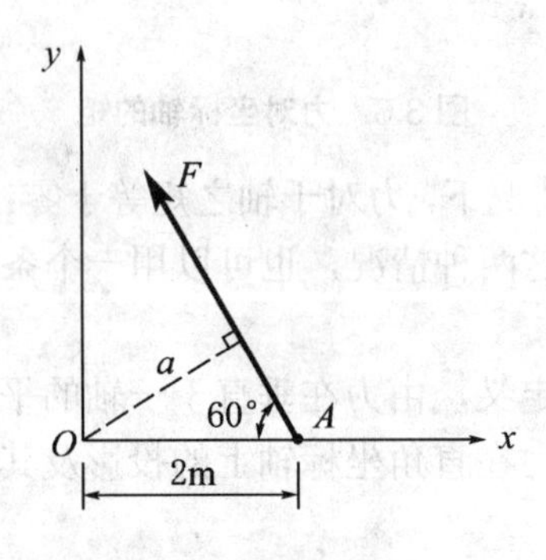

图 3.7

(1) 由定义式(3.7)计算。力臂 $a = 2\sin 60° = \sqrt{3}$ m 则

$$M_O(\boldsymbol{F}) = \boldsymbol{F} \cdot a = 10\ \text{kN} \times \sqrt{3}\ \text{m} = 17.32\ \text{kN} \cdot \text{m}$$

(2) 由式(3.11)计算。力 $\boldsymbol{F}$ 的投影

$$\boldsymbol{F}_x = -\boldsymbol{F}\cos 60° = -5\ \text{kN}$$

$$\boldsymbol{F}_y = \boldsymbol{F}\sin 60° = 5\sqrt{3}\ \text{kN}$$

作用点 A 坐标为(2，0)，则

$$M_O(F) = x\boldsymbol{F}_y - y\boldsymbol{F}_x$$

$$= 2\ \text{m} \times 5\sqrt{3}\ \text{kN} - 0\ \text{m} \times (-5)\ \text{kN} = 17.32\ \text{kN} \cdot \text{m}$$

(3) 将 $\boldsymbol{F}$ 分解成平行于坐标轴的两个力 $\boldsymbol{F}_x$、$\boldsymbol{F}_y$，由合力矩定理可知，$\boldsymbol{F}$ 对 O 点的矩

等于 F_x 和 F_y 分别对 O 点的矩之和。

$$M_z(F)=M_O(F_x)+M_O(F_y)$$

$$=F\cos 60°\times 0+F\sin 60°\times 2=10\sqrt{3}\text{kN}\cdot\text{m}=17.32\text{kN}\cdot\text{m}$$

第一种方法只在极简单问题中使用，在静力学里第二、第三种方法用得较多。

【例 3.2】 求图 3.8(a)中力 $\boldsymbol{F}$ 对 z 轴的矩 $M_z(F)$ 及对 O 点的矩 $M_O(F)$，已知 $F=20\text{N}$，尺寸如图 3.8(a)所示。

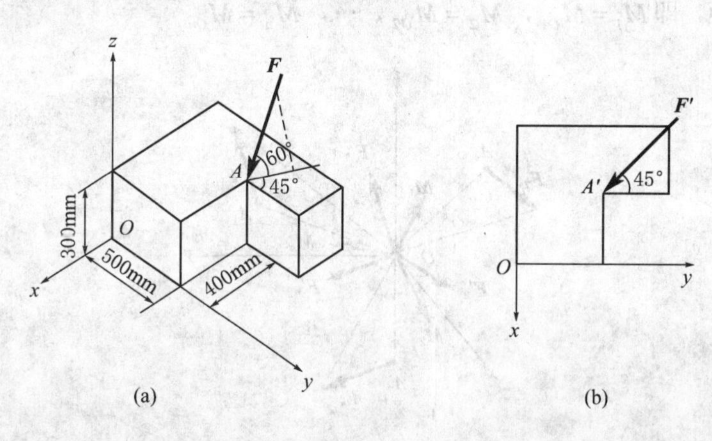

图 3.8

【解】 先求 $M_z(\boldsymbol{F})$，按基本定义，将 $\boldsymbol{F}$ 投影到 xy 平面上成为 $\boldsymbol{F}'$ 如图 3.8(b)所示，计算 $\boldsymbol{F}'$ 对 O 点的矩，即得 F 对 z 轴的矩。显然，$F'=F\cos 60°=10\text{N}$，于是

$$M_z(F)=M_O(F')=(-F'\cos 45°)\times(-0.4)-F'\sin 45°\times 0.5=-0.71\text{N}\cdot\text{m}$$

或者先算出 F 在坐标轴上的投影，再按式(3.13)计算。因此，

$$F_x=\boldsymbol{F}\cos 60°\sin 45°=\sqrt{2}\boldsymbol{F}/4$$

$$F_y=-\boldsymbol{F}\cos 60°\cos 45°=-\sqrt{2}\boldsymbol{F}/4$$

$$F_z=-\boldsymbol{F}\sin 60°=-\sqrt{3}\boldsymbol{F}/2$$

$$x=-0.4\text{m},\ y=0.5\text{m},\ z=0.3\text{m}$$

于是

$$M_z=xF_y-yF_x=-0.71\text{N}\cdot\text{m}$$

再求 $M_O(F)$，将 F_x、F_y、F_z 及 x、y、z 之值代入式(3.10)得

$$M_O(F)=-6.54i-4.81j-0.71k(\text{N}\cdot\text{m})$$

3.3　空间力系的简化

空间力系可以向一点简化，简化的理论基础也是力的平移定理，其简化过程与平面任意力系的简化相似。

3.3.1 空间任意力系向一点简化

设有空间任意力系$\boldsymbol{F}_1$、$\boldsymbol{F}_2$、…、$\boldsymbol{F}_n$，各力分别作用于A_1、A_2、…、A_n各点，如图3.9 所示。简化时可任取一点O作简化中心，将各力平行移至O点，并各附加一力偶，于是得到一个作用于O点的汇交力系$\boldsymbol{F}_1'(=\boldsymbol{F}_1)$、$\boldsymbol{F}_2'(=\boldsymbol{F}_2)$、…、$\boldsymbol{F}_n'(=\boldsymbol{F}_n)$和一个附加力偶系。各附加力偶矩应作为矢量，分别垂直于相应的力与O点所决定的平面，并分别等于相应的力对于O点的矩，即$\boldsymbol{M}_1=\boldsymbol{M}_{O1}$，$\boldsymbol{M}_2=\boldsymbol{M}_{O2}$，…，$\boldsymbol{M}_n=\boldsymbol{M}_{On}$

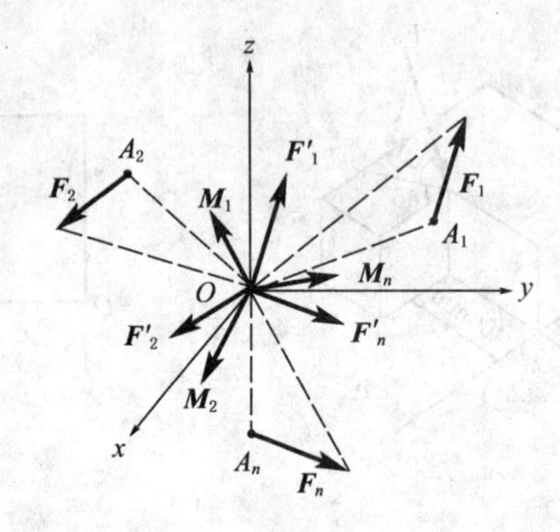

图 3.9 空间任意力系

汇交力系$\boldsymbol{F}_1'$、$\boldsymbol{F}_2'$、……、$\boldsymbol{F}_n$可合成为一个力$\boldsymbol{F}_{\mathrm{R}}$，等于各力的矢量和，即$\boldsymbol{F}_{\mathrm{R}}=\boldsymbol{F}_1'+\boldsymbol{F}_2'+\cdots+\boldsymbol{F}_n'$，亦即

$$\boldsymbol{F}_{\mathrm{R}}=\boldsymbol{F}_1+\boldsymbol{F}_2+\cdots+\boldsymbol{F}_n=\sum\boldsymbol{F}_i \tag{3.16}$$

附加力偶系可合成为一个力偶，力偶矩 $\boldsymbol{M}$ 等于各附加力偶矩的矢量和，即$\boldsymbol{M}=\boldsymbol{M}_1+\boldsymbol{M}_2+\cdots+\boldsymbol{M}_n$，亦即等于原力系中各力对于简化中心的矩的矢量和

$$\begin{aligned}\boldsymbol{M}&=\boldsymbol{M}_{O1}+\boldsymbol{M}_{O2}+\cdots+\boldsymbol{M}_{On}\\&=\sum\boldsymbol{M}_{Oi}=\sum\boldsymbol{r}_i\times\boldsymbol{F}_i=\boldsymbol{M}_O\ ^{①}\end{aligned} \tag{3.17}$$

① 为了简化记号，在以后的讨论中，将用主矩$\boldsymbol{M}_O$代表力偶矩$\boldsymbol{M}$。

其中$\boldsymbol{r}_i$是$\boldsymbol{F}_i$的作用点相对于O点的矢径。矢量和$\sum\boldsymbol{F}_i=\boldsymbol{F}_{\mathrm{R}}$称为原力系的主矢量，$\sum\boldsymbol{M}_{iO}=\boldsymbol{M}_O$称为原力系对于简化中心$O$的主矩。于是可知，空间力系向一点(简化中心)简化的结果一般是一个力和一个力偶，这个力作用于简化中心，等于原力系中所有各力的矢量和，亦即等于原力系的主矢量；这个力偶的矩等于原力系中所有各力对于简化中心的矩的矢量和，亦即等于原力系对于简化中心的主矩。

如果选取不同的简化中心，主矢量并不改变，因为原力系中各力的大小及方向一定，它们的矢量和也是一定的。所以，**一个力系的主矢量是一常量，与简化中心位置无关**。但是，力系中各力对于不同的简化中心的矩是不同的，因而它们的和一般说来也不相等。所以，主矩一般将随简化中心位置不同而改变。

为了计算主矢量和主矩，可过简化中心取直角坐标系$Oxyz$，因$\boldsymbol{F}_{\mathrm{R}}=\sum\boldsymbol{F}_i$，于是，如命$F_{\mathrm{R}x}$、$F_{\mathrm{R}y}$、$F_{\mathrm{R}z}$及$F_{ix}$、$F_{iy}$、$F_{iz}$分别代表$\boldsymbol{F}_{\mathrm{R}}$及$\boldsymbol{F}_i$在坐标轴上的投影，则式(3.16)可写成

$$F_R = F_{Rx}\boldsymbol{i} + F_{Ry}\boldsymbol{j} + F_{Rz}\boldsymbol{k} = \sum F_{ix}\boldsymbol{i} + \sum F_{iy}\boldsymbol{j} + \sum F_{iz}\boldsymbol{k} \tag{3.18}$$

于是有

$$F_{Rx} = \sum F_{ix}\text{，}\quad F_{Ry} = \sum F_{iy}\text{，}\quad F_{Rz} = \sum F_{iz} \tag{3.19}$$

而 F 的大小及方向余弦为

$$\left.\begin{aligned} &F_R = \sqrt{F_{Rx}^2 + F_{Ry}^2 + F_{Rz}^2} \\ &\cos(\boldsymbol{F}_R, x) = \frac{F_{Rx}}{F_R}, \cos(\boldsymbol{F}_R, y) = \frac{F_{Ry}}{F_R} \\ &\cos(\boldsymbol{F}_R, z) = \frac{F_{Rz}}{F_R} \end{aligned}\right\} \tag{3.20}$$

相似地，命主矩 M_O 在坐标轴上的投影为 M_x、M_y、M_Z，则由式(3.17)，M_x、M_y、M_z 应分别等于各力对 O 点的矩在对应轴上的投影之和，亦即等于各力对于对应轴的矩之和，即

$$M_x = \sum M_{ix}\text{，}\quad M_y = \sum M_{iy}\text{，}\quad M_z = \sum M_{iz} \tag{3.21}$$

用式(3.13)，还可将上式写成

$$\begin{aligned} M_x &= \sum (y_i F_{iz} - z_i F_{iy}) \\ M_y &= \sum (z_i F_{ix} - x_i F_{iz}) \\ M_z &= \sum (x_i F_{iy} - y_i F_{ix}) \end{aligned} \tag{3.22}$$

已知主矩 M_O 的投影，则可求得 M_O 的大小及方向余弦为

$$\left.\begin{aligned} &M_O = \sqrt{M_x^2 + M_y^2 + M_z^2} \\ &\cos(M_O, x) = \frac{M_x}{M_O}, \cos(M_O, y) = \frac{M_y}{M_O} \\ &\cos(M_O, z) = \frac{M_z}{M_O} \end{aligned}\right\} \tag{3.23}$$

3.3.2　特殊力系简化的结果

作为空间任意力系的特殊情形，空间平行力系、平面任意力系和平面平行力系向一点简化的结果也是一个力(等于力系的主矢量)和一个力偶(力偶矩等于力系的主矩)，只是计算较简单。

1) 空间平行力系

取 z 轴平行于各力作用线，则在式(3.19)～(3.22)中，$F_{Rx} \equiv 0$，$F_{Ry} \equiv 0$，$M_z \equiv 0$，而各公式(3.19)～(3.23)成为

$$\left.\begin{aligned}&F_{Rx}=\sum F_{iz}, F_{R}=\left|F_{Rx}\right|\\&\cos(\boldsymbol{F}_{R}, z)=\pm1, \cos(\boldsymbol{F}_{R}, x)=\cos(\boldsymbol{F}_{R}, y)=0\\&M_{x}=\sum M_{ix}=\sum y_{i}F_{iz}, M_{y}=\sum M_{iy}=-\sum x_{i}F_{ix}\\&M_{O}=\sqrt{M_{x}^{2}+M_{y}^{2}}\\&\cos(M_{O}, x)=\frac{M_{x}}{M}, \cos(M_{O}, y)=\frac{M_{y}}{M}\\&\cos(M_{O}, Z)=0\end{aligned}\right\}\tag{3.24}$$

可见，$\boldsymbol{F}_{R}$ 平行于 z 轴(即与原来各力平行)，而 M_{O} 必垂直于 z 轴。所以 F_{R} 与 M_{O} 互相垂直。

2) 平面任意力系

取力系所在平面为 xy 平面，则在式(3.19)～(3.23)中，$F_{RZ}\equiv0$，$M_{x}\equiv0$，$M_{y}\equiv0$，而各公式成为

$$\left.\begin{aligned}&F_{Rx}=\sum F_{ix}, F_{Ry}=\sum F_{iy}\\&F_{Rz}=\sqrt{F_{Rx}^{2}+F_{Ry}^{2}}\\&\cos(F_{R}, x)=\frac{F_{Rx}}{F_{R}}, \cos(F_{R}, y)=\frac{F_{Ry}}{F_{R}}, \cos(F_{R}, z)=0\\&M_{O}=\left|M_{z}\right|=\left|\sum M_{iz}\right|\\&\cos(M_{O}, z)=\pm1, \cos(M_{O}, x)=\cos(M_{O}, y)=0\end{aligned}\right\}\tag{3.25}$$

可见，F_{R} 位于 xy 平面内，即原力系所在的平面内，而 M_{O} 垂直于该平面，F_{R} 与 M_{O} 互相垂直。

事实上，根据力对轴的矩的定义，任一力 F_{i} 对 z 轴的矩就等于该力对 O 点的矩。因此，对平面任意力系问题，如将 F_{i} 对 O 点的矩作为代数量，则 $M_{iz}=M_{iO}$，而力系的主矩可用代数式表示为

$$M_{O}=\sum M_{Oi}\tag{3.26}$$

3) 平面平行力系

取力系所在平面为 xy 平面，y 轴平行于各力作用线，则 $F_{Rx}\equiv0$，$F_{RZ}\equiv0$，$M_{x}\equiv0$，$M_{y}\equiv0$ 于是

$$\left.\begin{aligned}&F_{Ry}=\sum F_{iy}, F_{R}=\left|F_{Ry}\right|\\&\cos(\boldsymbol{F}_{R}, y)=\pm1, \cos(\boldsymbol{F}_{R}, x)=\cos(\boldsymbol{F}_{R}, z)=0\\&M_{O}=\left|M_{z}\right|=\left|M_{zi}\right|\\&\cos(M_{O}, z)=\pm1, \cos(M_{O}, x)=\cos(M_{O}, y)=0\end{aligned}\right\}\tag{3.27}$$

可见，$\boldsymbol{F}_{R}$ 位于力系所在平面内并与力系中各力平行，M_{O} 与 $\boldsymbol{F}_{R}$ 互相垂直。同平面任意力系一样，也可以令 $M_{iO}=M_{iz}$，而 $M_{O}=\sum M_{iO}$。

3.3.3 任意力系简化结果讨论

空间任意力系向任一点简化，一般是一个力和一个力偶，但这并不是最后的或最简单的结果，还须区别几种可能的情形，作进一步的探讨。

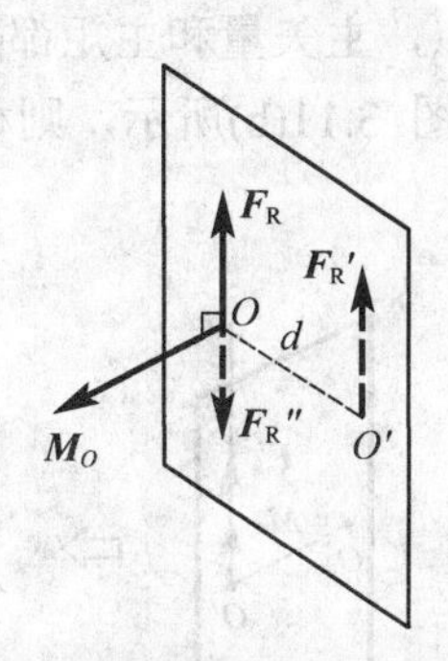

图 3.10　共面的一个力和一个力偶

(1) 若 $\boldsymbol{F}_R=0$，$M_O\neq0$，则原力系简化为一个力偶，力偶矩等于原力系对于简化中心的主矩。在这种情况下，主矩(即力偶矩)将不因简化中心位置的不同而改变。

(2) 若 $\boldsymbol{F}_R\neq0$，$\boldsymbol{M}_O\neq0$，而 $\boldsymbol{M}_O\perp\boldsymbol{F}_R$，表明 $\boldsymbol{M}_O$ 所代表的力偶与 $\boldsymbol{F}_R$ 在同一平面内，如图 3.10 所示。令力偶的两个力为 $\boldsymbol{F}_R'$ 与 $\boldsymbol{F}_R''$，使 $\boldsymbol{F}_R'=-\boldsymbol{F}_R''=\boldsymbol{F}_R$，并使 $\boldsymbol{F}_R''$ 与 $\boldsymbol{F}_R$ 位于同一直线上。这时 F_R 与 $\boldsymbol{F}_R''$ 成平衡，对物体不产生运动效应，可以去掉。于是只剩下作用于 O' 的力 $\boldsymbol{F}_R'$ 与原力系等效，$\boldsymbol{F}_R'$ 为原力系的合力，距离 $d=M_O/F_R$。

当空间任意力系可简化为一合力时，合力 $\boldsymbol{F}_R'$ 对任一点 O(或轴 x)的矩与各分力对同一点(或轴)的矩之间存在关系

$$M_O(\boldsymbol{F}_R')=\sum \boldsymbol{M}_{iO} \tag{3.28}$$

$$M_x(\boldsymbol{F}_R')=\sum M_{ix} \tag{3.29}$$

此结论很容易得到。

式(3.28)及式(3.29)表明：若空间任意力系可简化成为一个合力，则合力对任一点(或轴)的矩等于原力系各力对同一点(或轴)的矩的矢量和(或代数和)。这一结论称为合力矩定理。

对于空间平行力系、平面任意力系和平面平行力系，当 $\boldsymbol{F}_R$ 和 M_O 都不等于零时，M_O 总是垂直于 $\boldsymbol{F}_R$，所以必能简化成为一个合力，合力矩定理也必定成立，且由合力矩定理可以确定合力作用线位置。如对平面任意力系以简化中心 O 为坐标原点，力系所在平面为 xy 平面，设合力 $\boldsymbol{F}_R'$ 与 x 轴交点的坐标为 x，则由合力矩定理

$$M_O(\boldsymbol{F}_R')=x\times F_{Ry}-0\times F_{Rx}=x\times F_{Ry}$$

即

$$x=\frac{M_O}{F_{Ry}} \tag{3.30}$$

(请读者考虑当 $F_{Ry}=0$ 时，合力作用线位置如何计算。另外，对平行力系合力作用线位置如何确定。)

(3) 若 $\boldsymbol{F}_R\neq0$，$\boldsymbol{M}_O\neq0$，且 $\boldsymbol{M}_O$ 与 $\boldsymbol{F}_R$ 不相垂直如图 3.11(a)所示，则可用下述方法进

一步简化。将$\boldsymbol{M}_O$分解成垂直于$\boldsymbol{F}_R$的$\boldsymbol{M}_1$和平行于$\boldsymbol{F}_R$的$\boldsymbol{M}_R$。因$\boldsymbol{M}_1$所代表的力偶与力$\boldsymbol{F}_R$位于同一平面$V(\perp \boldsymbol{M}_1)$内，可合成为作用于在平面$V$内的另一点$O'$的一个力$\boldsymbol{F}_R'$。再将$\boldsymbol{M}_R$平移到$O'$与$\boldsymbol{F}_R'$重合，如图 3.11(b)所示。这时，$\boldsymbol{M}_R$所代表的力偶位于与$\boldsymbol{F}_R'$垂直的平面$H$内，成为如图 3.11(c)所示的情况。这样的一个力和一个力偶称为力螺旋，而且，在与力$\boldsymbol{F}_R'$作用线相重合的直线$O'P$上的所有各点，主矢量和主矩都是$\boldsymbol{F}_R'$和$\boldsymbol{M}_R$。直线$O'P$称为原力系的中心轴。如$\boldsymbol{M}_R$与$\boldsymbol{F}_R'$同方向，如图 3.11(b)所示，则称为**右手螺旋**；如$\boldsymbol{M}_R$与$\boldsymbol{F}_R'$方向相反，则称为**左手螺旋**。

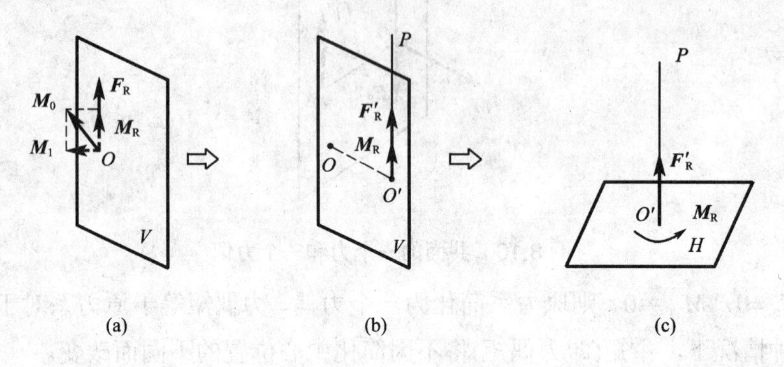

图 3.11　力螺旋

在生产实践中有不少应用力螺旋的实例，最简单的例子是用力拧紧螺丝，作用于螺钉的力系组成一个力螺旋，使螺钉一面旋转一面前进。有一种矿山用的潜孔钻，钻杆由电动机带动旋转，同时受一冲击力使其向前钻进，电动机的驱动力矩与冲击也组成一力螺旋。

力螺旋是空间力系简化在一般情况下可能得到的最简单形式。而且，对于确定的空间力系，组成力螺旋的力和力偶矩是确定的，力螺旋的中心轴的位置也是确定的，$\boldsymbol{M}_R$是力系的最小主矩。

【例 3.3】 将图 3.12 所示的力系向 O 点简化，求主矢量和主矩。已知F_1=50N，F_2=100 N，F_3=200N。图中长度单位为m。

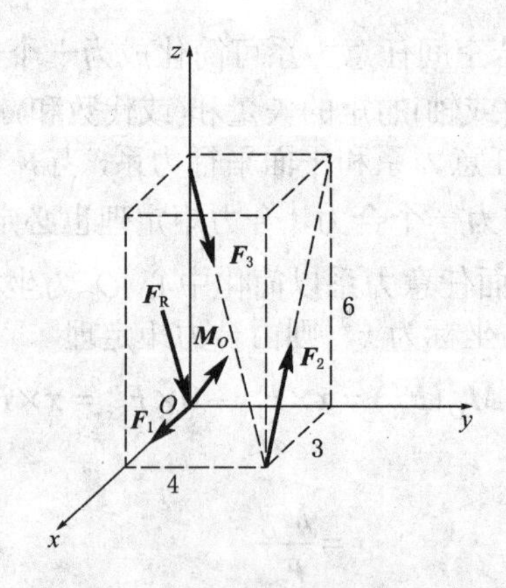

图 3.12

【解】 为了下面计算方便，先将各力沿坐标轴分解：

$$\boldsymbol{F}_1 = 50\boldsymbol{i}$$

$$\boldsymbol{F}_2 = (-3/\sqrt{45})\times 100\boldsymbol{i} + (6/\sqrt{45})\times 100\boldsymbol{k}$$

$$= -44.7\boldsymbol{i} + 89.4\boldsymbol{k}$$

$$\boldsymbol{F}_3 = (3/\sqrt{61})\times 200\boldsymbol{i} + (4/\sqrt{61})\times 200\boldsymbol{j} - (6/\sqrt{61})\times 200\boldsymbol{k} = 76.8\boldsymbol{i} + 102.4\boldsymbol{j} - 153.6\boldsymbol{k}$$

于是

$$F_{Rx} = (50 - 44.7 + 76.8)\ \text{N} = 82.1\ \text{N}, F_{Ry} = 102.4\ \text{N}$$

$$F_{Ry} = (89.4 - 153.6)\ \text{N} = -64.2\ \text{N}$$

$$F_R = 146.1\ \text{N}, \cos\alpha = 0.5619, \cos\beta = 0.7009, \cos\gamma = -0.4394$$

$$M_x = (4\times 89.4 - 6\times 102.4)\ \text{N}\cdot\text{m} = -256.8\ \text{N}\cdot\text{m}$$

$$M_y = (-3\times 89.4 + 6\times 76.8)\ \text{N}\cdot\text{m} = 192.6\ \text{N}\cdot\text{m}$$

$$M_z = (4\times 44.7)\ \text{N}\cdot\text{m} = 178.8\ \text{N}\cdot\text{m}$$

$$M_O = 367.5\ \text{N}\cdot\text{m}, \cos\alpha = -0.6988, \cos\beta = 0.5241, \cos\gamma = 0.4865$$

3.4　空间力系的平衡条件及平衡计算

空间任意力系平衡条件是力系的主矢和力系对任一点的主矩都等于零，它通过空间任意力系的平衡方程来体现。

3.4.1　空间任意力系的平衡条件

如果空间任意力系的主矢、主矩同时等于零，则该力系为平衡力系。因为，主矢等于零，表明作用于简化中心的汇交力系成为平衡；主矩等于零，表明附加力偶系成平衡；两者都等于零，则原力系必成平衡。反之，如空间任意力系平衡，其主矢量与对于任一简化中心的主矩必分别等于零，否则该力系最后将简化为一个力或一个力偶。因此，**空间任意力系成平衡的必要与充分条件是力系的主矢量与力系对于任一点的主矩都等于零**，即

$$F_R = 0,\quad M_O = 0 \tag{3.31}$$

上述条件可用代数方程表为

$$\left.\begin{aligned}\sum F_{ix} = 0, \sum F_{iy} = 0, \sum F_{iz} = 0\\ \sum M_{ix} = 0, \sum M_{iy} = 0, \sum M_{iz} = 0\end{aligned}\right\} \tag{3.32}$$

这六个方程就是空间任意力系的平衡方程。它们表示：力系中所有的力在三个直角坐标轴中的每一轴上的投影的代数和等于零，所有的力对于每一轴的矩的代数和等于零。

3.4.2　几种特殊空间力系的平衡条件

1) 空间汇交力系

对于空间汇交力系，有$\sum M_{ix} \equiv 0$，$\sum M_{iy} \equiv 0$，$\sum M_{iz} \equiv 0$。因而空间汇交力系的平衡方程成为

$$\sum F_{ix}=0, \sum F_{iy}=0, \sum F_{iz}=0 \tag{3.33}$$

2) 空间平行力系

对于空间平行力系，令 z 轴平行于各力，则 $\sum F_{ix}\equiv 0$，$\sum F_{iy}\equiv 0$，$\sum M_{iz}\equiv 0$。因而空间平行力系的平衡方程成为

$$\sum F_{iz}=0，\sum M_{ix}=0，\sum M_{iy}=0 \tag{3.34}$$

3) 空间力偶系

对于空间力偶系，有 $\sum F_{ix}\equiv 0$，$\sum F_{iy}\equiv 0$，$\sum F_{iz}\equiv 0$。因而空间力偶系的平衡方程成为

$$\sum M_{ix}=0，\sum M_{iy}=0，\sum M_{iz}=0 \tag{3.35}$$

式(3.32)虽然是由直角坐标系导出的，但在解答具体问题时，不一定使三个投影轴或矩轴垂直，也没有必要使矩轴和投影轴重合，而可以分别选取适宜轴线为投影轴或矩轴，使每一平衡方程中包含的未知数量最少，以简化计算。此外，有时为了方便，也可减少平衡方程中的投影方程，而增加力矩方程。如取二个投影方程和四个力矩方程(四力矩形式)，或取一个投影方程和五个力矩方程(五力矩形式)，或全部取六个力矩方程(六力矩形式)，而式(3.32)称为平衡方程的基本形式。但不管采用何种平衡方程的形式，它最多只能有六个独立的平衡方程且与空间任意力系平衡的充分与必要条件等价(读者可自己证明)。但要注意，不同平衡方程形式中投影轴与矩轴需满足一定的条件，才能保证方程是相互独立的。由于此条件较复杂，不再给出，读者应用时须注意。

【例 3.4】 三轮卡车自重力(包括车轮重)$\boldsymbol{W}$=8kN，载重力 $\boldsymbol{F}$=10kN，作用点位置如图 3.13 所示，求静止时地面作用于三个轮子的反力。图中长度单位为m。

【解】 作三轮卡车的受力图，$\boldsymbol{W}$、$\boldsymbol{F}$ 及地面对轮子的铅直反力 F_A、F_B、F_C 组成一平衡的空间平行力系。取坐标轴如图 3.13 所示，写出平衡方程求解各未知数

$$\sum M_{ix}=0，W\times 1.2-F_A\times 2=0$$

解得

$$F_A=0.6\times W=4.8\text{kN}$$

$$\sum M_{iy}=0，W\times 0.6+F\times 0.4-F_A\times 0.6-F_C\times 1.2=0$$

将 W、F 及 F_A 之值代入，解得

$$F_C=4.93\text{kN}$$

$$\sum F_{iz}=0，F_A+F_B+F_C-F-W=0$$

解得

$$F_B=8.27\text{kN}$$

【例 3.5】 重 W=100N的均质矩形板 $ABCD$，在 A 点用球铰，B 点用普通铰链(约束力在垂直于铰链轴的平面内)，并用绳 DE 支承于水平位置如图 3.14 所示。力 $\boldsymbol{F}_2$ 作用在过 C 点的铅直面内。设力 $\boldsymbol{F}_2$ 的大小为 200N，a=1m，b=0.4m，α=45°，求 A、B 两处的约束力及绳 DE 的拉力。

【解】 考虑矩形板的平衡。球铰和铰链的约束力，用它们的分量表示如图 3.14 所示，并设绳子的拉力为 F_{T}。取坐标系如图 3.14 所示。按以下次序列平衡方程

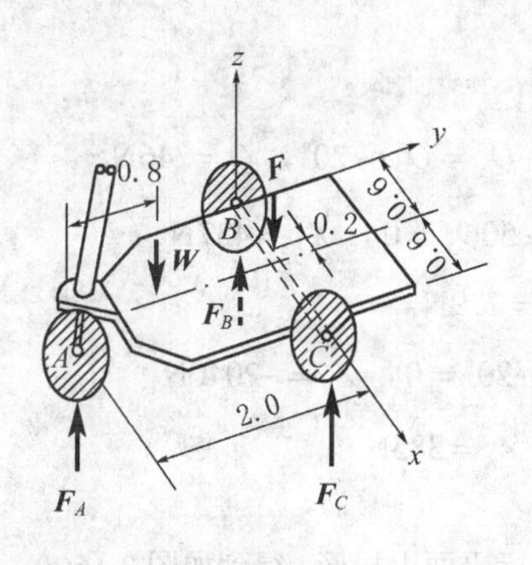

图 3.13

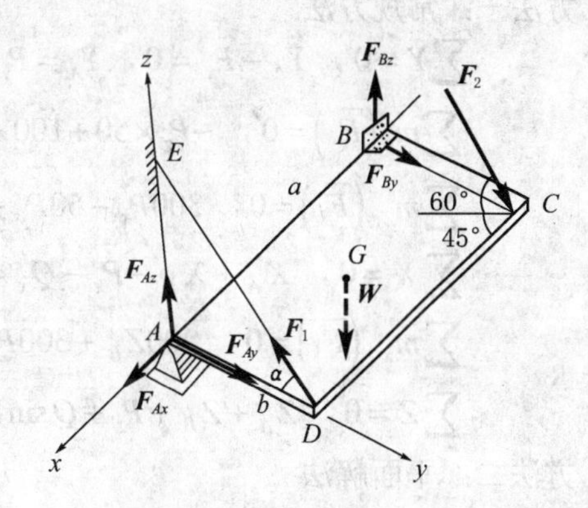

图 3.14

$$\sum F_{ix}=0,\quad F_{Ax}-F_2\cos 60°\cos 45°=0 \tag{3.36}$$

$$\sum F_{iy}=0,\quad F_{Ay}+F_{By}-F_1\cos\alpha+F_2\cos 60°\sin 45°=0 \tag{3.37}$$

$$\sum F_{iz}=0,\quad F_{Az}+F_{Bz}+F_1\sin\alpha-W-F_2\sin 60°=0 \tag{3.38}$$

$$\sum M_{ix}=0,\quad F_1\sin\alpha\times b-W\times b/2-F_2\sin 60°\times b=0 \tag{3.39}$$

$$\sum M_{iy}=0,\quad F_{Bz}\times a-W\times a/2-F_2\sin 60°\times a=0 \tag{3.40}$$

$$\sum M_{iz}=0,\quad -F_{By}\times a+F_2\cos 60°\cos 45°\times b-F_2\cos 60°\sin 45°\times a=0 \tag{3.41}$$

将各已知数据代入，并依式(3.36)～或(3.41)的次序求解(这样可以每次求得一个未知量)，得

F_{Ax}=70.7N，F_1=315.7N，F_{Bz}=223.2N，F_{By}=−42.4N，F_{Ay}=194.9N，F_{Az}=−173.2N

【例 3.6】 如图 3.15 所示，传动轴 AB 上装有齿轮 C，已知齿轮 C 的半径 R_C=100mm，传动轴 D 的半径 R_D=50mm，在传动轴图示位置作用有表面分力 P_x=466N，P_y=352N，P_z=1400N，图 3.15 中尺寸单位为 mm。求：平衡时(匀速转动)力 Q(Q 力作用在 C 轮的最低点)和轴承 A，B 的约束反力？

【解】(1)选研究对象 (2)作受力图 (3)选坐标列方程(力求每一个方程求解一个未知数)

取整个系统为研究对象，作用于传动轴上的力有轴承 A、B 处的约束反力 X_A、Y_A、Z_A、X_B 和 Z_B，作用于轮 C 上的力有外力 Q，作用于轴承表面的各分力 P_x、P_y、P_z。

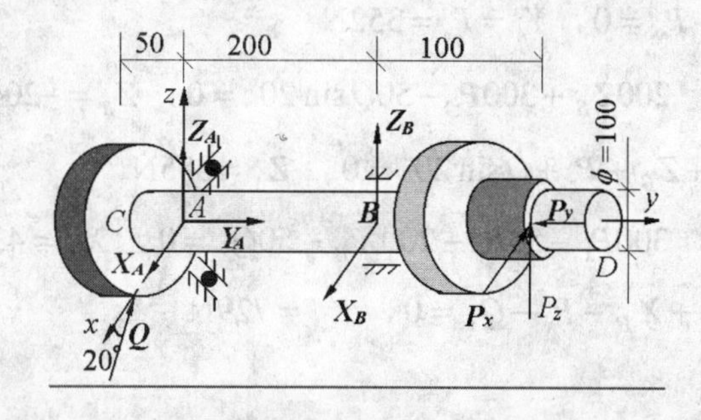

图 3.15

方法一：常规方法

$$\sum Y=0\text{，}\ Y_A-P_y=0\text{，}\ Y_A=P_y=352\text{N}$$

$$\sum m_y\left(\overline{F}_i\right)=0\text{，}\ -P_z\times 50+100\times Q_x=0\text{，}\ Q_x=Q\cos 20^\circ\text{，}\ Q=746\text{N}$$

$$\sum m_{Z_A}\left(\overline{F}_i\right)=0\text{，}\ 300P_x-50P_y-200X_B-50Q_x=0\text{，}\ X_B=437\text{N}$$

$$\sum X=0\text{，}\ X_A+X_B-P_x-Q_x=0\text{，}\ X_A=729\text{N}$$

$$\sum m_{X_A}\left(\overline{F}_i\right)=0\text{，}\ 200Z_B+300P_z-50Q\sin 20^\circ=0\text{，}\ Z_B=-2040\text{N}$$

$$\sum Z=0\text{，}\ Z_A+Z_B+P_z+Q\sin 20^\circ=0\text{，}\ Z_A=385\text{N}$$

方法二：平面解法

为了计算方便，将作用于系统上的各力向三个坐标平面上投影，得到如图 3.16(a)、(b)、(c)所示的三个平面力系，可以很容易求出解答。该方法常称为空间问题的平面解法。

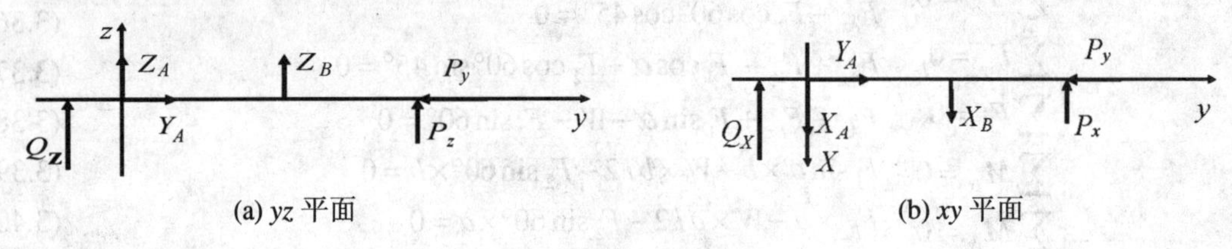

(a) *yz* 平面 (b) *xy* 平面

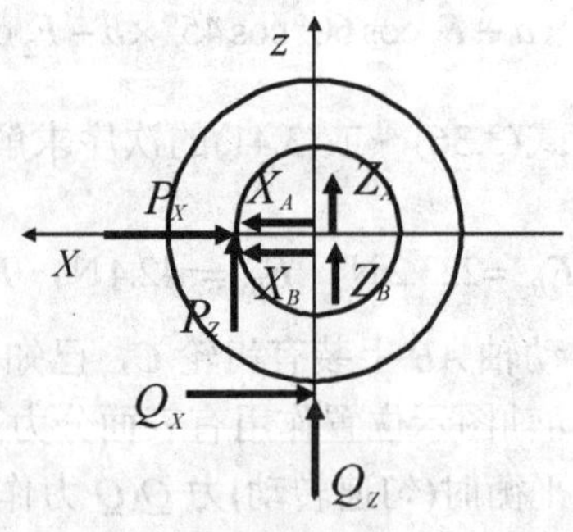

(c)*xz* 平面

图 3.16

(c) $\sum m_0\left(\overline{F}_i\right)=0$，$-P_z\times 50+100\times Q_x=0$，$Q_x=Q\cos 20^\circ$，$Q=746\text{N}$

(a) $\sum Y=0$，$Y_A-P_y=0$，$Y_A=P_y=352\text{N}$

(a) $\sum m_A\left(\overline{F}_i\right)=0$，$200Z_B+300P_z-50Q\sin 20^\circ=0$，$Z_B=-2040\text{N}$

(a) $\sum Z=0$，$Z_A+Z_B+P_z+Q\sin 20^\circ=0$，$Z_A=385\text{N}$

(b) $\sum m_A\left(\overline{F}_i\right)=0$，$300P_x-50P_y-200X_B-50Q_x=0$，$X_B=437\text{N}$

(b) $\sum X=0$，$X_A+X_B-P_x-Q_x=0$，$X_A=729\text{N}$

3.5　物体重心和平面图形形心

重心的位置对于物体的平衡和运动有重要作用。在工程上，设计挡土墙等建筑物时，重心位置直接关系到建筑物的抗倾稳定性及其内部受力的分布。又如机械转子的重心位置对确保机械正常运转有重要作用。所以，如何确定物体重心的位置，在实践上有着重要意义。

3.5.1　重心的基本公式

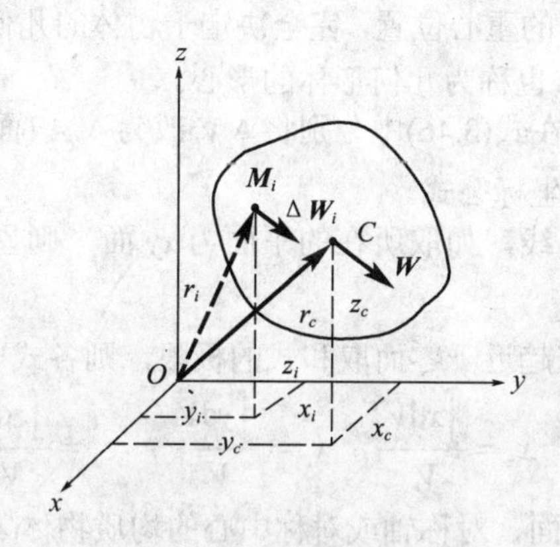

图 3.17　物体及重心示意图

一个物体可看作由许多微小部分所组成，每一微小部分都受到一个重力作用。命其中某一微小部分 M_i 所受的重力为 $\Delta \boldsymbol{W}_i$ 如图 3.17 所示，所有各力 $\Delta \boldsymbol{W}_i$ 的合力 W 就是整个物体所受的重力。$\Delta \boldsymbol{W}_i$ 的大小 ΔW_i 是 M_i 的重量，$\boldsymbol{W}$ 的大小 W 则是整个物体的重量。不论物体在空中取什么样的位置，合力 $\boldsymbol{W}$ 的作用线，相对于物体而言，必定通过某一确定点 C，这一点就称为物体的重心。由于所有各 $\Delta \boldsymbol{W}_i$ 都指向地心附近，因此，严格地说，各 $\Delta \boldsymbol{W}_i$ 并不平行。但是，工程上的物体都远较地球为小，离地心又很远，所以各 $\Delta \boldsymbol{W}_i$ 可以看作平行力而足够精确。这样，合力 W_p 的大小(即整个物体的重量)就是 $\boldsymbol{W} = \sum \Delta \boldsymbol{W}_i$，而物体重心位置则可利用合力矩定理求得。使物体固定于坐标系 $Oxyz$ 内。令 M_i 及 C 相对于 O 点的矢径为 $\boldsymbol{r}_i$ 及 $\boldsymbol{r}_c$，由合力矩定理有

$$r_c \times \boldsymbol{W} = \sum \boldsymbol{r}_i \times \Delta W_i \tag{3.42}$$

沿 ΔW_i 和 W 的方向取单位矢量 $\boldsymbol{p}$，则 $\boldsymbol{W}_i = \Delta W_i \boldsymbol{P}$，　$\boldsymbol{W} = W\boldsymbol{p}$，而式(3.42)成为

$$W\boldsymbol{r}_c \times \boldsymbol{p} = \sum (\Delta \mathrm{W_i} \boldsymbol{r}_i) \times \boldsymbol{p} \tag{3.43}$$

因不论 ΔW_i 和 W 相对于物体取什么方向，式(3.42)都成立，即式(3.43)中的 $\boldsymbol{p}$ 的方向相对于坐标系是任意的，故必须

$$\begin{gathered} W\boldsymbol{r}_c = \sum \Delta W_i r_i \\ \boldsymbol{r}_c = \frac{\sum \Delta W_i \boldsymbol{r}_i}{W} \end{gathered} \tag{3.44}$$

将上式两边投影到 x、y、z 轴上，得

$$x_c = \frac{\sum x_i \Delta W_i}{W}, \quad y_c = \frac{\sum y_i \Delta W_i}{W}, \quad z_c = \frac{\sum z_i \Delta W_i}{W} \tag{3.45}$$

式中x_i，y_i，z_i及x_c，y_c，z_c分别是M_i及重心C的位置坐标。

3.5.2 形心的基本公式

如果物体是均质的，即每单位体积重γ=常数，设M_i的体积为ΔV_i，整个物体的体积为$V=\sum \Delta V_i$，则$\Delta F_{pi} = \gamma \Delta V_i$，而$F_P = \sum \Delta F_{Pi} = \gamma \sum \Delta V_i = \gamma V$，代入公式(3.45)，就得到

$$x_c = \frac{\sum x_i V_i}{V}, \quad y_c = \frac{\sum y_i V_i}{V}, \quad z_c = \frac{\sum z_i V_i}{V} \tag{3.46}$$

式(3.46)表明，均质物体的重心位置，完全决定于物体的几何形状，而与物体的重量无关。由式(3.38)所确定的C点也称为几何形体的形心。

对于曲面或曲线，只需在式(3.46)中分别将ΔV_i改为ΔA_i(面积)或ΔL_i(长度)，V改为A或L，即可得相应的重心坐标公式。

对于平面图形或平面曲线，如取所在的平面为xy面，则显然$z_c = 0$，而x_c及y_c可由式(3.45)中的前两式求得。

在式(3.46)中，如令ΔV趋近于零而取和式的极限，则各式成为积分公式

$$x_c = \frac{\int x \mathrm{d}V}{V}, \quad y_c = \frac{\int y \mathrm{d}V}{V}, \quad z_c = \frac{\int z \mathrm{d}V}{V} \tag{3.47}$$

不难证明，凡具有对称面、对称轴或对称中心的均质物体(或几何形体)，其重心(或形心)必定在对称面、对称轴或对称中心上。于是可知，平行四边形、圆环、圆面、椭圆面等的形心与它们的几何中心重合。圆柱体、圆锥体的形心都在它们的中心轴上。现将一些常见的简单形体的形心位置列于表3-1中，以供参考。

3.5.3 组合形体的重心或形心

较复杂的形体，往往可以看作几个简单形体的组合。设已知各简单形体的重量F_{Pi}(或体积V_i、或面积A_i、或长度L_i)及其重心(或形心)位置，只要用F_{Pi}、V_i、…代换以上各公式中的ΔF_{Pi}、ΔV_i、…，用各简单形体的重心(或形心)的坐标x_{ci}…代替x_i…，就可求得整个形体的重心(或形心)的位置。如果一个复杂的形体不能分成简单形体，又不能求积分，就只能用近似方法或用实验方法求其重心(或形心)。

表3-1　简单形体的形心

图　形	形心坐标	图　形	形心坐标
圆弧 (图：r，α，C，O，x，x_c)	$x = \frac{r\sin\alpha}{\alpha}$ (α以弧度计，下同) $\alpha = \frac{\pi}{2}$ $x_c = \frac{2r}{\pi}$	椭圆型面积 (图：y，b，x_c，C，y_c，O，a，x)	$x_c = \frac{4a}{3\pi}$ $y_c = \frac{4b}{3\pi}$ $(A = \frac{1}{4}\pi ab)$

续表

图　形	形心坐标	图　形	形心坐标
三角形面积	在中线交点 $y_c=\frac{1}{3}h$	抛物形面积	$x_c=\frac{n+1}{2n+1}l$ $y_c=\frac{n+1}{2(n+2)}h$ $(A=\frac{n}{n+1}lh)$ 当 $n=2$ 时 $x_c=\frac{3}{5}l$ $y_c=\frac{3}{8}h$
梯形面积	在上、下底中点的连线上 $y_c=\frac{h(a+2b)}{3(a+b)}$	半球体	$z_c=\frac{3}{8}R$ $(V=\frac{2}{3}\sum\pi R^3)$
扇形面积	$x_c=\frac{2r\sin\alpha}{3\alpha}(A=r^2a)$ 半圆面积： $a=\frac{\pi}{2}, x_c=\frac{4r}{3\pi}$	锥形	在顶点与底面中心 O 的连线上 $x_c=\frac{1}{4}h$ $(V=\frac{1}{3}Ah$, A 是底面积)

【例 3.7】 求圆弧 AB 的形心坐标如图 3.18 所示。

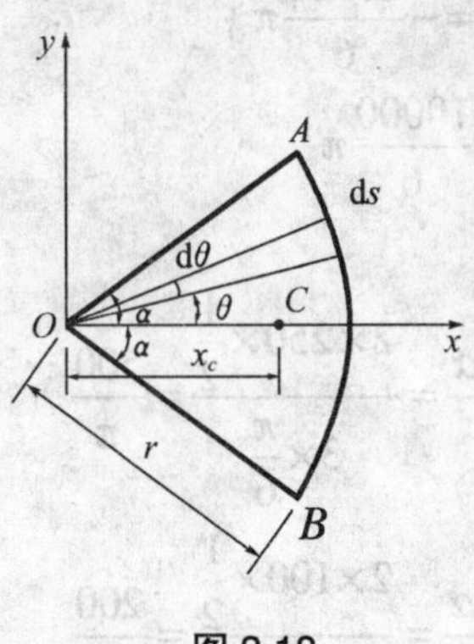

图 3.18

【解】 取坐标如图 3.18 所示。由于图形对称于 x 轴，因而 $y_c=0$。为了求 x_c，取微小弧段 $ds=rd\theta$，其坐标为 $x=r\cos\theta$，于是

$$x_c=\frac{\int x\mathrm{d}s}{\int \mathrm{d}s}=\frac{2\int_0^{\alpha}r^2\cos\theta\mathrm{d}\theta}{2\int_0^{\alpha}r\mathrm{d}\theta}=\frac{r\sin\alpha}{\alpha}$$

利用这一结果，很容易求出扇形面积 OAB 的形心位置如图 3.19 所示。将扇形面积分

成许多微小三角形，如图 3.19 中阴影线所示，每一三角形的形心位于距顶点 $2r/3$ 处，因而求扇形面积的形心相当于求半径为 $2r/3$ 的圆弧 DE 的形心，于是即可以得到

$$x_c = \frac{2r\sin\alpha}{3\alpha}$$

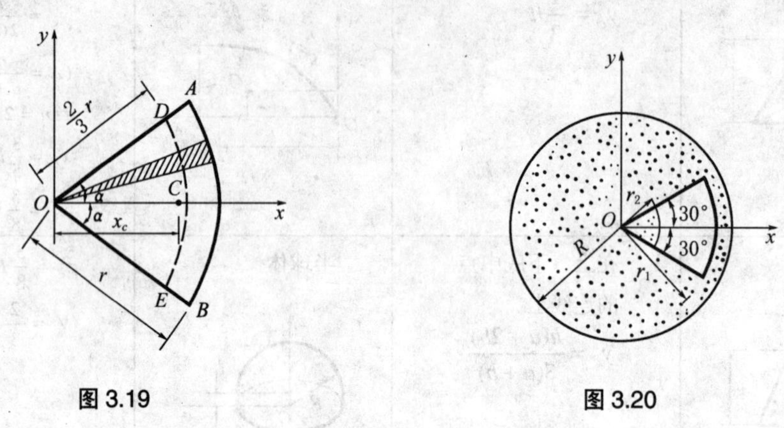

图 3.19　　　　图 3.20

【例 3.8】 在均质圆板内挖去一扇形面积如图 3.20 所示。已知 R=300mm，r_1=250mm，r_2=100mm，求板的重心位置。

【解】 取坐标轴如图 3.20 所示。因 x 轴为板的对称轴，重心必在对称轴上，即 y_c=0，所以，只须求重心的 x 坐标 x_c。将板看成为：在半径为 R 的圆面积上挖去一半径为 r_1 而圆心角为 2α=60° 的扇形面积，再加上一半径为 r_2 而圆心角为 2α=60° 的扇形面积。各部分面积分别用 A_1、A_2、A_3 表示。因 A_2 是挖去的面积，应取为负值(这种方法因而也称**负面积法**)。各部分面积及其重心坐标 x_1、x_2、x_3 可根据表 3-1 中公式计算：

$$A_1 = \pi R^2 = \pi 300^2 = 90000\pi$$

$$A_2 = -\frac{\pi}{6} r_1^2 = -\frac{62500}{6}\pi$$

$$A_3 = \frac{\pi}{6} r_2^2 = \frac{10000}{6}\pi$$

$$x_1 = 0$$

$$x_2 = \frac{2r_1\sin\alpha}{3\alpha} = \frac{2\times 250\times\frac{1}{2}}{3\times\frac{\pi}{6}} = \frac{500}{\pi}$$

$$x_3 = \frac{2r_2\sin\alpha}{3\alpha} = \frac{2\times 100\times\frac{1}{2}}{3\times\frac{\pi}{6}} = \frac{200}{\pi}$$

$$x_c = \frac{A_1x_1 + A_2x_2 + A_3x_3}{A_1 + A_2 + A_3} = \frac{0 - \frac{62500}{6}\pi\times\frac{500}{\pi} + \frac{10000}{6}\pi\times\frac{200}{\pi}}{90000\pi - \frac{62500}{6}\pi + \frac{10000}{6}\pi}$$

$$= -\frac{60}{\pi} = -19.1\,\text{mm}$$

3.6　小　结

本章主要讨论了空间力系沿坐标轴进行分解与投影，以及汇交力系、力偶系和任意力系，空间各种力系的平衡方程，并对物体的重心、形心进行了介绍。

1. 空间力系的两项基本运算

(1) 计算力在直角坐标上的投影。

① 直接投影法。　　　　② 二次投影法。

(2)计算力对轴之矩。

① 直接计算法。　　　　② 运用合力矩定理。

2. 空间力系平衡问题的两种解法

(1) 应用空间力系的六个平衡方程式，直接求解。

(2) 空间问题的平面解法。

3. 物体重心与图形形心的求法

(1) 重心与形心的基本公式均由合力矩定理求出。

(2) 匀质物体在地球表面附近的重心和形心是合一的。规则形状匀质形体之重心与形心可在有关工程手册中查取；组合图形的形心可用图解法或组合法的计算公式来求解。

(3) 非匀质、形状复杂的物体或多件组合的物体，一般采用实验法来确定其重心位置。

3.7　思考与练习

1. 将两个等效的空间力系分别向 A_1、A_2 两点简化得 $\boldsymbol{F}_{R_1}$、$\boldsymbol{M}_1$ 和 $\boldsymbol{F}_{R_2}$、$\boldsymbol{M}_2$。因两力系等效故有 $\boldsymbol{F}_{R_1}=\boldsymbol{F}_{R_2}$，$\boldsymbol{M}_1=\boldsymbol{M}_2$。这结论对吗？

2. 空间力系向 O 点简化，其主矩 $\boldsymbol{M}_O$ 沿 y 轴，问该力系中各力对 x 轴的矩的代数和是否等于零？对平行于 x 轴的另一轴 x' 的矩的代数和是否也为零？说明理由？

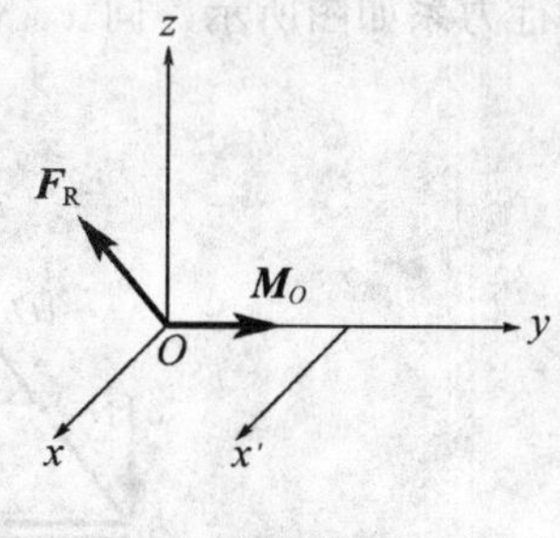

题 2 图

3. 一空间力系，如各力对不在同一平面的三个平行轴的矩的代数和分别为零($\sum M_{ix1}=0$，$\sum M_{ix2}=0$，$\sum M_{ix3}=0$)，试问该力系简化结果可能有哪几种情况？并说明理由。

4. 计算图中 F_1、F_2、F_3 三个力分别在 x、y、z 轴上的投影并求合力。已知 F_1=2kN，

F_2 =1kN， F_3 =3kN。

5. 已知 $F_1 = 2\sqrt{6}\text{N}, F_2 = 2\sqrt{3}\text{N}, F_3 = 1\text{N}, F_4 = 4\sqrt{2}\text{N}$ ， F_5 =7N，求五个力合成的结果(提示：不必开根号，可使计算简化)。

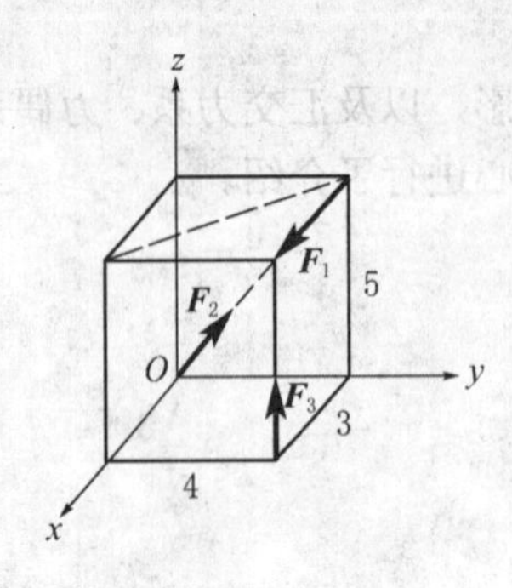

题 4 图

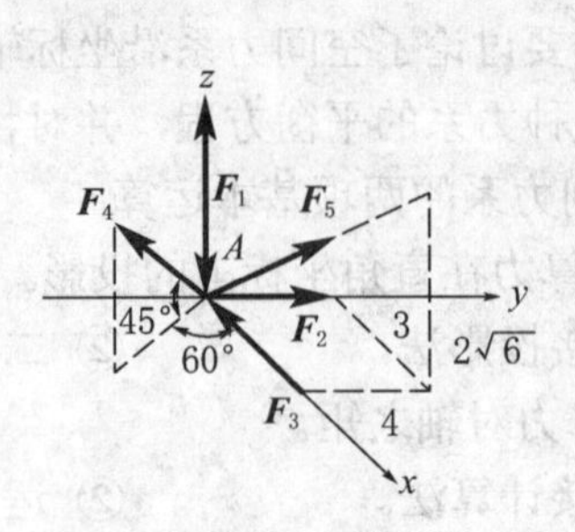

题 5 图

6. 沿正六面体的三棱边作用着三个力，在平面 $OABC$ 内作用一个力偶。已知 F_1 =20N，F_2 =30N， F_3 =50N，M=1N · m。求力偶与三个力合成的结果。

7. 一矩形体上作用着三个力偶($\boldsymbol{F}_1$ ， $\boldsymbol{F}_1'$)，($\boldsymbol{F}_2$,$\boldsymbol{F}_2'$)，($\boldsymbol{F}_3$,$\boldsymbol{F}_3'$)。已知 $F_1 = F_1'$ =10 N，$F_2 = F_2'$ =16 N， $F_3 = F_3'$ =20 N，a=0.1m，求三个力偶的合成结果。

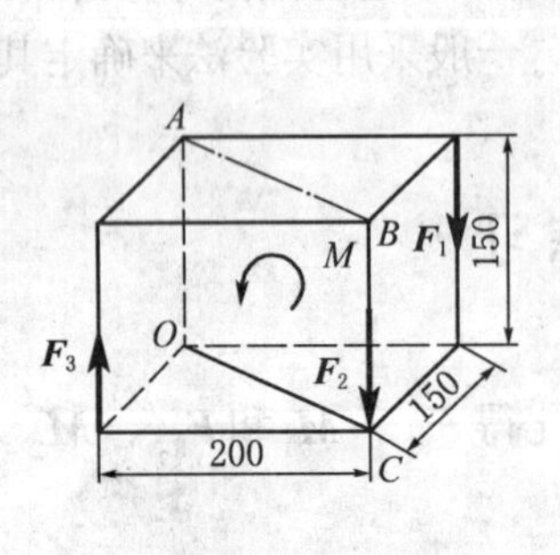

题 6 图

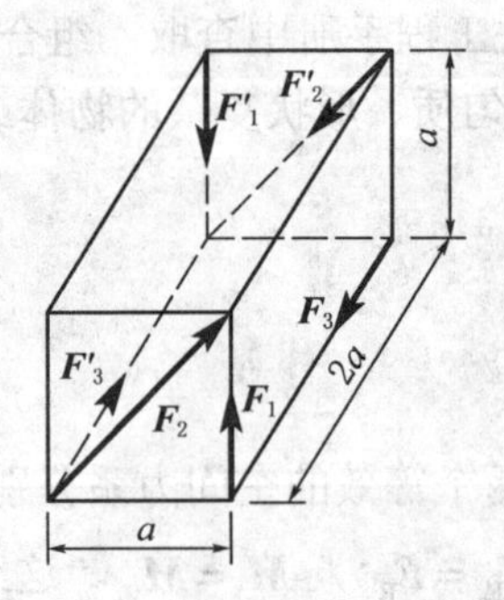

题 7 图

8. 求图示平行力系合成的结果(小方格边长为 100mm)。

9. 平板 $OABD$ 上作用空间平行力系如图所示，问 x、y 应等于多少才能使该力系合力作用线过板中心 C。

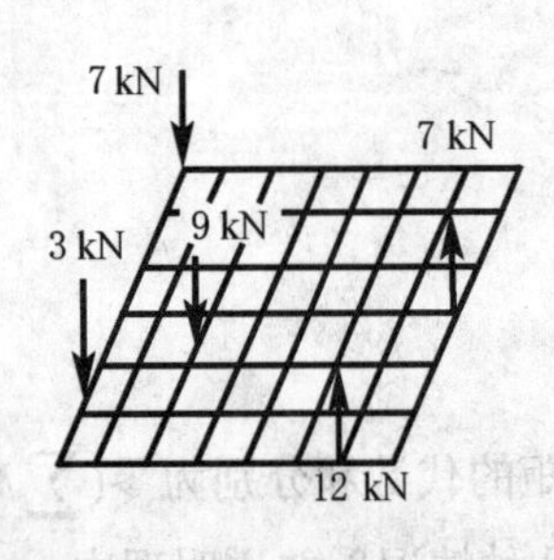

题 8 图

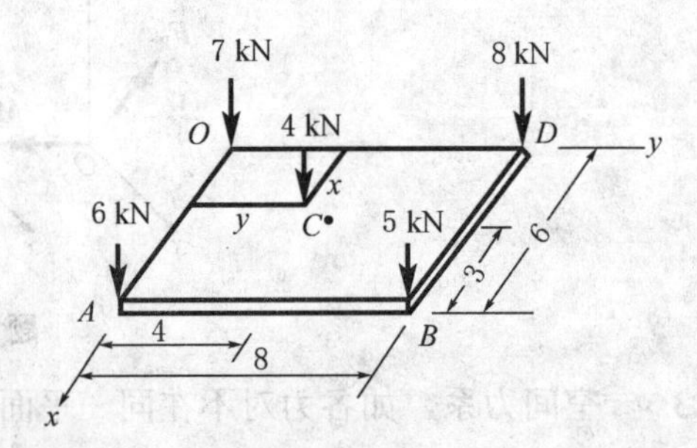

题 9 图

10. 一力系由四个力组成。已知 $F_1=60\text{N}$，$F_2=400\text{N}$，$F_3=500\text{N}$，$F_4=200\text{N}$，试将该力系向 A 点简化(图中长度单位为 mm)。

11. 一力系由三力组成，各力大小、作用线位置和方向如图所示。已知将该力系向 A 简化所得的主矩最小，试求主矩之值及简化中心 A 的坐标(图中力的单位为 N，长度单位为 mm)。

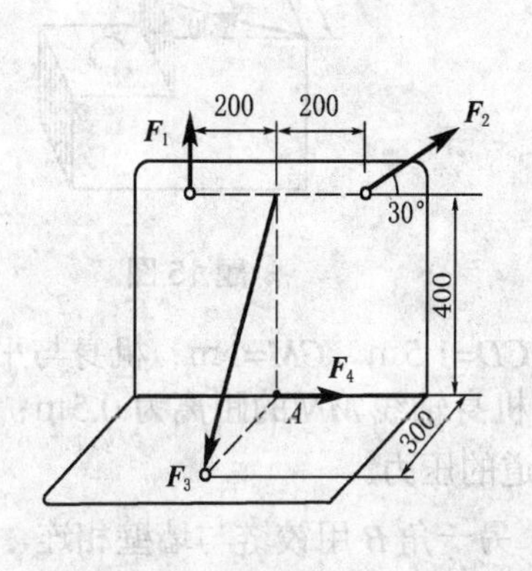

题 10 图

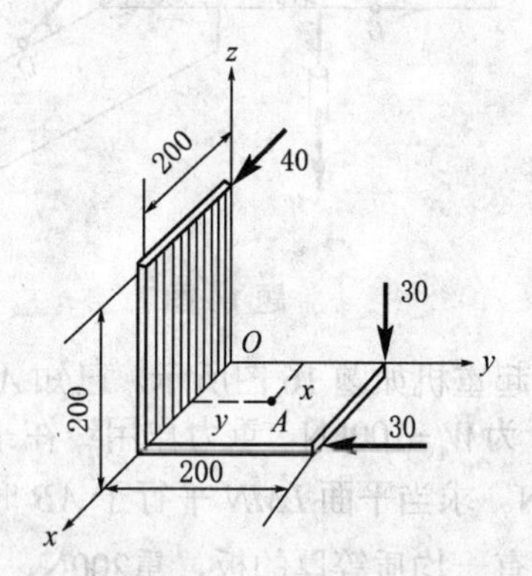

题 11 图

12. AB、AC、AD 三连杆支承一重物如图所示。已知 $W=10\text{kN}$，$AB=4\text{m}$，$AC=3\text{m}$，且 $ABEC$ 在同一水平面内，试求三连杆所受的力。

13. 立柱 AB 用三根绳索固定，已知一根绳索在铅直平面 ABE 内，其张力 $F=100\text{kN}$，立柱重力 $F_W=20\text{kN}$，求另外两根绳索 AC，AD 的张力及立柱在 B 处受到的约束力。

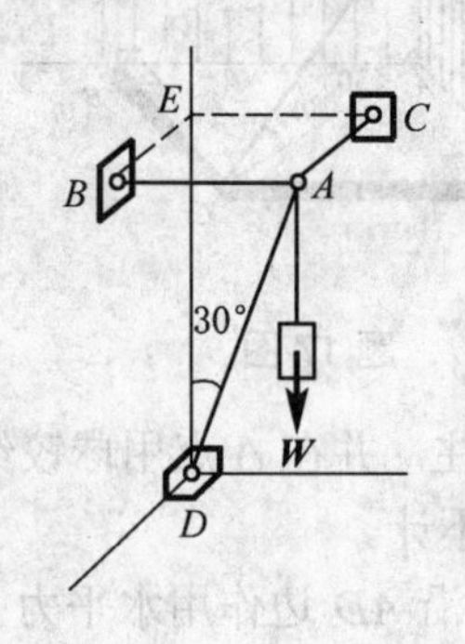

题 12 图

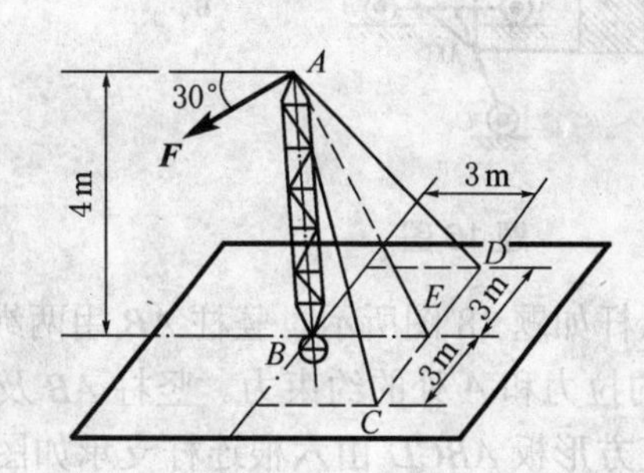

题 13 图

14. 连杆 AB、AC、AD 铰连如图所示。杆 AB 水平。绳 AEG 上悬挂重物重力 $W=10\text{kN}$。如图所示位置，系统保持平衡，求 G 处绳的张力 F 及 AB、AC、AD 三杆的约束力。xy 平面为水平面。

15. 一力与一力偶的作用位置如图所示。已知 $F=200\text{N}$，$M=100\text{N}\cdot\text{m}$，在 C 点加一个力使与 F 和 M 成平衡，求该力及 x 的值。

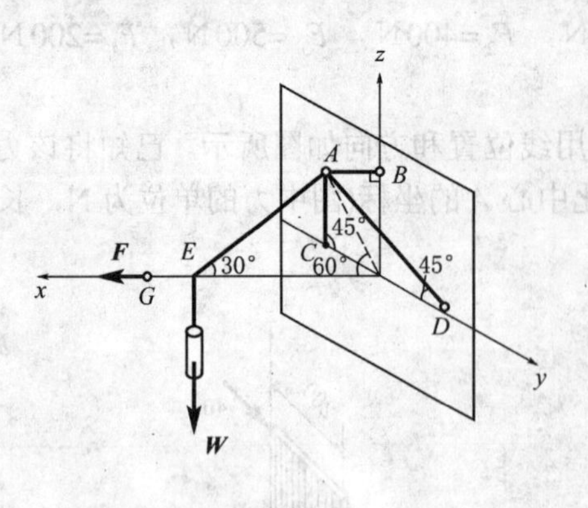

题 14 图

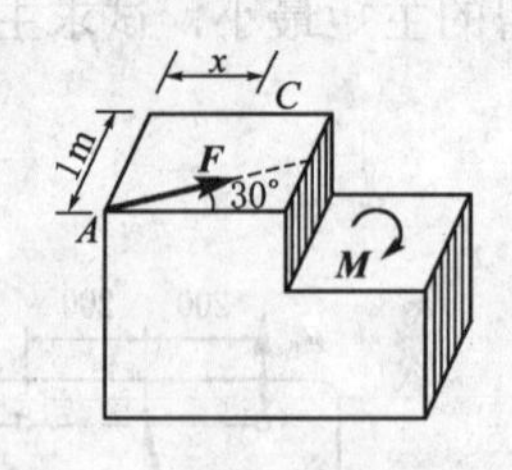

题 15 图

16. 起重机如题 16 图所示。已知 $AD=DB=1\text{m}$，$CD=1.5\text{m}$，$CM=1\text{m}$；机身与平衡锤 E 重力会计为 $W_1=100\text{kN}$，重力作用线在平面 LMN，到机身轴线 MN 的距离为 0.5m；起重力 $W_2=30\text{kN}$。求当平面 LMN 平行于 AB 时，车轮对轨道的压力。

17. 有一均质等厚的板，重200N，角 A 用球铰，另一角 B 用铰链与墙壁相连，再用一索 EC 维持于水平位置。若 $\angle ECA=\angle BAC=30°$，试求索内的拉力及 A 、B 两处的约束反力(注意：铰链 B 沿 y 方向无约束力)。

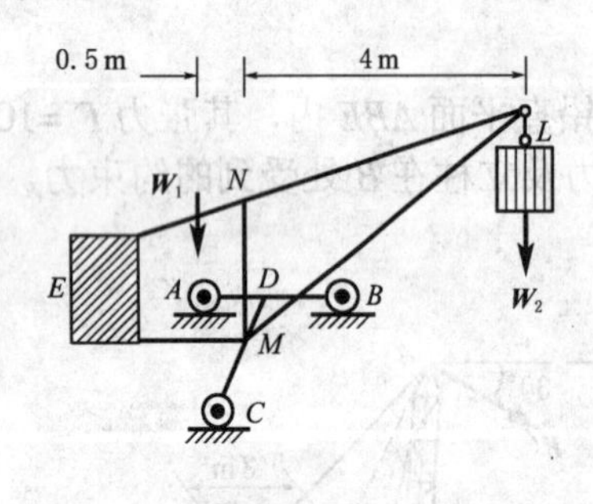

题 16 图

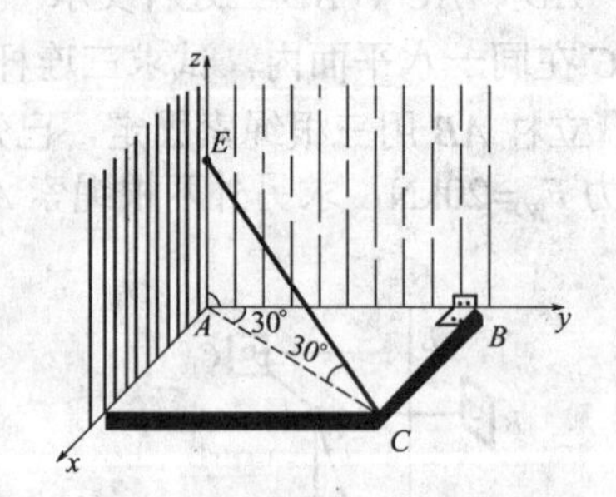

题 17 图

18. 扒杆如题 18 图所示，竖柱 AB 用两绳 BG 和 BH 拉住，并在 A 点用球铰约束。试求两绳中的拉力和 A 处的约束力。竖柱 AB 及梁 CD 自重力不计。

19. 正方形板 $ABCD$ 由六根连杆支承如图所示。在 A 点沿 AD 边作用水平力 F。求各杆的内力。板自重力不计。

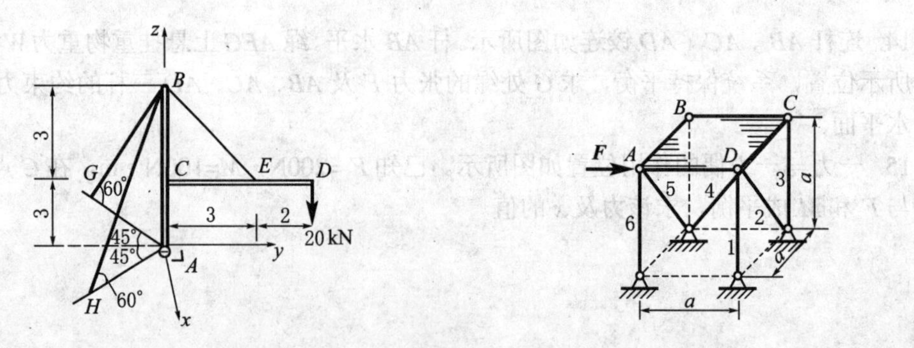

题 18 图

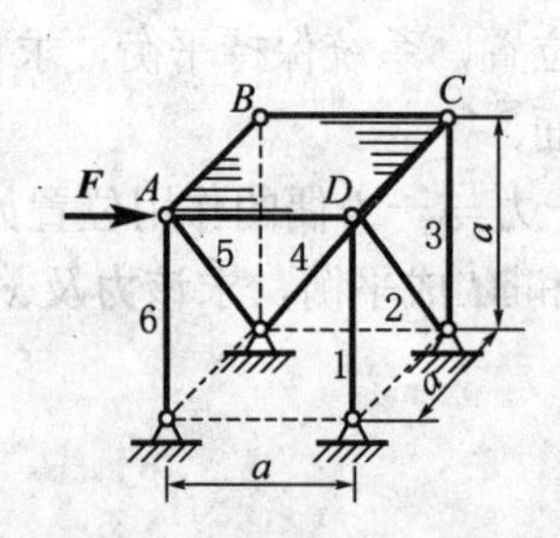

题 19 图

20. 求下列面积的形心。(a)、(b)两图长度单位为 mm；(c)图长度单位为 m。

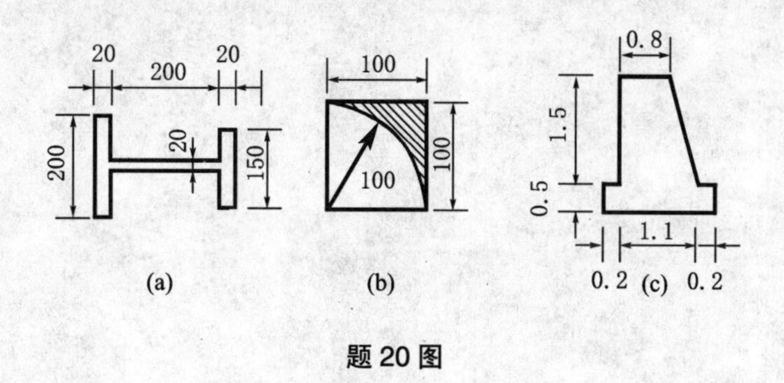

题 20 图

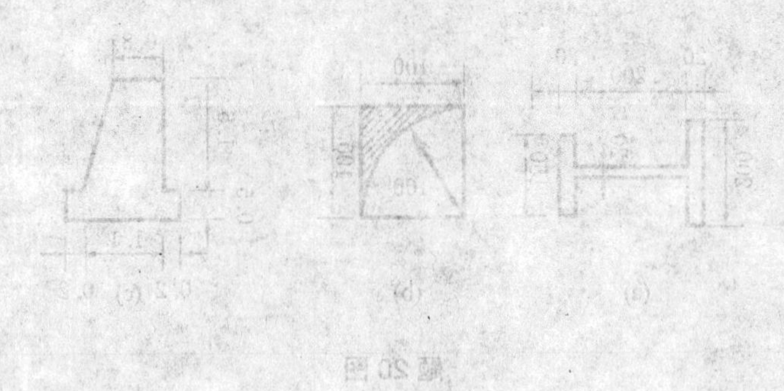

第2篇　构件的基本变形及强度计算

在各种工程结构中，各个机构都是由若干构件组成的。当机构运动时，各个构件都工作，都要承受载荷作用，为确保构件能够正常工作，具有足够的承受载荷的能力（简称承载能力），构件必须满足以下几个方面的要求：

(1) 有足够的强度，保证构件在载荷作用下不发生破坏。构件这种抵抗破坏的能力称为强度。例如：起重机在起吊重物时钢索不能被拉断。

(2) 有足够的刚度，保证构件在载荷作用下不影响其正常工作的变形。构件这种抵抗变形的能力称为刚度。例如：吊车梁不能因载荷过大而产生变形，否则吊车就不能正常行驶。

(3) 有足够的稳定性，保持构件原有情况下的平衡。受压杆件保持其直线平衡状态的能力称为稳定性。例如：受压的细长杆，当压力超过一定限度时，杆就不能保持原有的直线形状，从原来的直线形状变成弯曲形状。这称为失稳。

在工程机械设计中，设计人员在设计构件时，不但要满足上述强度、刚度和稳定性这三个方面的要求，以达到安全目的。还要考虑选择材料的使用和降低材料的消耗量，减轻自重，即构件设计的经济性。因此要协调好安全可靠性与经济性这对矛盾。

构件的强度、刚度和稳定性都与材料的力学性能有关，这些力学性能都需要通过试验来测定。而且现有理论还不能解决的问题也要借助试验来解决，因此，试验研究和理论分析都是材料力学所要利用的两个重要手段。

综上所述，材料力学的任务是：研究构件(主要是杆)的强度、刚度和稳定性；在保证构件既安全又经济的前提下，为构件选择合适的材料、确定合理的截面形状和尺寸，提供必要的理论基础、计算方法和实验技术。

材料力学研究的对象均为变形固体。它们在载荷作用下要发生变形。变形固体的变形可分为弹性变形和塑性变形。载荷卸除后能消失的变形称为弹性变形；载荷卸除后不能消失的变形称为塑性变形。为便于材料力学问题的理论分析，对变形固体作如下假使：

1) 连续均匀性假设

即认为构成变形固体的物质无空隙地充满了固体所占的几何空间。固体是由很多微粒或晶粒组成的，各微粒或晶粒之间是有空隙的，而且微粒或晶粒之间彼此的性质不完全相同。但由于这种空隙和材料力学中所研究的构件的尺寸相比是极微小的，可忽略不计，因而认为固体的结构是密实的，力学性能是均匀的。

2) 各向同性假设

即认为变形固体内部任意一点处沿不同方向的力学性能完全相同。很多物体的单个晶体在不同方向有不同性质。但是一般物体远大于单个晶体，可忽略其影响，因而认为物体的宏观性质是接近于各向同性的。钢材、铜和浇灌得很好的混凝土，可以认为是各向同性材料，钢丝、各种轧制的钢和纤维整齐的木材等都是单向同性材料。胶合板、复合材料等则是各向异性材料。

3) 小变形假设

在实际工程中，大多数构件在载荷作用下发生的变形量和构件本身的尺寸相比是很微小的，在构件变形很小时，为构件建立静力平衡方程时可以不考虑变形和变形相对应的位移。而采用构件原始尺寸和外力作用点的原始位置，虽然这样会产生微小误差，但实际计算却大为简化。

工程中常见的构件有杆、板、块、壳等。材料力学主要研究杆件。杆件是指长度方向尺寸远大于其他两个横向尺寸的构件。如一般的传动轴、梁和柱等均属于杆件。沿杆长方向称为纵向，与纵向垂直的方向称为横向。沿杆的横向所取的截面称为横截面。杆内各横截面形心的连线称为轴线。轴线为直线的杆称为直杆。轴线为曲线的杆称为曲杆。材料力学的研究对象主要是直杆。

在不同的载荷作用下，杆件变形的形式各不相同，归纳起来，杆件的变形的基本形式有四种(1)轴向拉伸或压缩，如图 4.1(a)所示；(2)剪切，如图 4.1(b)所示；(3)扭转，如图 4.1(c)所示；(4)弯曲，如图 4.1(d)所示。其他复杂的变形可归纳为上述基本变形的组合。

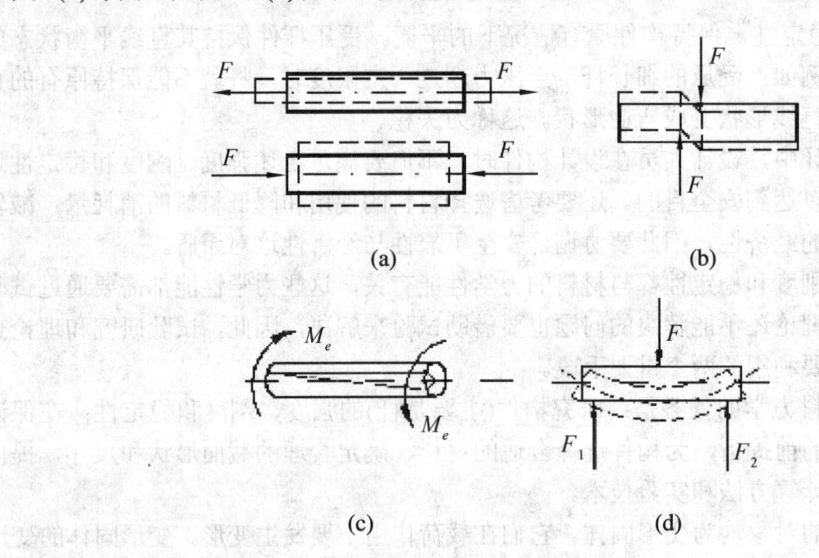

图 4.1　杆件的四种基本变形

第 4 章　轴向拉伸与压缩

学习本章时要求读者必须明确和掌握的问题如下：

(1) 理解和掌握轴向拉伸(压缩)的内力与拉(压)应力的概念。

(2) 熟练掌握用截面法求轴向拉力与压力。

(3) 掌握拉(压)杆横截面上正应力的计算及应力强度的计算。

(4) 掌握拉(压)杆的变形计算及胡克定律。

(5) 掌握低碳钢拉伸时的机械性质，了解铸铁等脆性材料受压时的机械性质。

(6) 了解拉压杆的超静定问题与压杆稳定的概念。

4.1　轴向拉伸与压缩的概念及实例

在工程结构及机械设备中，会遇到一些等直杆，都承受拉力或压力的作用。如图 4.2 所示的吊架中，不考虑自重，*AB*，*BC* 两杆均为二力杆；*BC* 杆在通过轴线的拉力作用下沿杆轴线发生拉伸变形——此杆为拉杆。而 *AB* 杆则在通过轴线的压力作用下沿杆轴线发生压缩变形——此杆为压杆。这类变形形式称为轴向拉伸或压缩，简称拉伸或压缩。杆 *B* 点和 C 点是紧固螺栓，内燃机中的连杆、压缩机中的活塞杆等均属此类杆件。如图 4.3 所示。

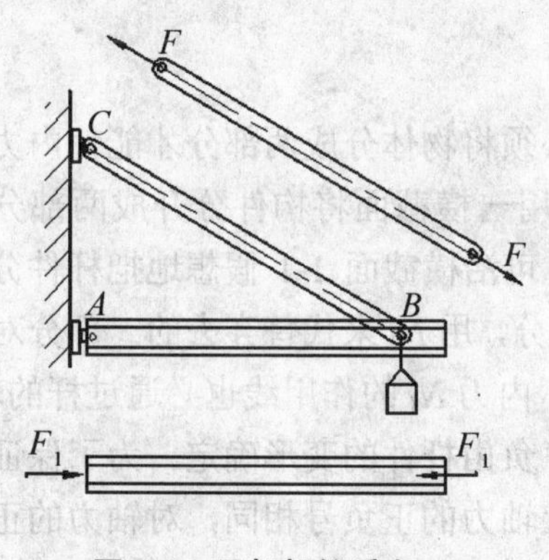

图 4.2　吊架杆的受力

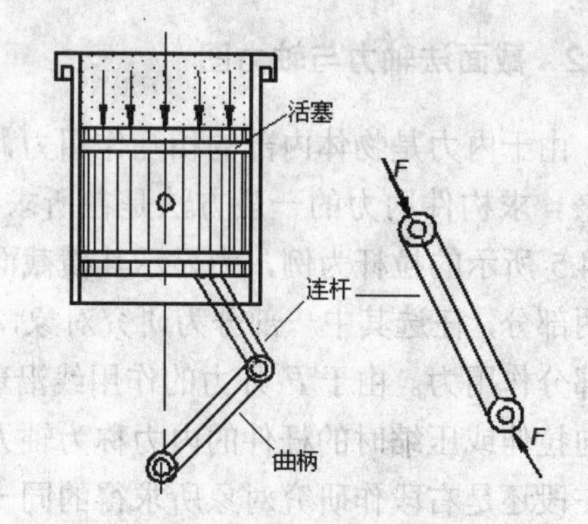

图 4.3　活塞连杆的受力

这类杆件的受力特点是杆件承受外力的作用线与杆件轴线重合；变形特点是杆件沿轴线方向伸长或缩短。这种变形形式称为轴向拉伸或压缩，简称拉伸或压缩。这类杆件称为拉杆或压杆。若把这些杆件的形状和受力情况进行简化，都可简化成如图 4.4 所示的受力图。图中用虚线表示杆件变形后的形状。

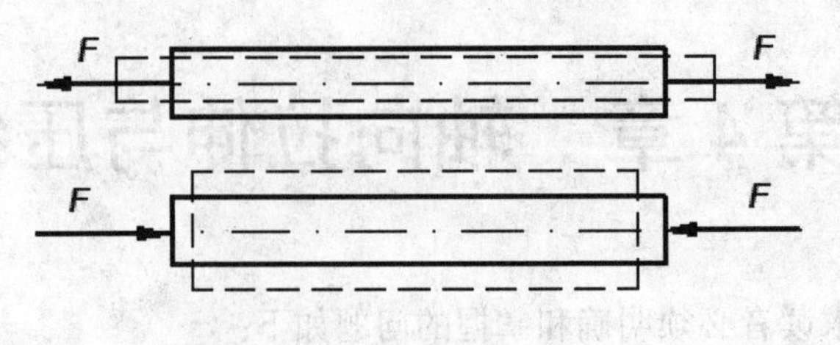

图 4.4　拉(压)杆受力变形特点

4.2　拉(压)杆的内力与截面法

构件所承受的载荷及约束反力称为外力，构件在外力作用下产生变形，其各部分之间的相对位置便会发生变化，就会使构件各部分之间产生相互作用力。如要研究构件的内部强度、刚度和稳定性，就要先研究这种由外力引起的构件内部的相互作用力。

4.2.1　内力的概念

为了维持构件各质点之间的联系，保持构件的形状和尺寸，构件内部各部分之间必定存在着相互作用的力，该力称为内力。在外部载荷作用下，构件内部各部分之间相互作用的内力也随之改变，这个因外部载荷作用而引起的构件内力的改变量，称为附加内力。它的大小及其在构件内部的分布规律随外部载荷的改变而变化，并与构件的强度、刚度和稳定性等问题密切相关。如果内力超过一定值，则构件就不能正常工作。内力的研究分析是材料力学的基础。

4.2.2　截面法轴力与轴力图

由于内力是物体内部的相互作用力，求内力时必须将物体分成两部分才能使内力体现出来。求构件内力的一般方法是在所求内力处假想用一横截面将构件分开成两部分。如图 4.5 所示的拉杆为例，为显示其横截面上的内力，可沿横截面 1-1 假想地把杆件分成左右两部分，任选其中一部分为研究对象，弃去另一部分，用 N_1 来代替弃去的一部分对选中的部分作用力。由于 F 外力的作用线沿着杆的轴线，内力 N_1 的作用线也必通过杆的轴线，轴向拉伸或压缩时的杆件的内力称为轴力。轴力的正负由杆件的变形确定。为了保证无论取左段还是右段作研究对象所求得的同一个横截面上轴力的正负号相同，对轴力的正负号作如下的规定：轴力的方向与所在横截面的外法线方向一致时，轴力为正；反之，轴力为负。由此可知，当杆件受拉时轴力为正，杆件受压时轴力为负。在轴力方向未知时，轴力一般按正向假设。若求得的轴力为正号，则表示实际轴力方向与假设方向一致，轴力为拉力；若求得的轴力为负号，则表示实际轴力方向与假设方向相反，轴力为压力。

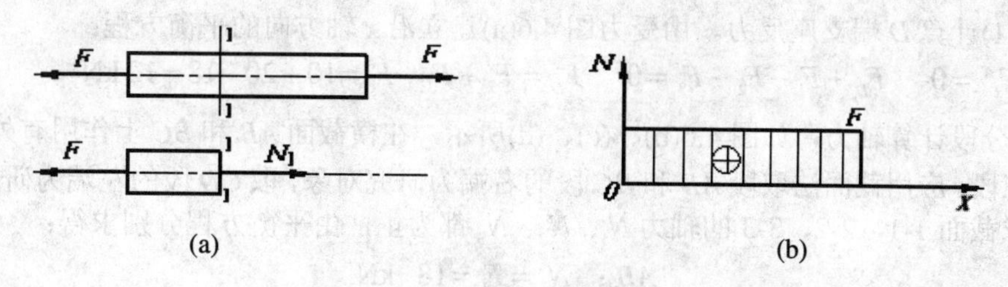

图 4.5　受拉杆的截面法求内力

由于整个杆件在外力作用下处于平衡状态，杆件每一部分也必然处于平衡状态，所以，根据截开后杆件任一部分平衡的条件，即可求出内力的大小。若考虑左边平衡的条件，即有

$$\sum F_x = 0 \qquad N_1 - F = 0$$

得

$$N_1 = F$$

由上面的结论可得出左边杆件的内力是 F，和外力的大小相等，方向与假设的正向一致，为正，即左段受拉力。

轴力的单位为牛(N)或千牛(kN)

上面求拉(压)杆的内力——轴力的方法称为截面法。该方法不但对拉伸或压缩变形适用，而且对其他变形形式也适用。截面法是材料力学中求内力的基本方法，可归纳为以下三个步骤。

截开：在需要求的杆件内力某截面处，用一假想垂直于轴线的平面(横截面)将构件分成两部分。

代替：将两部分中的任一部分留下，用内力来代替弃去部分对留下部分的作用。

平衡：对留下的部分建立平衡方程，求出内力的大小和方向。

为了表明杆件在受到多个轴向外力作用时，杆件的不同段内，其轴力会不同，就用轴力图来表示杆内的轴力随横截面位置的改变而变化的情况。所谓轴力图，就是用杆件轴线为坐标表示横截面的位置、并用垂直于杆件轴线的坐标值表示横截面上轴力的数值、从而绘出轴力沿杆件轴心线变化的规律。如图 4.5(b)所示。

【例 4.1】 直杆 AD 的受力图如图 4.6(a)所示，已知 $F_1 = 18\text{kN}$，$F_2 = 10\text{kN}$，$F_3 = 20\text{kN}$，试求杆内轴力并作出受力图。

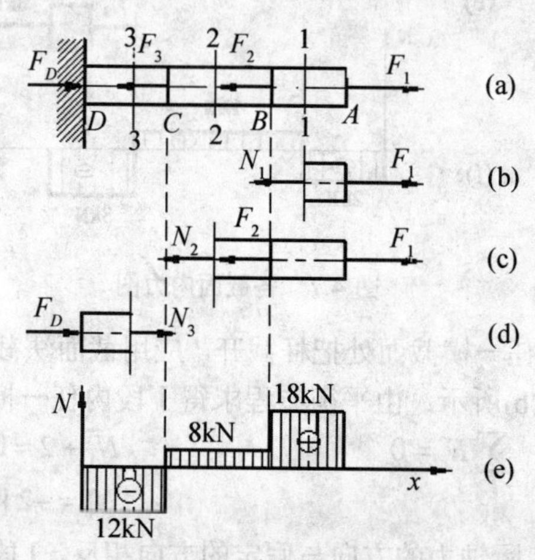

图 4.6　各截面内力图

【解】 (1)计算 D 端支座反力。由受力图 4.6(a)建立沿 x 轴方向的平衡方程：

$$\sum F_x=0 \quad F_D+F_1-F_2-F_3=0 \quad F_D=F_2+F_3-F_1=10+20-18=12\ \text{kN}$$

(2) 分段计算轴力，如图 4.6(b)、(c)、(d)所示，在横截面 AB 和 BC 上作用有外力，将杆分为三段。应用截面法取段 AB 和 BC 段的右端为研究对象，取 CD 段的左端为研究对象，假定所求截面 1-1，2-2，3-3 的轴力 N_1、N_2、N_3 都为正，由平衡方程分别求得：

$$AB:\ N_1=F_1=18\ \text{kN}$$

$$BC:\ N_2=F_1-F_2=8\ \text{kN}$$

$$CD:\ N_3=-F_D=-12\ \text{kN}$$

式中为负值，表示在 3-3 横截面上轴力的实际方向与图中所假定的方向相反，CD 段的轴力为压力；AB 和 BC 段的轴力为正，其轴力为拉力。

(3) 画轴力图。根据所求得的轴力值，取与杆轴平行的坐标轴为 x 轴，选定比例尺，用 x 表示杆横截面的位置，用 N 为纵坐标表示横截面上的轴力，根据各横截面上的轴力大小和正负号(拉力为正，压力为负)。

画出轴力图如图 4.6(e)所示，由轴力图可以看出，$|N_{1\max}|=18\ \text{kN}$ 发生在段 AB 段内。

【例 4.2】 一杆所受的外力经简化后，其受力图如图 4.7 所示，试求杆内轴力并作出轴力图。

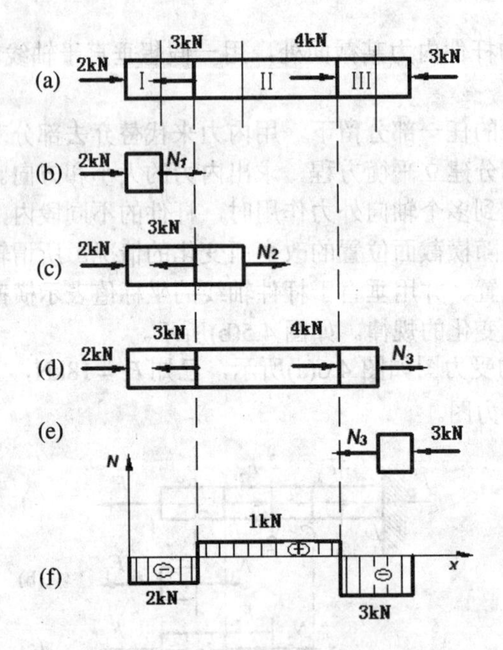

图 4.7　各截面内力图

【解】 (1)在 I 段范围内任一横截面处把杆截开，应用截面法截开后取左端杆为研究对象，假定轴力为正，如图 4.7(b)所示，由平衡方程求得 I 段内任一横截面上的轴力

$$\sum F_x=0 \qquad N_1+2=0$$

$$N_1=-2\ \text{kN}$$

结果为负值，说明实际轴力的方向与假定的方向相反，I 段范围内的杆受压为压力。

(2) 在Ⅱ段范围内任一横截面处把杆截开，应用截面法截开后取左端杆为研究对象，任假定轴力为正如图 4.7(c)所示，由左端的平衡条件，求得Ⅱ段内任一横截面上的轴力

$$\sum F_x = 0 \qquad 2-3+N_2=0$$

$$N_2 = 1\,\text{kN}$$

结果为正值，说明实际轴力的方向与假定的方向相同，Ⅱ段范围内的杆受拉为拉力。

(3) 同理，可得第Ⅲ段内任一横截面的轴力如图 4.7(d)所示。

$$\sum F_x = 0 \qquad 2-3+4+N_3=0$$

$$N_3 = -3\,\text{kN}$$

结果为负值，说明实际轴力的方向与假定的方向相反，在Ⅲ段受压，即为压力。

在求第Ⅲ段的轴力时，图 4.7(d)中所取得是左端，而左端的所受外力较多，计算量相对较大，如图 4.7(e)所示取右端为研究对象就较简便，取右端为脱离体，由静力平衡条件：

$$\sum F_x = 0 \qquad -N_3-3=0$$

$$N_3 = -3\,\text{kN}$$

(4) 作出杆的轴力图。按前述作轴力图的方法，作出杆的轴力图，如图 4.7(f)所示，可看出，最大轴力$|N_{3\max}| = 3\,\text{kN}$，发生在第Ⅲ段的任一横截面上。

从上面的例题中可看出，轴力(即内力) N 与横截面的直径(形状)、各段的长度无关，只与保留段上的轴向力的大小、方向有关。

4.3 横截面上的应力

在确定了轴力后，还不能解决杆件的强度问题。杆件的粗细不同，在杆内轴力相同，随着拉力的增大，细杆将首先被拉断，说明就凭轴力还不能判断拉（压）杆的强度，也就知道杆件的强度不仅取决于内力的大小，还与杆件的截面面积大小有关。为此我们引入应力的概念。

4.3.1 应力的概念

在求出轴力后还不能判断杆在外力作用下是否有足够的强度而不致发生破坏。例如有两根材料相同而直径不同的杆件，其横截面上的拉力相同，即轴力相同。随着两根杆的轴力都同时增大，最后直径小的杆必定先被拉断。这说明杆件的强度不仅与轴力有关，而且与杆件的横截面积有关。所以，判断杆件在外力作用下是否被破坏，要同时考虑其横截面上的内力和内力在横截面上的分布规律即单位面积上分布的轴向拉(压)力。

在如图 4.8 所示的杆件，在横截面上任一点的周围取一微小面积ΔA，设在微面积上分布的合力是ΔF，一般情况下ΔF与截面是不垂直的，则将ΔF与ΔA的比值称为微面积ΔA上的平均应力，即：

$$p_m = \frac{\Delta F}{\Delta A}$$

当ΔA趋于零时，p_m的极值即为该点处的应力，用 p 表示：

$$p=\lim_{\Delta A\to 0}=\frac{\mathrm{d}F}{\mathrm{d}A}$$

p 是一个矢量，一般它沿着任一方向，通常将 p 分解成与截面垂直的分量 σ 和与截面相切的分量 τ 。σ 称为正应力；τ 称为剪应力。

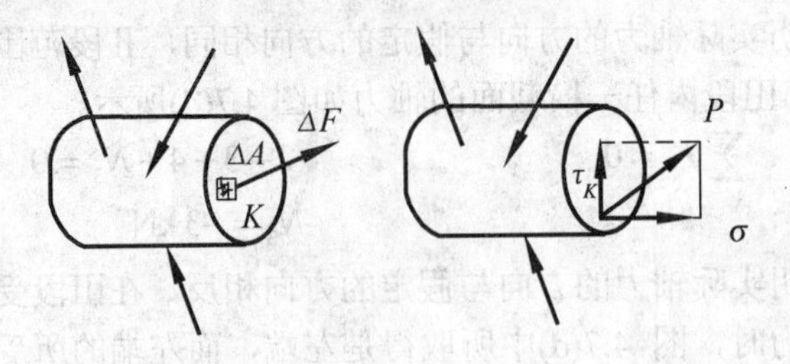

图 4.8　应力图

在国际单位制中，应力的单位是牛/米 ^{2}(N/m^2)，又称为帕斯卡(Pascal)，简称(Pa)。在工程实际应用中，还常用兆(MPa)或吉(GPa)来表示应力。

$1\text{Pa}=1\text{N/m}^2$　　　　$1\text{MPa}=1\text{N/mm}^2$

$1\text{GPa}=10^9\text{Pa}$　　　　$1\text{MPa}=10^6\text{Pa}$

4.3.2　拉(压)杆横截面上的正应力

根据实验观察一等截面直杆：如图 4.9 所示，在等直杆的外表面上画垂直杆轴线的直线 ab 和 cd 。在杆的轴向拉力 F 的作用下，杆件会产生拉伸变形，可看出直杆在变形以前的横截面上的横向线 ab 和 cd ，在变形以后仍保持与杆的轴线垂直。只是从起始位置平移到 $a'b'$ 和 $c'd'$ 。由此可看出杆在受力后的沿轴向的纵向纤维都是均匀的拉伸，各纵向线伸长量相同，横向线收缩量也相同。根据这个现象分析后，可作如下假设：受拉伸的杆件变形前为平面的横截面，变形后仍为平面，仅沿着轴线产生了相对平移，仍与杆的轴线垂直，这个假设称为平面假设。

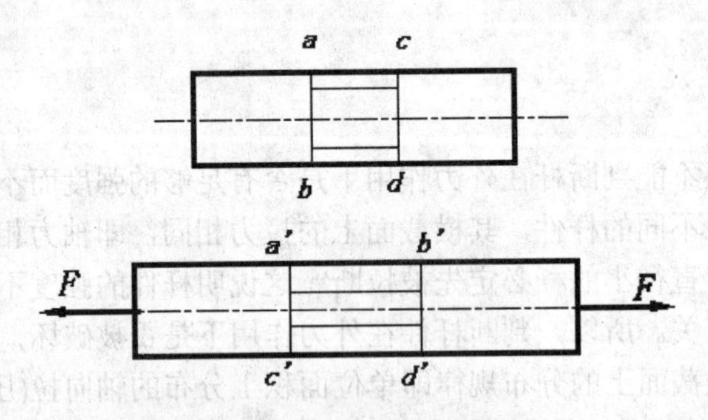

图 4.9　等截面直杆的拉伸变形

根据平面假设，在任意两个横截面之间的各条纵向纤维的伸长量相同，那么变形也相同。由前面讲的材料的均匀性假设、连续性假设可以推出在横截面上的内力分布是均匀的，即横截面上各点处的应力大小相等，其方向与横截面上的轴力方向一致，如果杆件只受轴向拉伸或压缩，在横截面上只有正应力，其计算公式为

$$\sigma = \frac{N}{A} \tag{4.1}$$

式中：N——横截面的轴力；(kN)

A——横截面面积。(m^2)

正应力的正负号与轴力的正负号一致，即拉应力为正；压应力为负。

【例 4.3】 如图 4.7 所示的等直杆，其横截面为 50mm×50mm 的正方形，试求杆中各段横截面上的应力。

【解】 杆的横截面面积　　$A = 0.05 \times 0.05 = 25 \times 10^{-4}\ \text{mm}^2$

在例 4.2 中求得杆Ⅰ、Ⅱ、Ⅲ段中的轴力分别为：$N_1 = -2\ \text{kN}$，$N_2 = 1\ \text{kN}$

$$N_3 = -3\ \text{kN}$$

代入正应力公式 $\sigma = \dfrac{N}{A}$ 得：

在第Ⅰ段任一横截面上的应力

$$\sigma_1 = \frac{N_1}{A} = -\frac{2\times10^3}{25\times10^{-4}} = -0.8\times10^6\ \text{MPa}$$

在第Ⅱ段任一横截面上的应力

$$\sigma_2 = \frac{N_2}{A} = \frac{1\times10^3}{25\times10^{-4}} = 0.4\times10^6\ \text{MPa}$$

在第Ⅲ段任一横截面上的应力

$$\sigma_3 = \frac{N_3}{A} = -\frac{3\times10^3}{25\times10^{-4}} = -1.2\times10^6\ \text{MPa}$$

由上面的应力计算可知，第Ⅰ段和第段Ⅲ的横截面上是受压应力，第Ⅱ段横截面上是受拉应力。

【例 4.4】 如图 4.10 所示，一段正中开槽的直杆，承受轴向载荷 $F = 20\ \text{kN}$ 的作用。已知 $h = 25\ \text{mm}$，$h_0 = 10\ \text{mm}$，$b = 20\ \text{mm}$。试求杆内的最大正应力。

【解】 (1) 计算轴力。这个正中开槽的直杆在各处的轴力相同，用截面法求得各横截面上的轴力均为

$$F_N = -F = -20\ \text{kN}$$

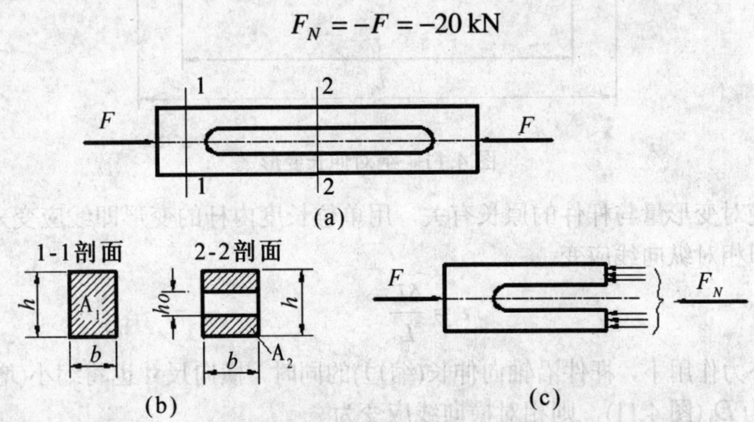

图 4.10　开槽直杆的各截面受力

(2) 计算最大正应力。由于整个构件的轴力相同，最大正应力发生在面积较小的横截面上，即开槽部分的横截面上，开槽部分的横截面面积为

$$A=\left(h-h_0\right)b=\left(25-10\right)\times 20=300\ \text{mm}^2$$

则杆件内的最大正应力$\sigma_{\max}$为

$$\sigma_{\max}=\frac{F_N}{A}=-\frac{20\times 10^3}{300\times 10^{-6}}=-66.7\times 10^6\ \text{Pa}=-66.7\ \text{MPa}$$

负号表示最大应力为压应力。

4.4 轴向拉压杆的变形胡克定律

轴向拉伸和压缩时，杆件的变形主要表现为轴向的伸长或缩短，杆的横截面积也会发生改变，即产生轴向方向的变形和垂直于轴向方向（径向）的变形。

4.4.1 纵向线应变和横向线应变

若外力除去后，变形就会随之消失，这种变形称为弹性变形；外力除去后不能恢复的变形称为塑性变形或残余变形。本章节只讨论弹性变形。

杆件在轴向拉伸或压缩时，除产生沿轴线方向的伸长或缩短外，其横向尺寸也相应地发生改变。沿轴线方向的伸长或缩短称为纵向变形，横向方向的伸长或缩短称为横向变形。

设一圆截面直杆，承受轴向拉力$\boldsymbol{F}$后(图 4.11)，杆件的纵向长度由L伸长到L_1，横尺寸由D变为D_1。

则杆的纵向绝对伸长量(绝对变形量)为 $\Delta L=L_1-L$

横向绝对伸长量(绝对变形量)为 $\Delta D=D_1-D$

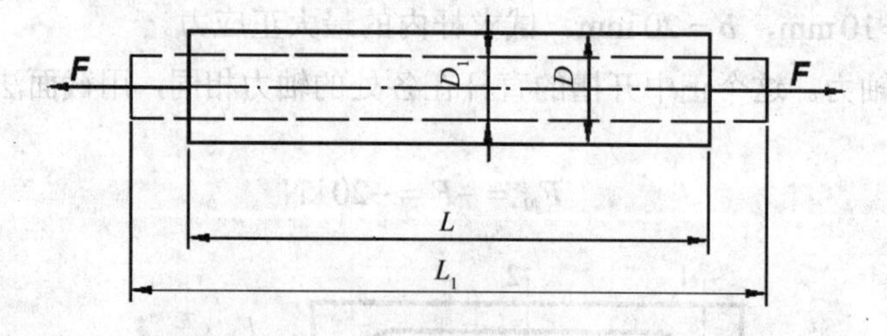

图 4.11 绝对伸长变形

杆件的绝对变形量与杆件的原长有关，用单位长度内杆的变形即线应变来衡量杆件的变形程度。即相对纵向线应变

$$\varepsilon=\frac{\Delta L}{L} \tag{4.2}$$

在轴向外力作用下，杆件沿轴向伸长(缩短)的同时，横向尺寸也将缩小(增大)。设横向尺寸由D变为D_1(图 4.11)，则相对横向线应变为

$$\varepsilon'=\frac{\Delta D}{D} \tag{4.3}$$

线应变表示的是杆件的相对变形，它是一个无量纲量。线应变的 ε 与 ε' 正负号分别与 ΔL 与 ΔD 的正负号相一致。

拉伸时：纵向伸长，$\varepsilon>0$；横向缩短，$\varepsilon'<0$。

压缩时：纵向缩短，$\varepsilon<0$；横向增大，$\varepsilon'>0$。

实验表明：在线弹性范围内，同一种材料的横向线应变与纵向线应变之比的绝对值为一常数，即

$$\mu=\left|\frac{\varepsilon'}{\varepsilon}\right| \tag{4.4}$$

当杆件轴向伸长时横向缩小，而当轴向缩短时横向增大，即 ε' 与 ε 的符号总是相反的，就有

$$\varepsilon'=-\mu\varepsilon \tag{4.5}$$

式中，μ 称为泊松比或横向变形系数，它也是材料的弹性常数，且是一个无量纲的量，其值可通过实验测定。表 4-1 列出了工程中常用材料的弹性模量和泊松比的约值。

表 4-1　常用材料的弹性模量和泊松比的约值

材料名称	E(GPa)	μ
钢	186～216	0.25～0.33
灰铸铁	78～147	0.23～0.27
球墨铸铁	158	0.25～0.29
铜及其合金(黄铜、青铜)	73.5～127	0.31～0.42
锌、铝	71.5	0.33
混凝土	13.7～35.3	0.16～0.18
橡胶	0.0078	0.47
木材：顺纹	9.8 ～11.7	—
横纹	0.49	

4.4.2　胡克定律

通过实验表明：杆件横截面上所受轴向拉伸或压缩的正应力不超过某一限度时，正应力与相应的纵向线应变成正比。即

$$\sigma=E\varepsilon \tag{4.6}$$

式(4.6)称为胡克定律。式中常数 E 称为材料的弹性模量，其单位与应力相同，常用单位为 GPa。材料的弹性模量由试验测定，工程上常用材料的弹性模量见表 4-1，对同一材料，E 为常数。可表述为：当杆的应力不超过某一限度则横截面上的正应力与纵向线应变成正比。

如将 $\sigma=\dfrac{N}{A}$ 和 $\varepsilon=\dfrac{\Delta L}{L}$ 代入式(4.6)，则得胡克定律的另一形式

$$\Delta l=\frac{NL}{EA} \tag{4.7}$$

式(4.7)是胡克定律的另一形式。

弹性模量表示杆在受拉(压)时抵抗弹性变形的能力。由式(4.7)可看出，EA 越大，杆件的变形 ΔL 就越小，故称 EA 为杆件的抗拉(压)刚度。

【例 4.5】 图 4.12(a)所示的为一阶梯形钢杆，已知材料的弹性模量 $E = 200\,\text{GPa}$，AC 段的横截面面积为 $A_{AB} = A_{BC} = 500\,\text{mm}^2$，$CD$ 段的横截面面积为 $A_{CD} = 200\,\text{mm}^2$，杆的各段长度及受力情况如图 4.12 所示。试求：

(1) 杆横截面上的轴力和正应力。

(2) 杆的总变形。

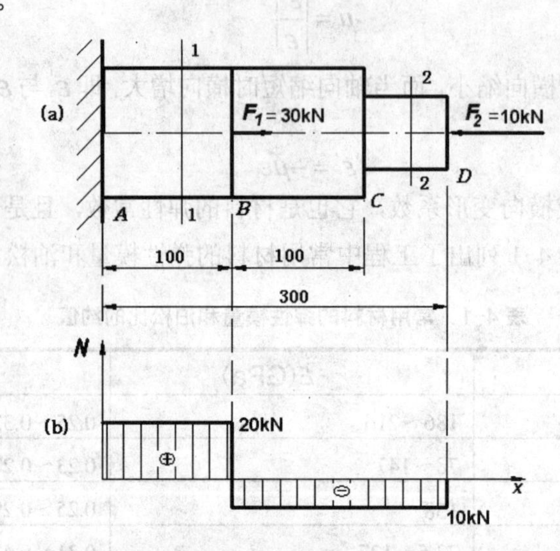

图 4.12　阶梯形钢杆轴力图

【解】 (1) 求各截面上的内力

AB 段　　$N_1 = F_1 - F_2 = 30 - 10 = 20\,\text{kN}$

BC 段与 CD 段　　$N_2 = N_3 = -F_2 = -10\,\text{kN}$

(2) 画轴力图，如图 4.12(b)所示。

(3) 计算各段正应力

AB 段　　$\sigma_{AB} = \dfrac{N_1}{A_{AB}} = \dfrac{20\times10^3}{500\times10^{-6}} = 40\,\text{MPa}$

BC 段　　$\sigma_{BC} = \dfrac{N_2}{A_{BC}} = -\dfrac{10^4}{500\times10^{-6}} = -20\,\text{MPa}$

CD 段　　$\sigma_{CD} = \dfrac{N_3}{A_{CD}} = -\dfrac{10^4}{200\times10^{-6}} = -50\,\text{MPa}$

(4) 杆的总变形。杆总变形 ΔL 等于各段变形的代数和，即

$$\Delta L = \Delta L_{AB} + \Delta L_{BC} + \Delta L_{CD} = \frac{N_1 L_{AB}}{EA_{AB}} + \frac{N_2 L_{BC}}{EA_{BC}} + \frac{N_3 L_{CD}}{EA_{CD}}$$

将有关数据代入，得

$$\Delta L = \frac{1}{200\times10^9}\times\left(\frac{20\times10^3\times0.1}{500\times10^{-6}} - \frac{10\times10^3\times0.1}{500\times10^{-6}} - \frac{10\times10^3\times0.1}{200\times10^{-6}}\right)$$

$=-0.015\,\text{mm}$

负值说明整个杆件是缩短的。

4.5 拉压杆的强度计算

通过对构件材料的内力和力学性质的研究，了解了构件的变形的受力情况。要知道构件材料、外力、尺寸等不同，其丧失工作的状态就会发生。这就要求解决在工程实际应用中的强度极限。

4.5.1 许用应力与安全系数

在工程实际中，常发生构件断裂或产生永久变形而破坏。这会引起整个工程机械设备或结构的损坏(失效)。要解决构件的强度问题，仅仅计算构件的最大的工作应力是不够的。必须了解构件材料的极限应力 σ_u 的大小。

通过材料的拉伸或压缩试验，可以找出材料在拉伸或压缩下达到危险状态时的应力极限值，如果是塑性材料，其极限值为出现较大塑性变形的屈服极限 $\sigma_u=\sigma_s$；如果是脆性材料，其极限值为发生断裂时的强度极限 $\sigma_u=\sigma_b$。这种应力的极限值称为极限应力(又称为危险应力)。

构件在载荷作用下产生的应力称为工作应力。等截面直杆最大轴力处的横截面称为危险截面。危险截面上的应力称为最大工作应力。

为使构件正常工作，最大工作应力应小于材料的极限应力，并使构件留有必要的强度储备。因此，将极限应力除以一个大于 1 的系数，即安全系数。作为强度设计时的最大许可值，称为许用应力，用 $[\sigma]$ 表示，即

$$[\sigma]=\frac{\sigma_u}{n} \tag{4.8}$$

式中：σ_u—材料的极限应力；

n—安全系数。

各种不同工作条件下构件的安全系数的选取，可从有关的工程手册中查找。

塑性材料一般取　$n=1.3\sim2.0$

脆性材料一般取　$n=2.0\sim3.5$

4.5.2 拉压杆的强度条件

为保证轴向拉伸(压缩)杆件在外力作用下具有足够的强度，应使构件的最大工作应力不超过材料的许用应力，由此，建立强度条件

$$\sigma_{\max}=\frac{N}{A}\leqslant[\sigma] \tag{4.9}$$

上述强度条件，可以解决三种类型的强度计算问题。

1) 强度校核

若已知杆件尺寸、所受载荷和材料的许用应力。则由式(4.9)校核杆件是否满足强度要

求，即

$$\sigma_{\max} \leqslant [\sigma] \tag{4.10}$$

2) 设计截面尺寸

若已知杆件的载荷及材料的许用应力，则由式(4.9)可得

$$A \geqslant \frac{N}{[\sigma]} \tag{4.11}$$

由此确定满足强度条件的杆件所需的横截面面积，从而得到相应的截面尺寸。

3) 确定许可载荷

若已知杆件尺寸和材料的许用应力，由式(4.9)可得

$$N \leqslant [\sigma]A \tag{4.12}$$

由上式算出杆件所能承受的最大轴力，从而确定杆件的许可载荷。

必须指出，对受压直杆进行强度计算时，式(4.9)仅适用粗短的直杆。对细长的受压杆，应进行稳定性计算。

【例 4.6】 阶梯形铸铁杆如图 4.13(a)所示，AB 段截面面积 $A_1 = 500\,\text{mm}^2$，BC 段截面面积 $A_2 = 200\,\text{mm}^2$；材料的许用拉应力 $[\sigma]_L = 40\,\text{MPa}$，许用压应力 $[\sigma]_Y = 100\,\text{MPa}$。校核该杆的强度。

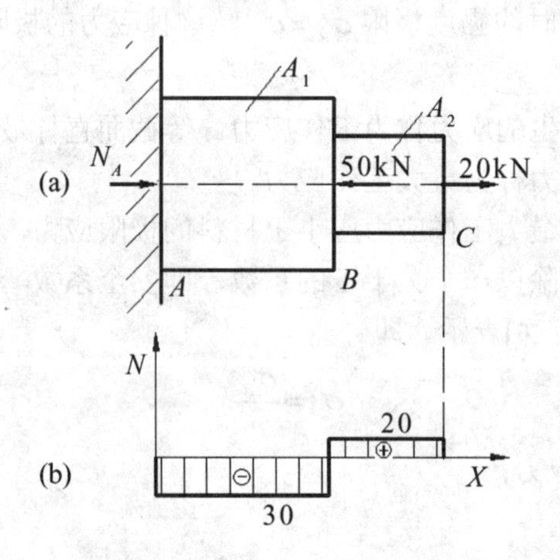

图 4.13　阶梯形铸铁杆轴力图

【解】 (1) 求约束反力，如图 4.10(a)所示，建立如下平衡方程：

$$\sum F_X = 0 \qquad N_A - 50 + 20 = 0$$

得 $N_A = 30\,\text{kN}$。

(2) 计算内力，画杆的轴力图[图 4.10(b)]。

(3) 计算各段应力。

AB 段　　$\sigma_{AB} = -\dfrac{N_{AB}}{A_1} = -\dfrac{30\times10^3}{500} = -60\,\text{MPa}$(“-”表示压应力)

BC 段：　　$\sigma_{BC} = \dfrac{N_{BC}}{A_2} = \dfrac{20\times10^3}{200} = 100\,\text{MPa}$

(4) 计算强度。

AB 段：

压应力 $\sigma_{AB}=60\,\text{MPa}<[\sigma]_Y=100\,\text{MPa}$

BC 段：

拉应力 $\sigma_{BC}=100\,\text{MPa}>[\sigma]_L=40\,\text{MPa}$

故该阶梯杆强度不够。

【例 4.7】用绳索起吊混凝土管[图 4.14(a)]，若管子重量 $P=10\,\text{kN}$，绳索的直径 $d=20\text{mm}$，许用应力 $[\sigma]=10\,\text{MPa}$，$\alpha=45^\circ$。问：

(1) 绳索是否安全？

(2) 若要安全工作，绳索直径应为多大？

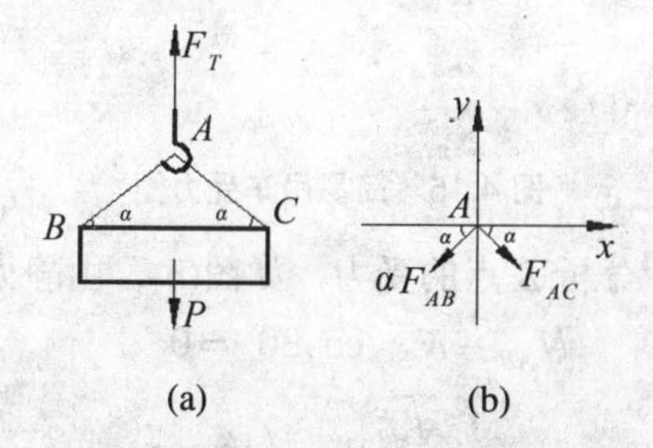

图 4.14　绳索起吊混凝土管受力图

【解】 (1) 求两绳索所受的拉力。取吊钩 A 为研究对象，设两绳索拉力分别为 F_{AC}、F_{BC}，画其受力图。此时，吊钩受绳索拉力为 $F_T\geqslant P$。建立如下平衡方程：

$\sum F_X=0$　　$-F_{AB}\cos\alpha+F_{AC}\cos\alpha=0$

即　　$F_{AB}=F_{AC}$

$\sum F_Y\geqslant 0$　　$-F_{AB}\sin\alpha-F_{AC}\sin\alpha+F_T\geqslant 0$

$F_T\geqslant 2F_{AB}\sin\alpha$

解得

$$F_{AB}=\frac{F_T}{2\sin\alpha}=\frac{P}{2\sin\alpha}=\frac{10}{2\sin 45^\circ}=7.07\,\text{kN}$$

(2) 绳索强度校核。

$$\sigma=\frac{F_{AB}}{A}=\frac{7.07\times10^3}{\frac{1}{4}\times\pi\times20^2}=22.8\,\text{MPa}>[\sigma]=10\,\text{MPa}$$

则绳索强度不够。需要重新设计绳索直径，设直径为 d_1，则

$$A=\frac{1}{4}\pi d_1{}^2\geqslant\frac{F_{AB}}{[\sigma]}=\frac{7.07\times10^3}{10\times10^6}$$

$$d_1\geqslant\sqrt{\frac{4\times7.07\times10^3}{\pi\times10\times10^6}}=0.03\text{ m}=30\text{mm}$$

故绳索直径应为 30mm

【例 4.8】 在如图 4.15 所示简易吊车中，*BC* 为钢杆，*AB* 为木杆。木杆 *AB* 横截面积 $A_1=100\text{cm}^2$，许用应力 $[\sigma]_1=7\text{MPa}$，钢杆的横截面积 $A_2=300\text{mm}^2$，许用应力 $[\sigma]_2=160\text{MPa}$。求许可吊重 P。

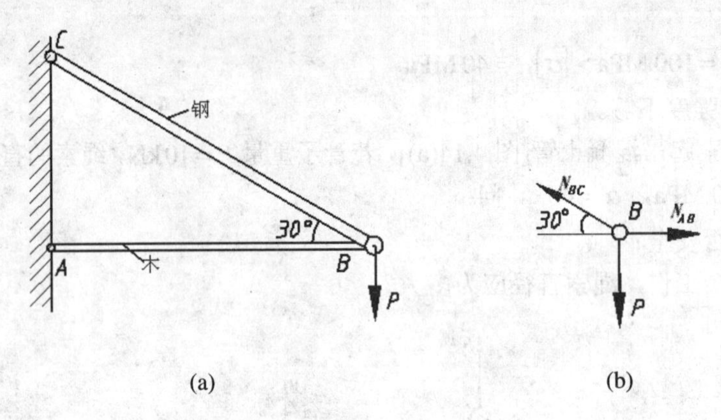

图 4.15　简易吊车受力图

【解】 以 *B* 点为研究对象，分析 *B* 点的受力，如图(b)，由静力平衡方程式

$\sum F_X=0$　　　$N_{AB}-N_{BC}\cos 30^\circ=0$

$$N_{AB}=\frac{\sqrt{3}}{2}N_{BC}$$

$\sum N_{BC}=0$　　　$N_{BC}\sin 30^\circ-P=0$

$N_{BC}=2P$　　　$N_{AB}=\sqrt{3}P$

杆 *AB* 受压、杆 *BC* 受拉，在满足强度校核条件下：

$$\frac{N_{AB}}{A_1}\leqslant[\sigma]_1 \qquad \frac{\sqrt{3}P}{100\times10^{-4}}\leqslant 7\times10^6\,\text{Pa}$$

$$P\leqslant 40.4\,\text{kN}$$

杆 *BC* 受拉，在满足强度校核条件下：

$$\frac{N_{BC}}{A_2}\leqslant[\sigma]_2 \qquad \frac{2P}{6\times10^{-4}}\leqslant 160\times10^6\,\text{Pa}$$

$$P\leqslant 48\,\text{kN}$$

在同时满足钢杆 *BC*、木杆 *AB* 的强度条件下，许可载荷应小于 40.4kN。

4.6　材料在拉伸或压缩时的力学性能

材料的力学性能(即机械性质)是指材料在外力作用下其强度和变形方面所表现出的性能，它是强度计算、变形计算和选用材料的重要依据，也是制定材料机械加工工艺和研制新型材料的重要依据。在不同的温度和加载速度下，材料的机械性质将发生变化。

本节主要介绍工程中广泛使用的两种金属材料：低碳钢和铸铁，在常温和静载下受轴向拉伸或压缩时的力学性能。

4.6.1　材料拉伸时的力学性能

材料的力学性能是通过实验测定的。材料的拉伸和压缩试验是测定材料机械性质的基本试验，试验中的试样按国家标准设计，拉伸实验应按照国家标准进行。

为了便于比较实验结果，规定将材料制成标准尺寸的试件(图 4.16)。l 为试件工作段的长度，称为标距。对于圆形截面标准试件，标距和直径 d 有两种比例：$l=5d$ 与 $l=10d$；对于矩形截面的试样，规定其标距与 l 横截面面积 A 的关系分别为

$$l=11.3\sqrt{A}，\ l=5.65\sqrt{A}$$

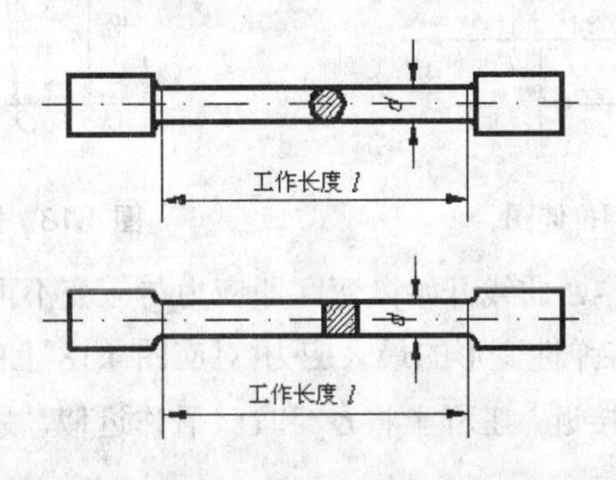

图 4.16　材料的拉伸实验试件

1. 低碳钢在拉伸时的机械性质

低碳钢是工程上应用最广泛的材料，同时，低碳钢试样在拉伸试验中所表现出来的机械性质最为典型。因此，先研究这种材料在拉伸时的机械性质。

将试样装上试验机后，缓慢加载，直至拉断，试验机的绘图系统可自动绘出试样在试验过程中工作段的变形和拉力之间的关系曲线图。通常以横坐标代表试样工作段的伸长 Δl, 纵坐标代表试验机上的载荷读数，即试样所受的拉力 N 。此曲线称为拉伸图或 $N-l$ 曲线，如图 4.17 所示。

试样的拉伸图不仅与试样的材料有关，而且与试样的几何尺寸有关。用同一种材料做成粗细不同的试样，由试验所得的拉伸图稍有差别。所以，不应用拉伸图表征材料的拉伸性能。将拉力 N 除以试样横截面原面积 A，得试样横截面上的正应力 $\sigma=\dfrac{N}{A}$。将伸长 Δl 除以试样的标距 l，得试样的应变 $\varepsilon=\dfrac{\Delta l}{l}$。以 ε 和 σ 分别为横坐标与纵坐标，这样得到的曲线则与试样的尺寸无关，此曲线称为应力—应变图或 $\sigma-\varepsilon$ 曲线。

(1) 对上述实验中所得的图 4.17 及图 4.18 进行讨论，从图中可见，整个拉伸过程可分为四个阶段：

① **弹性阶段**。弹性阶段可分为两段：直线段 oa 和微弯段 ab 直线段表示应力与应变成正比例关系，故称这段为比例阶段或线弹性阶段。在此阶段内，材料服从胡克定律，即公式 $\sigma=E\varepsilon$ 在此段适用。点 a 所对应的应力称为材料的比例极限，用 σ_p 表示。点 a 是直线段的最高点，所以比例极限是材料在比例阶段的最大应力。

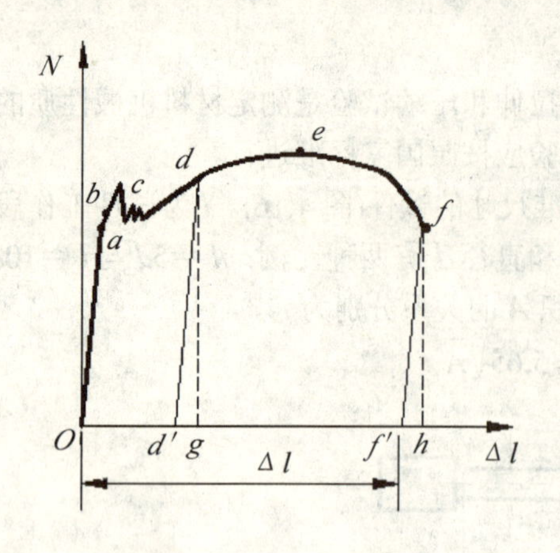

图 4.17　低碳钢拉伸图

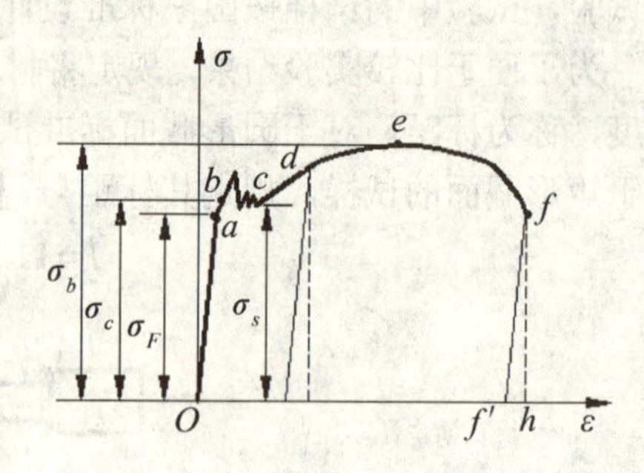

图 4.18　低碳钢拉伸图的四个阶段

当应力超过σ_P后，σ-ε曲线开始微弯，即应力与应变不再保持线性关系，但材料的变形仍是弹性的。材料保持弹性变形的最大应力(对应图 4.18 上的点b)称为弹性极限 σ_e。在图 4.18 中，σ_P和σ_e很接近，工程上将σ_e和σ_P看作近似，故常说材料在弹性范围内服从胡克定律。

② **屈服阶段**。当应力超过弹性极限σ_e以后，曲线将出现一个近似水平的锯齿形线段。这表示除产生弹性变形外，还将产生塑性变形，在图 4.18 中出现应力没有明显增大而应变却急剧增大的现象。材料暂时失去抵抗变形的能力。这种现象称为屈服或流动。通常，对应于曲线最高点与最低点的应力分别称为上屈服点应力和下屈服点应力。通常，下屈服点应力值较稳定，将这一阶段曲线的最低点所对应的应力称为材料的屈服强度，用σ_S表示。如 Q235 钢的屈服点应力$\sigma_S \approx$240MPa。

在屈服阶段，表面磨光的试样将出现与轴线大致成45°角的条纹(图 4.19)，这是由于材料内部晶格之间的相对滑移而造成的，故称为滑移线。其原因为在与杆轴成45°角的斜截面上，存在最大的切应力。

当材料屈服时，将产生显著的塑性变形。通常，在工程中是不允许构件在塑性变形的情况下工作的。所以，σ_S是衡量材料强度的重要指标。

③ **强化阶段**。经过屈服阶段后，材料内部组织起了变化，要使它继续变形就必须增加拉力，这表示材料又恢复了抵抗变形的能力，这种现象称为材料的强化。强化阶段的最高e点所对应的应力是材料被拉断前所能承受的最大应力，称为抗拉强度，用σ_b表示。它是衡量材料强度的另一个重要指标。

在强化阶段中，试样的横向尺寸明显缩小。Q235 钢的抗拉强度$\sigma_b \approx$400MPa。

④ **颈缩阶段**。在强化阶段，试样的变形基本上是均匀的，过了点e后，试件的变形将由纵向的均匀伸长和横向的均匀缩小变为集中于某一局部范围内的变形，该局部的横截面出现突然急剧收缩的现象，这种现象称为颈缩(图 4.20)。由于颈缩处的横截面面积显著减小，试件继续伸长所需的拉力也相应减小。在$\sigma-\varepsilon$曲线中，应力由最高点e下降至f点，最后试样在颈缩段被拉断，这一阶段称为颈缩阶段(也称局部变形阶段)。

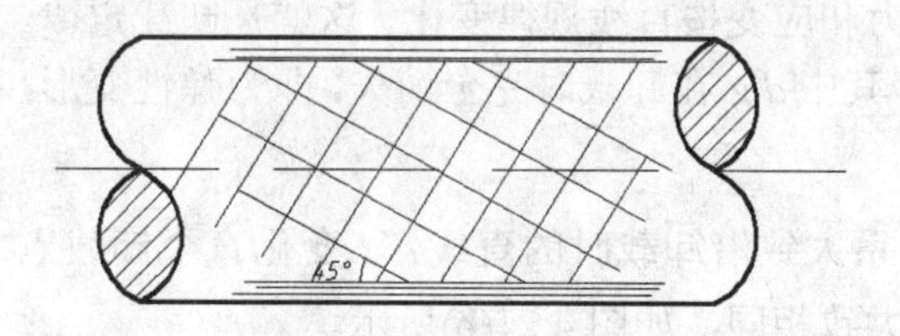

图 4.19 屈服阶段的滑移现象

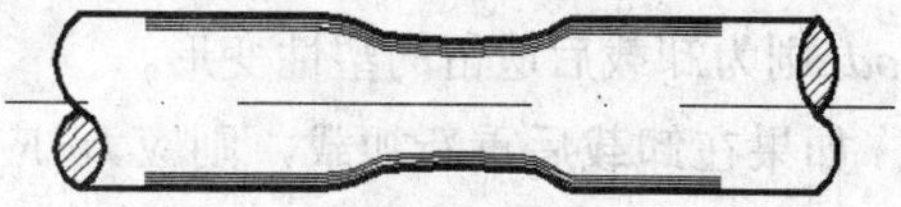

图 4.20 颈缩观象

上述拉伸过程中，材料经历了弹性、屈服、强化和颈缩四个阶段。对应前三个阶段的三个特征点，其相应的应力值依次为比例极限σ_P、屈服点应力σ_S和强度极限σ_b。对低碳钢来说，屈服点应力σ_S和强度极限σ_b是衡量材料强度的主要指标。

(2) 塑性指标。

试件拉断后，弹性变形随着外力的撤除而消失了，只残留下塑性变形。材料的塑性变形能力也是衡量材料力学性能的重要指标，一般称为塑性指标。工程中常用的塑性指标有两个：伸长率δ和截面收缩率 ψ。

① 伸长率δ。

伸长率

$$\delta=\frac{l_1-l}{l}\times 100\ \%$$

式中：l—试件标距原长；

l_1—试件断裂后标距的长度；

Q235 钢的伸长率$\delta\approx$20%～30%。伸长率δ越大，材料的塑性性能越好。

② 截面收缩率 ψ。

衡量材料塑性变形程度的另一个重要指标是截面收缩率 ψ。设试样拉伸前的横截面面积为A。

截面收缩率

$$\psi=\frac{A-A_1}{A}\times 100\ \%$$

式中：A—试件的原始面积；

A_1—试件断裂后断口处的最小横截面面积。

断面收缩率 ψ越大，材料的塑性越好，Q235 钢断面收缩率 $\psi\approx$60%。

δ和 ψ都表示材料直到拉断时其塑性变形所能达到的最大程度，它们的值愈大说明材料的塑性愈好。

工程上将$\delta\geqslant$5%的材料称为塑性材料，如低碳钢、铝合金、青铜等均为常见的塑性材料；$\delta\leqslant$5%的材料称为脆性材料，如铸铁、砖石、玻璃、混凝土等均为脆性材料。

材料的塑性和脆性并不是固定不变的，它们会随温度、载荷性质、制造工艺等条件的变化而变化。例如，某些脆性材料在高温下会呈现塑性，而有些塑性材料在低温下则呈现脆性；又如，在灰铸铁中加入球化剂可使其变为塑性较好的球墨铸铁；等等。

(3) 冷作硬化和卸载定律。当应力超过屈服点应力后，在强化阶段某一点d处卸载直至载荷为零。试验结果表明，卸载时的$\sigma-\varepsilon$曲线将沿着平行于oa直线下降到零应力点d'。

如图 4.21(a)所示。这说明：在卸载过程中，应力和应变按直线规律变化。这就是卸载定律。与 d 点对应的总应变应包括 od' 和 $d'g$ 两部分，其中 $d'g$ 在卸载时完全消失，即为弹性变形，而 od' 则为卸载后遗留的塑性变形。

如果在卸载后重新加载，则应力-应变关系大致沿卸载时的直线 $d'd$ 变化直至卸载点 d，且以后的曲线与该材料原来的 $\sigma-\varepsilon$ 曲线大致相同，如图 4.21(b)所示。

观察再加载的 $\sigma-\varepsilon$ 曲线(图 4.21)，发现材料的比例极限由 σ_P 提高到 σ_P'，而材料的塑性较原先降低，这种现象称为冷作硬化。

由于冷作硬化提高了材料的比例极限，从而提高了材料在弹性范围内的承载能力，故工程中常利用冷作硬化来提高杆件的承载能力。如起重机械中的钢索和建筑钢筋，常用冷拔工艺来提高强度。又如，对某些零件进行喷丸处理，使其表面发生塑性变形，形成冷硬层，以提高零件表面层的强度。但另一方面，零件初加工后，由于冷作硬化使材料变脆变硬，给下一步加工造成困难且容易产生裂纹，因此需要在工序之间安排退火，消除冷作硬化的影响。

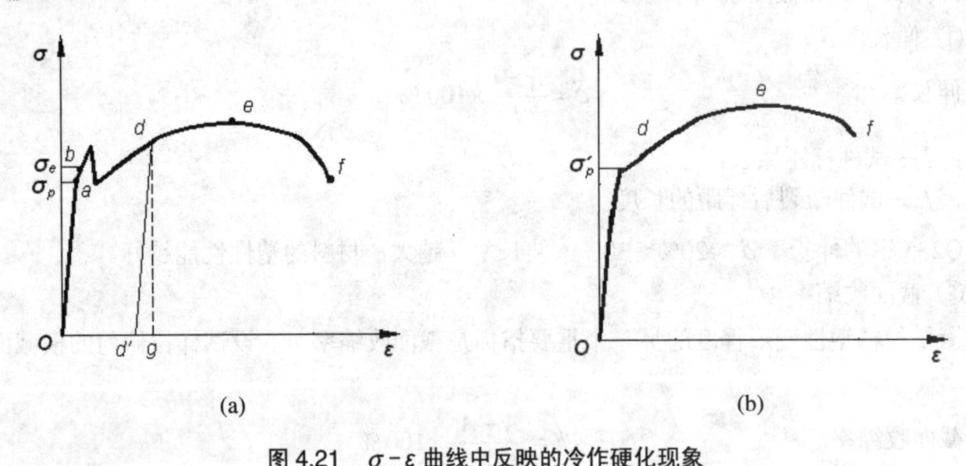

图 4.21　$\sigma-\varepsilon$ 曲线中反映的冷作硬化现象

2. 其他材料在拉伸时的力学性能

其他材料的拉伸实验和低碳钢的拉伸实验的做法相同。现将这些材料的 $\sigma-\varepsilon$ 曲线和低碳钢的 $\sigma-\varepsilon$ 曲线相比较，分析其力学性能。

1) 其他塑性材料在拉伸时的力学性能

如图 4.22 所示为几种塑性材料的 $\sigma-\varepsilon$ 图。这些塑性材料的共同特点是伸长率较大。差别在于有些材料没有明显的屈服现象。屈服强度是塑性材料的重要强度指标，因此，对于没有明显屈服现象的塑性材料，通常取试件塑性变形时产生的应变为 0.2%所对应的应力作为材料的屈服强度，称为名义屈服强度，以 $\sigma_{0.2}$ 表示。如图 4.23 所示。

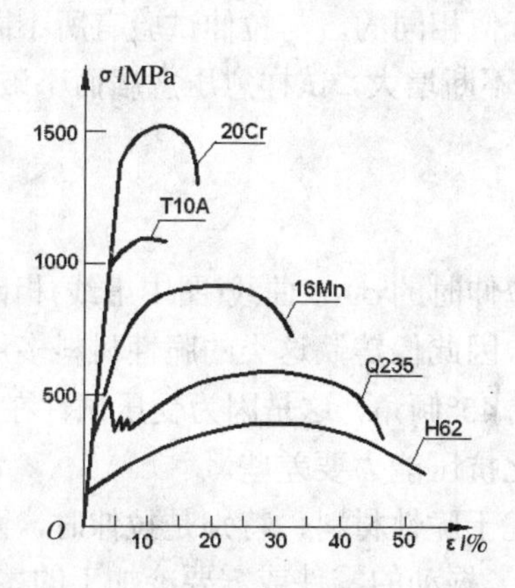

图 4.22　几种塑性材料的 σ - ε 图

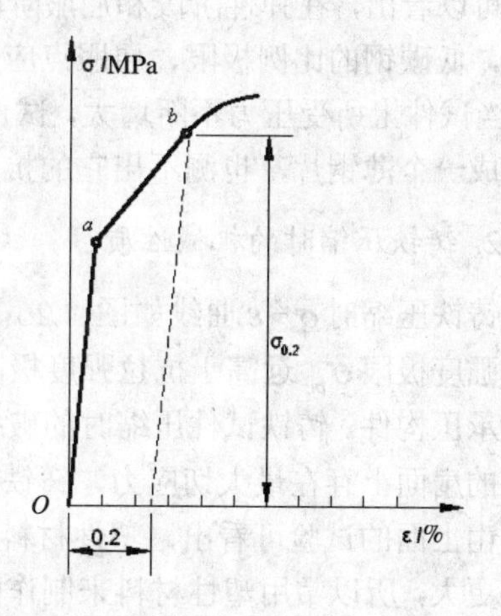

图 4.23　试件塑变时应变为 0.2%的应力

2) 铸铁在拉伸时的力学性能

铸铁为典型的脆性材料，这类材料明显的特点是：无屈服和颈缩现象；直到拉断时，试件的变形很小；只能测得断裂时抗拉强度 σ_b 。因此，抗拉强度 σ_b 是衡量脆性材料强度的唯一指标。脆性材料抗拉强度很低，不宜用来承受拉伸力。如图 4.24 所示是灰口铸铁材料拉伸时的 σ - ε 曲线，由图 4.24 中可看出，从开始受拉到断裂，没有明显的直线部分(图 4.24 中实线)。一般可将该曲线近似为直线(图 4.24 中虚线)，即认为近似符合胡克定律。

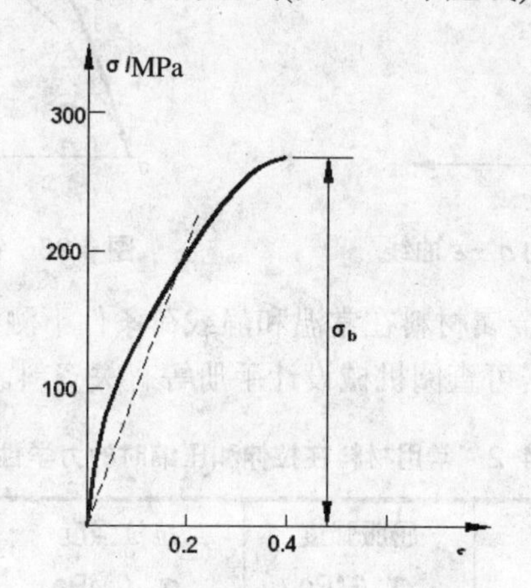

图 4.24　灰铸铁的拉伸 σ - ε 曲线

灰口铸铁断裂时的伸长率约为 0.4%～0.5%，故为典型的脆性材料。抗拉强度 σ_b 是衡量铸铁强度的唯一指标。

4.6.2　材料在压缩时的机械性质

1. 低碳钢压缩时的机械性质

在试验机上做压缩试验时，要考虑到试件可能被压弯，金属材料选用短粗圆柱试件，其高度为直径的 1.5～3 倍。混凝土、石料等则制成立方形试件块。

如图 4.25 所示实线表示低碳钢压缩时的 σ - ε 曲线。将其与拉伸时的曲线(图中虚线)比较，可以看出，在弹性阶段和屈服阶段，拉、压的σ-ε曲线基本重合。这表明，拉伸和压缩时，低碳钢的比例极限、屈服点应力及弹性模量是近似相同的。与拉伸试验有所不同的是，当试件上所受压力不断增大，试件的横截面面积也不断增大，试样愈压愈扁而不破坏，几乎成一个薄钢片，也测不出它的抗压强度极限的大小。

2. 铸铁压缩时的机械性质

铸铁压缩时σ-ε曲线如图 4.26 实线所示。与其拉伸时的σ-ε曲线(图中虚线)相比，抗压强度极限σ_{bc}远高于抗拉强度极限σ_b(约 3～4 倍)，因此像铸铁这类的脆性材料多用来制作承压构件。铸铁试件压缩时的破裂断口与轴线约成 45°倾角，这是因为受压试件在 45°方向的扇面上存在最大切应力，铸铁材料的抗剪能力比抗压能力要差些。

由上面的试验可看出，塑性材料的强度和塑性都优于脆性材料，特别是拉伸时，两者差异更大，所以常用塑性材料来制作能承受拉伸、冲击、振动的零件或需要冷加工的零件。

脆性材料也有其优点，如铸铁除具有抗压强度高、耐磨、价廉等优点外，还具有良好的铸造性能和吸振性能，常用来制造机器的底座、外壳和轴承座等受压零部件。

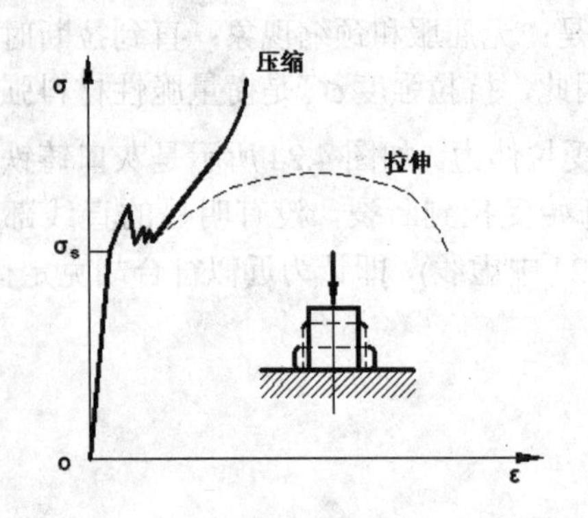

图 4.25　塑性材料压缩时的σ-ε曲线

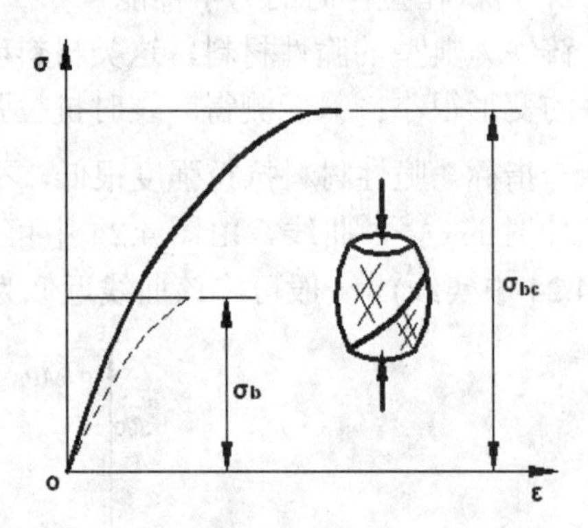

图 4.26　铸铁压缩时的σ-ε曲线

表 4-2 列出了几种常用金属材料在常温和静载荷条件下测得的力学性能数据。其他材料的力学性能(机械性质)数据可查阅机械设计手册等有关资料。

表 4-2　常用材料在拉伸和压缩时的力学性能

材料名称	牌　号	屈服强度 σ_s/MPa	抗拉强度 σ_b / MPa	塑　性	
				δ_s / %[①]	ψ/%
普通碳素结构钢	Q235	235	375～460	26	—
	Q275	275	490～610	20	—
优质碳素结构钢	35	315	530	20	45
	45	355	600	16	40
低合金结构钢	16Mn	345	510 ～ 660	22	—
	15MnTi	390	530 ～ 680	20	—

续表

材料名称	牌　号	屈服强度 σ_s/MPa	抗拉强度 σ_b / MPa	塑　性	
				δ_s / %①	ψ/%
合金结构钢	40Cr	735	980	18	—
	45Cr	835	1030	20	—
灰铸铁	HT150	—	120 ～ 175	—	—

① σ_s 表示标距 l=5d 标准试件的伸长率(d 为试件的直径)。

4.7　拉压杆的超静定问题简介

在前面我们讨论了杆件在外力作用下的杆件内部的受力和杆件的强度，这只是在杆件的外支座的约束和杆件的内部力的未知力是一样的情况下。如果为了保证工程的安全可靠性，增加几个多余的约束，这就是超静定问题了。下面就超静定问题的概念和基本解法的思路作简要介绍。

4.7.1　超静定问题的概念及其解法

我们在前面几节所讨论的静力学中，结构的支座反力和构件的内力等未知力，都只需用静力平衡方程即可求得，这类问题称为静定问题。相应的结构即为静定结构；也就是说在静力学中，当未知力的个数未超过独立平衡方程的数目时，则由平衡方程可求全部的未知力。若未知力的个数超过独立平衡方程的数目，仅由平衡方程无法确定全部的未知力，这类问题称为超静定问题(或静不定问题)。相应的结构即为超静定结构。未知力的个数与独立平衡方程数之差称为超静定次数。

超静定结构是根据特定工程的安全可靠性要求在静定结构上增加了一个或几个约束，从而使未知力的个数增加。这些在静定结构上增加的约束称为多余约束。多余约束的存在改变了结构的变形几何关系，因此建立变形协调的几何关系是解决超静定问题的关键。

例如图 4.27(a)所示的将左端固定的等截面直杆，可由固定端处的支座反力 R_A 及 AC 段的轴力 N 都可用静力平衡方程即可求得。

$$R_A + P = 0$$

得

$$R_A = -P$$

由截面法求得杆的 AC 和 CB 的内力后，再作出杆 AB 拉伸长变形图，如图 4.27(c)所示。

如果在杆 B 端加一个约束力，如图 4.28(a)所示，则此问题就变为超静定问题，B 端的约束为多余约束($l_1 > l_2$)。由于 B 端约束的存在，则杆 AB 的总变形量 $\Delta L_{AB} = 0$。由这个关系建立变形协调方程。结合静力平衡方程和胡克定律即可求出 AB 两端的约束力。

(1) 列出平衡方程 设杆 AB 两端的约束力分别为 N_A 和 N_B，如图 4.28(b)所示。

$$\Sigma N_x = 0 \qquad N_A + N_B - P = 0 \tag{a}$$

(2) 变形协调方程 $\Delta l_{AB}=\Delta L_{AC}+\Delta L_{CB}=0$

(3) 根据胡克定律

$$\Delta l_{AC}=\frac{N_{AC}l_{AC}}{EA}=-\frac{R_A l_1}{EA} \qquad \Delta l_{CB}=\frac{N_{CB}l_{CB}}{EA}=\frac{R_B l_2}{EA}$$

将上面两式代入变形协调方程，可得

$$-N_A l_1+N_B l_2=0 \tag{b}$$

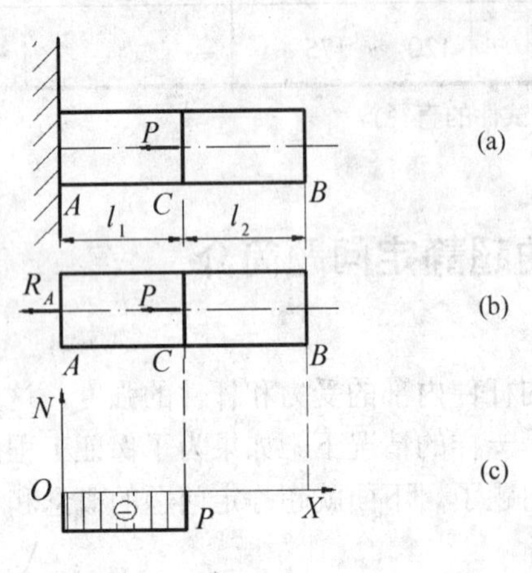

图 4.27 静定杆的受力

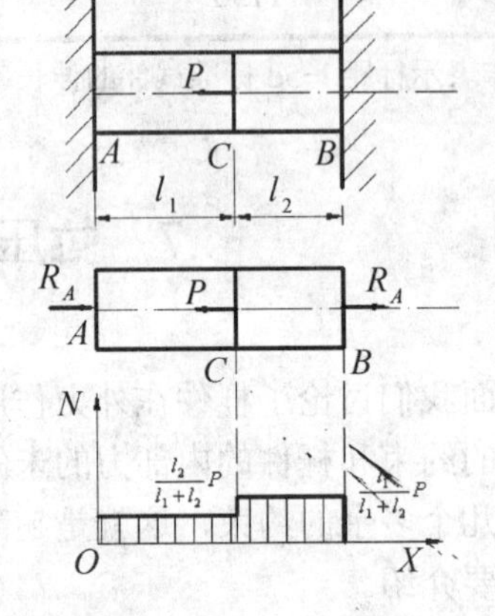

图 4.28 超静定杆的受力

将(a)(b)联立解得

$$N_A=\frac{l_2}{l_1+l_2}P \qquad N_B=\frac{l_1}{l_1+l_2}P$$

由上面所得结果说明，在拉压静不定问题中，杆件内力(或约束反力)不仅与载荷有关，还与杆件的长度有关；而在静定问题中，它们仅与载荷有关，这是超静定问题与静定问题的重要区别。

如图 4.29 所示的三杆桁架结构，在结点 A 处悬一重物 P，在重物 P 的作用下，三杆的三个未知内力，与重力构成一个平面汇交力系，如图所示，要求出三个未知内力，而独立平衡方程只有二个，可见这也是一个超静定问题

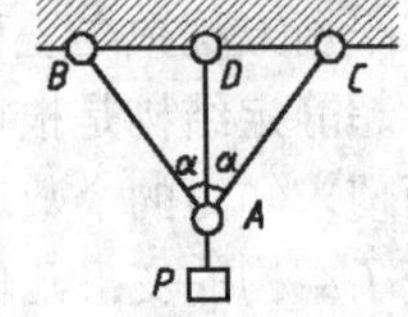

图 4.29 三杆桁架的超静定受力

4.7.2 装配应力与温度应力简介

由于杆件在机械制造加工中会产生一些误差，这种误差在静定结构装配中不会引起任何内力。而在静不定结构装配时，可导致杆件内产生内力(或应力)。这种由装配引起的内力称为装配内力，相应的应力称为装配应力。装配应力的特点是：在载荷作用前就已经存在于杆件中，因此也称为初应力。

在工程中，对于装配应力的存在，有时是不利的，应予以避免；但有时却有意地利用它，比如在机械制造中的紧密配合和土木结构中的预应力钢筋混凝土等等。

如图 4.29 所示的三杆桁架结构，若杆 AD 制造时短了 δ，为了能将三根杆装配在一起，则必须将杆 AD 拉长，杆 AB、AC 压短，这种强行装配会在杆 AD 中产生拉应力，而在杆 AB、AC 中产生压应力。如误差 δ 较大，这种应力会达到很大的数值。此种装配引起的

应力称为装配应力。计算这种装配内力也必须由平衡方程、胡克定律及 AB、AC 杆与 AD 杆的三角几何关系列出变形协调方程，联立求解。

在工程实际中，构件遇到温度变化(如工作条件中温度的改变或季节的更替)，会产生热胀冷缩现象，在静定结构中，因构件能自由变形，这种温度引起的胀、缩变形不会在杆内产生应力。但在超静定结构中，由于杆件受到相互制约而不能自由变形，就使内部产生应力。这种因温度变化而引起的杆内应力称为温度应力，温度应力也是一种初应力。

在工程实际中，常采用一些措施来降低或消除温度应力，例如蒸汽管道中的伸缩节、两段铁轨间预留间隙，钢桥桁架一端采用活动铰链支座等，都是为了减少或预防产生温度应力，避免杆件破坏而常采用的方法。

4.8 压杆稳定

在前面研究压(拉)杆的强度问题时，确定受压杆满足强度条件，就能保证构件的安全工作。这个结论对于短粗压杆都是适用的。但对细长杆就不适用了。例如一钢板条尺寸为横截面 $b\times h=30\text{mm}\times 2\text{mm}$，长 400 mm 。其材料的许用应力 $[\sigma]=160\text{MPa}$。按压缩强度条件计算，它的承载能力为

$$\boldsymbol{F}\leqslant A[\sigma]=0.03m\times 0.002m\times 160\times 10^6\,\text{Pa}$$

$$\boldsymbol{F}\leqslant 9600N=9.6\,\text{kN}$$

但在实验中发现，当压力还没达到70N 时，它就开始弯曲，如压力继续增大，则弯曲变形急剧增加，直到最后折断，此时的压力远小于9.6 kN。压杆之所以丧失工作能力，是因它不能保持原来的直线状态所造成的。由此可看出，细长压杆的承载能力不是取决于其压缩强度条件，而是取决于它保持直线平衡状态的能力。我们将压杆丧失保持原有直线平衡状态的能力而被破坏的现象称为失稳。

失稳现象对工程的影响很大，而且常常是突然发生，这必将导致一些难以预料的严重后果，甚至导致整个结构物的倒塌，因此必须高度重视细长压杆的稳定性问题。例如对工程中的受压细长杆件，如桥梁中的某些弦杆、螺旋千斤顶的螺杆以及一些托架中的压杆、建筑施工中的脚手架及支柱等等，都需要进行稳定计算。

4.9 小　结

本章主要讨论了杆件在轴向拉伸和压缩时的内力及应力、强度计算，拉(压)杆的变形以及材料在拉伸与压缩时的机械性质

1. 应用截面法求轴向拉伸和压缩时的内力，轴向拉(压)时的杆件在横截面上的正应力 σ 的计算公式是

$$\boldsymbol{\sigma}=\frac{\boldsymbol{N}}{A}$$

且 σ 在横截面上是均匀分布的。

2. 直杆在轴向拉压时的强度条件为

$$\sigma_{\max}=\frac{N}{A}\leqslant[\sigma]$$

利用上式可以解决三类问题：强度校核、设计截面和确定承载能力。

3. 轴向拉(压)杆件的变形

$$\Delta l=\frac{Nl}{EA}$$

$\Delta l>0$　　杆件在该l段受拉伸长。

$\Delta l<0$　　杆件在该l段受压缩短。

4. 胡克定律

利用胡克定律，建立了应力与应变之间的关系　　$\sigma=E\varepsilon$

纵向线应变ε和横向线应变ε'之间的关系是　　$\varepsilon'=-\mu\varepsilon$

5. 重点介绍了以低碳钢为代表的塑性材料的在受拉伸时的应力—应变曲线。将其拉伸过程分为四个阶段：弹性阶段、屈服阶段、强化阶段和颈缩阶段。低碳钢的强度指标有σ_s和σ_b，塑性指标有δ和ψ。

6. 简要介绍了拉压超静定问题的解题方法和压杆稳定的概念。

4.10　思考与练习

1. 试判别下列构件中哪些承受轴向拉伸或轴向压缩。

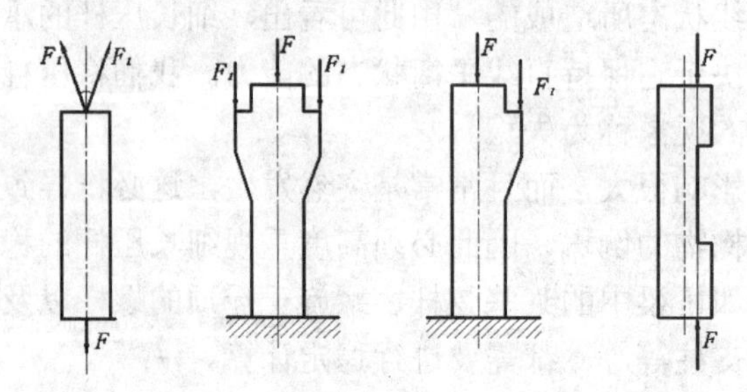

题 1 图

2. 两根材料相同的拉杆，如图题 2 所示，试判断它们的绝对变形是否相同？如不同，哪根变形大？

3. 杆件变形的基本形式有几种？

4. 什么叫材料的冷作硬化现象？其作用是什么？

5. 试用截面法求下列各杆指定截面的力，并作出轴力图。

6. 求图示阶梯杆横截面 1-1、2-2、3-3 的轴力，并作轴力图，若横截面面积 $A_1=200\,\text{mm}^2$、$A_2=300\,\text{mm}^2$、$A_3=400\,\text{mm}^2$，试求各横截面上的应力。

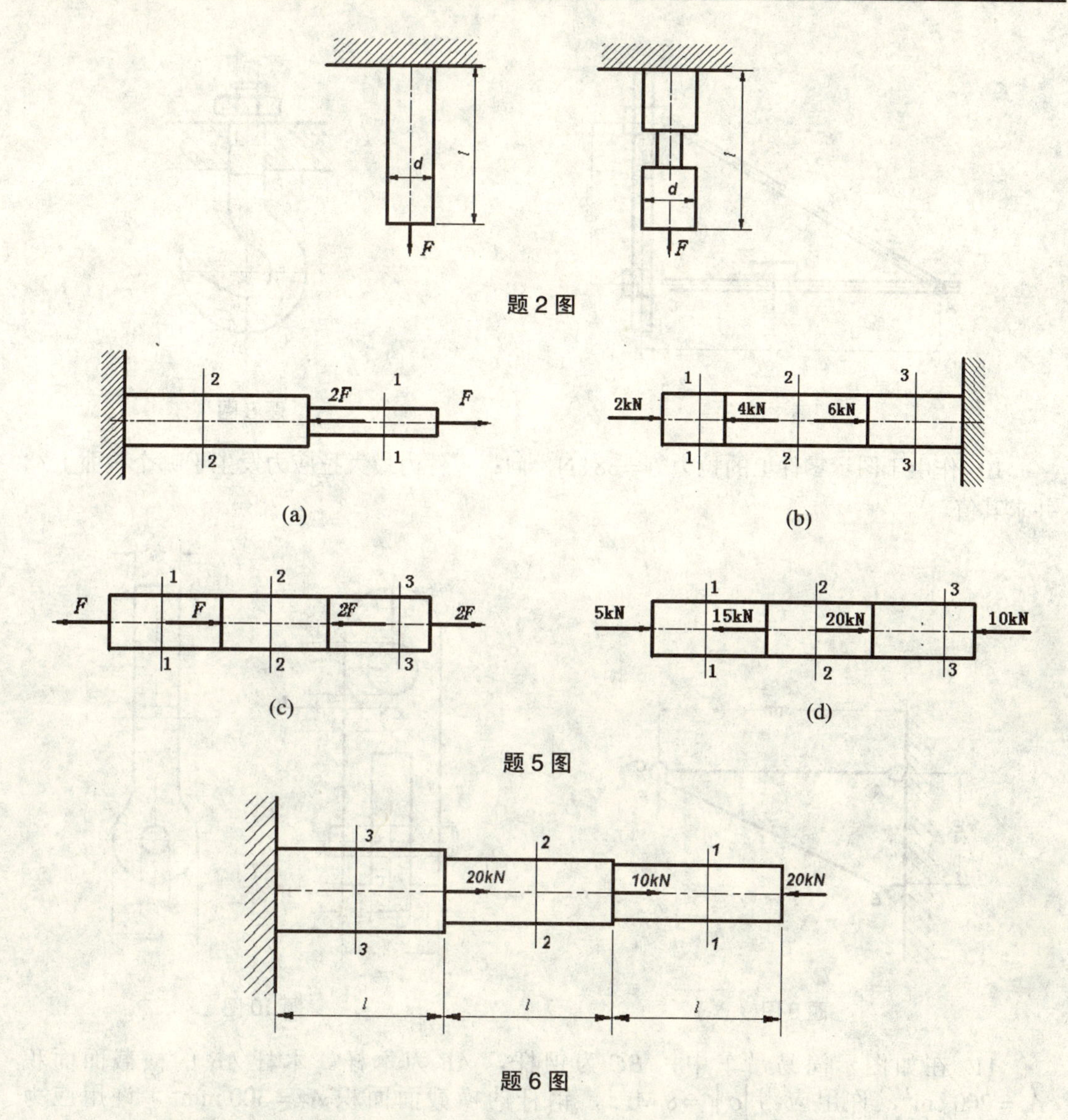

题 2 图

(a)　(b)　(c)　(d)

题 5 图

题 6 图

7. 回转悬臂吊车的结构如图所示，小车对水平梁的集中载荷为 $\boldsymbol{F}=15\,\mathrm{kN}$，斜杆 AB 的直 d =20mm，其他尺寸如图所示，试求：

(1) 当小车在 AC 中点时，AB 杆中的正应力；

(2) 小车移动到何处时，AB 杆中的应力最大，其数值为多少？

8. 起重吊钩的上端用螺母固定．若吊钩螺栓部分的内径 d =55mm，材料的许用应力 $[\sigma]=80\,\mathrm{MPa}$，试校核螺栓部分的强度。

9. 图示一托架，AC 是圆钢杆，许用应力 $[\sigma]_{钢}=160\,\mathrm{MPa}$；$BC$ 是方木杆，许用应力 $[\sigma]_{木}=4\,\mathrm{MPa}$，$\boldsymbol{F}=60\,\mathrm{kN}$，试按强度条件选择钢杆圆截面的直径 d 及木杆方截面的边长 b 。

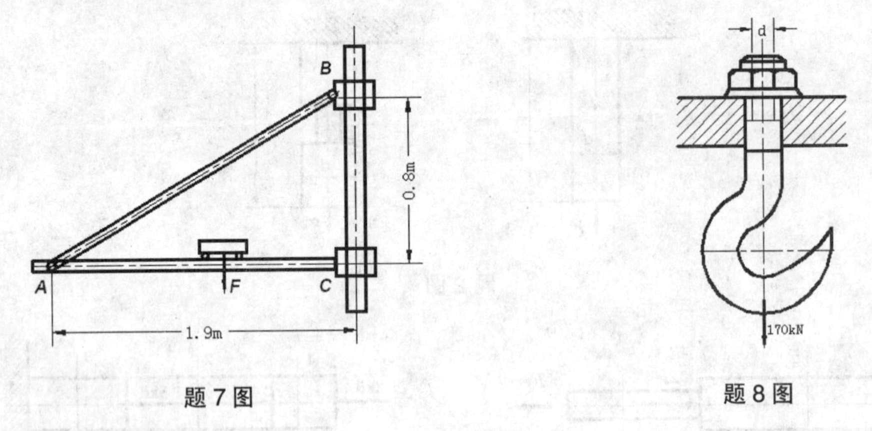

题 7 图　　　　题 8 图

10. 作用于图示零件上的拉力 $F = 38\,\text{kN}$，问：零件内最大拉应力发生于哪个截面上？并求其值。

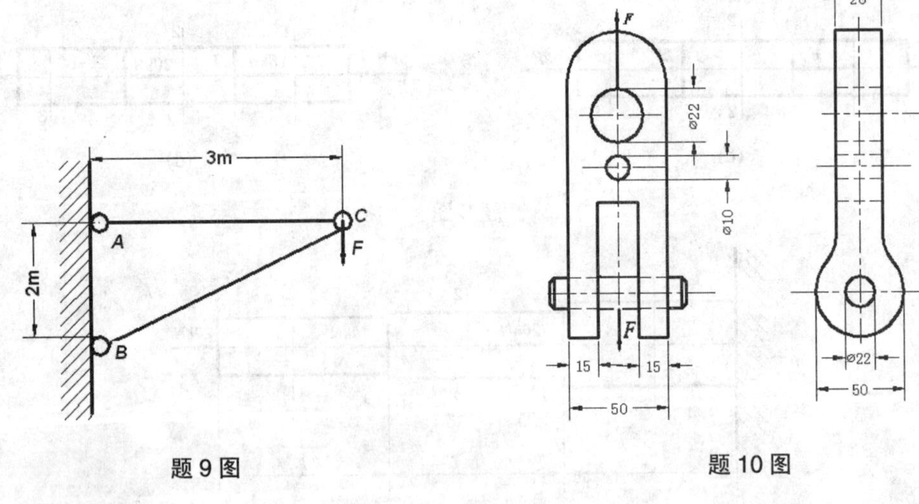

题 9 图　　　　题 10 图

11. 在如图示简易吊车中，BC 为钢杆，AB 为木杆。木杆 AB 的横截面面积 $A_1 = 200\,\text{cm}^2$，许用应力 $[\sigma]_1 = 8\,\text{MPa}$，钢杆的横截面面积 $A_2 = 300\,\text{mm}^2$，许用应力 $[\sigma]_2 = 160\,\text{MPa}$，求许可吊重 P。

12. 桁架受力情况及各尺寸如图所示，$P = 30\,\text{kN}$，材料的抗拉许用应力 $[\sigma]_L = 120\,\text{MPa}$，许用压应力 $[\sigma]_Y = 60\,\text{MPa}$，设计杆 AC 及 AD 所需的等边角钢的尺寸。

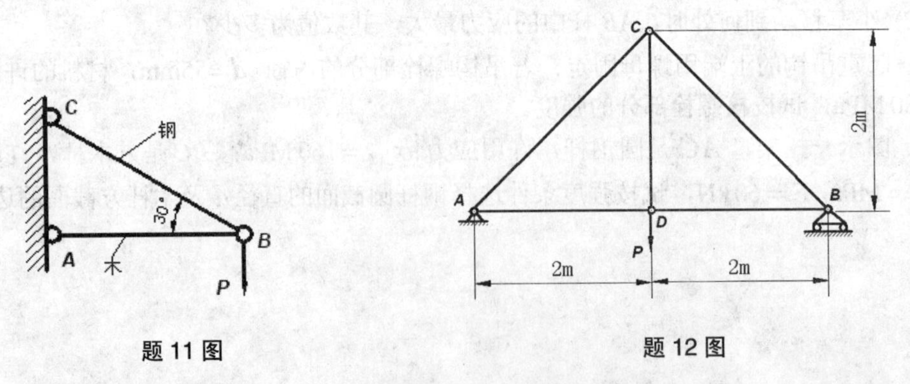

题 11 图　　　　题 12 图

13. 蒸汽机的汽缸如图所示，汽缸内径 $D = 560\,\text{mm}$，内压强 $p = 2.5\,\text{MPa}$，活塞杆直径 $d = 100\,\text{mm}$，所有材料的屈服强度 $\sigma_s = 300\,\text{MPa}$。求：(1)活塞杆的正应力及工作安全系数。(2)若连接汽缸和汽缸盖的螺栓直径为30mm，其许用应力 $[\sigma] = 60\,\text{MPa}$，求连接每个汽缸盖所需的螺栓数。

14. 冷镦机的曲柄滑块机构如图所示。镦压工件时，连杆接近水平位置，承受镦压力 $\boldsymbol{F} = 1100\,\text{kN}$，连杆截面为矩形，其高宽比 $h/b = 1.4$，材料为 45 钢，许用应力 $[\sigma] = 58\,\text{MPa}$。确定截面尺寸 h 和 b。

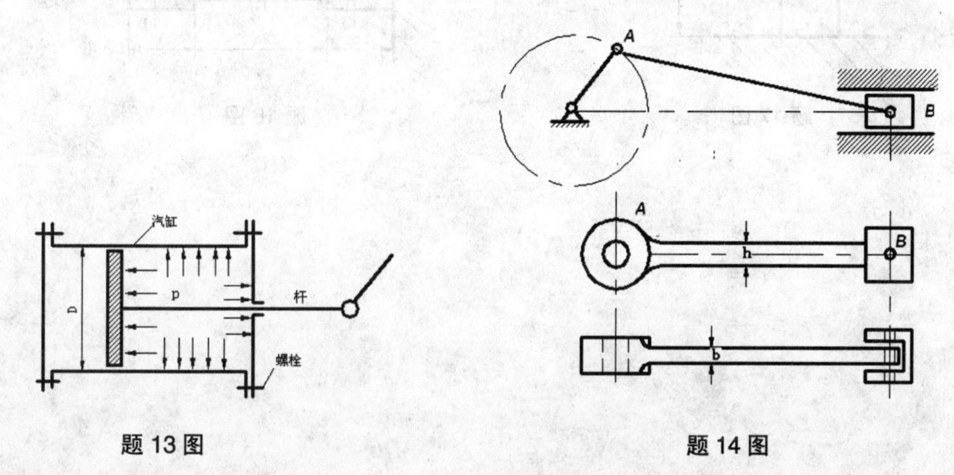

题 13 图　　　　题 14 图

15. 变截面直杆如图所示，已知：$A_1 = 8\,\text{cm}^2$，$A_2 = 4\,\text{cm}^2$，$E = 200\,\text{GPa}$。求：(1)作杆件的轴力图，(2)求杆的总伸长量 ΔL。

16. 一阶梯直杆受力如图所示，已知杆的横截面面积和材料的弹性模量为 E。试作轴力图，并求杆端点 D 的位移。

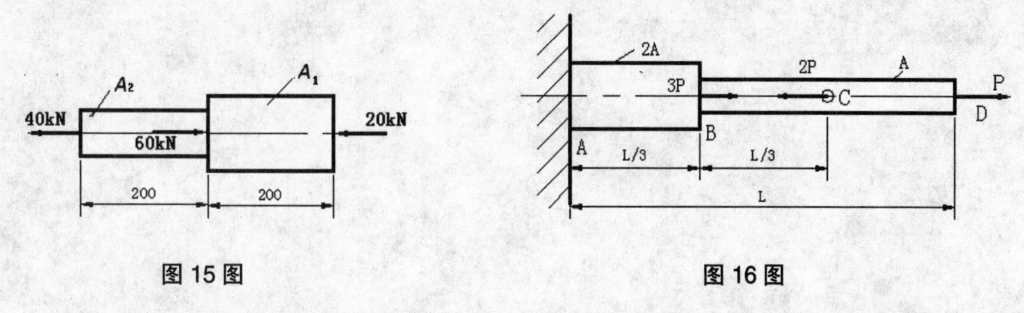

图 15 图　　　　图 16 图

17. 一木杆受力如图所示。柱的横截面为边长为 100mm 的正方形，材料的弹性模量为 $E = 10\times10^3\,\text{MPa}$。如不计柱的自重，求：(1)作轴力图；(2)各段柱横截面上的应力；(3)各段柱的纵向线应变；(4)柱的总变形。

18. 图示一钢制阶梯形直杆，各段的横截面面积分别为：$A_1 = A_2 = 300\,\text{mm}^2$，$A_3 = 200\,\text{mm}^2$。钢材的弹形模量 $E = 0.2\times10^6\,\text{MPa}$，试计算：(1)作杆的轴力图；(2)各横截面上的应力；(3)杆的总变形。

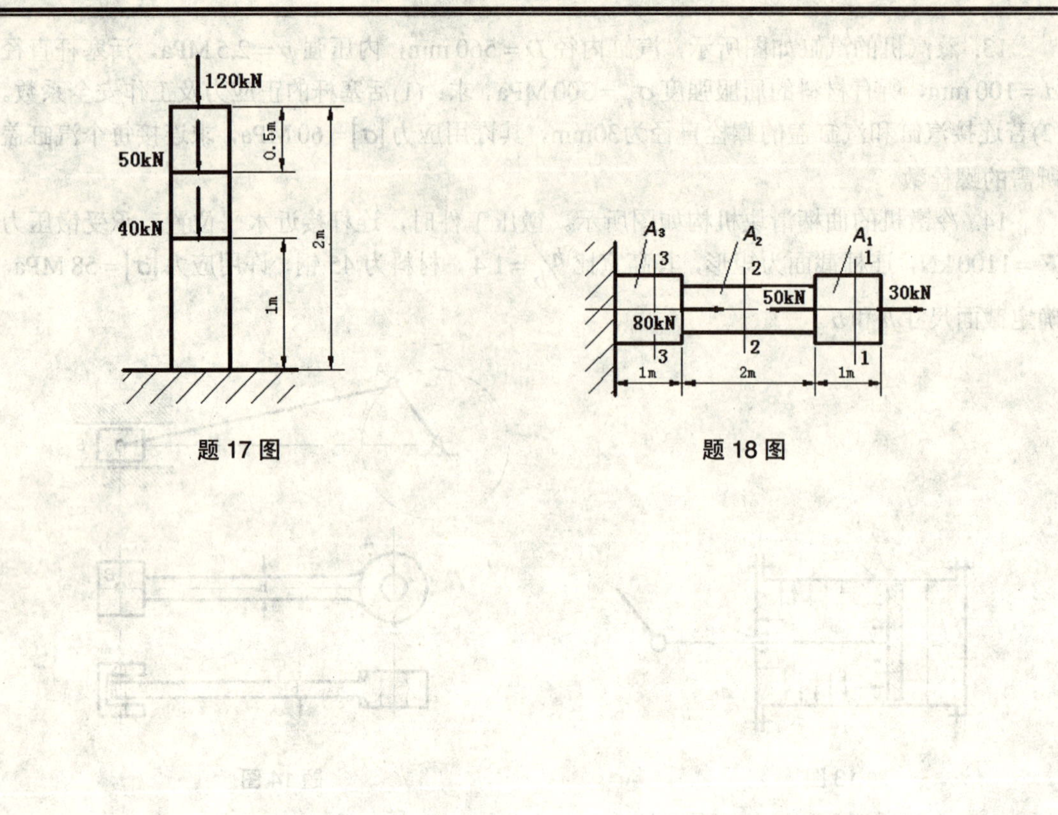
120kN
50kN
40kN
0.5m
2m
1m
A_3
A_2
A_1
3
3
2
2
1
1
50kN
30kN
80kN
1m
2m
1m

题 17 图　　　　题 18 图

第 5 章　剪切和挤压

学习本章时要求读者必须明确和掌握的问题如下：

(1) 明确连接件的两种破坏形式：剪切破坏和挤压破坏，以及它们的破坏特点。

(2) 了解剪切和挤压的实用计算是一种假定计算。

(3) 准确区分受剪面与挤压面。

(4) 运用剪切强度条件与挤压强度条件进行连接件的强度计算。

5.1　剪切的概念和实例

在工程实际中，为了将构件互相连接起来，通常要用到各种各样的连接。例如图 5.1 中所示的(a)为拖车挂钩的销轴连接；(b)为桥梁结构中常用的钢板之间的铆钉连接；(c)为传动轴与齿轮之间的键块连接；(d)为两块钢板间的螺栓连接；(e)为构件中的搭接焊缝连接。这些起连接作用的销轴，铆钉，键块，螺栓及焊缝等统称为连接件。这些连接件的体积虽然比较小，但对于保证整个结构的牢固和安全却具有重要作用。因此，对这类零件的受力和变形特点必须进行研究、分析和计算。

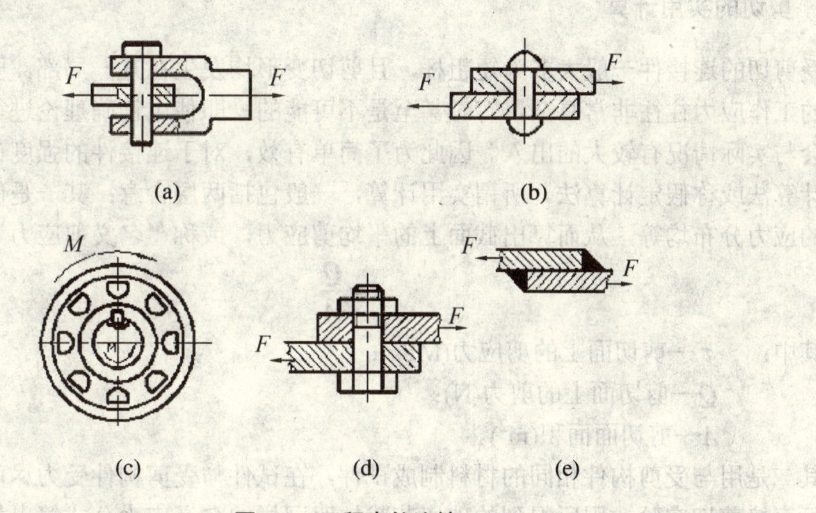

图 5.1　工程中的连接

现以螺栓连接为例来讨论剪切变形与剪切破坏现象。设两块钢板用螺栓连接，如图 5.2(a)所示。当钢板受到横向外力 $\boldsymbol{N}$ 拉伸时，螺栓两侧面便受到由两块钢板传来的两组力 $\boldsymbol{P}$ 的作用。这两组力的特点是：与螺栓轴线垂直，大小相等，方向相反，作用线相距极近。在这两组力的作用下，螺栓将在两力间的截面 m-m 处发生错动，这种变形形式称为剪切。发生相对错动的截面称为剪切面，它与作用力方向平行。若连接件只有一个剪切面，称为单剪切，若有两个剪切面，称为双剪切。为了进一步说明剪切变形的特点，我们可以在剪切面处取出一矩形薄层来观察，发现在这两组力作用下，原来的矩形将歪斜成平行四边形，如图 5.2(b)所示。即矩形薄层发生了剪切变形。若沿剪切面 m-m 截开，并取出如图 5.2(c)所示的脱离体，根据静力平衡方程，则在受剪面 m-m 上必然存在一个与力 P 大小相等、方向相反的内力 Q，此内力称为剪力。若使推力 P 逐渐增大，则剪力也会不断增大。当其剪应力达到材料的极限剪应力时，螺栓就会沿受剪面发生剪断破坏。

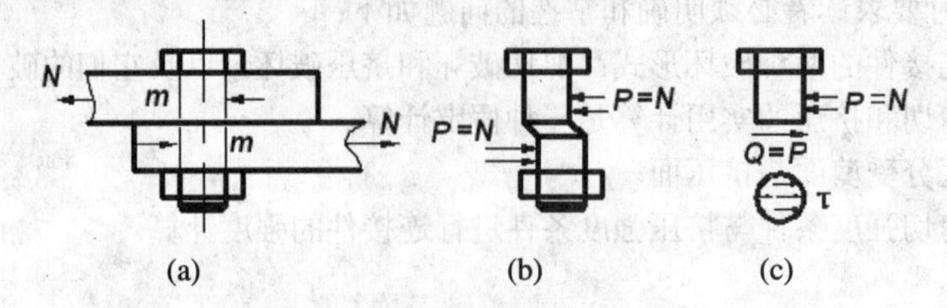

图 5.2　螺栓连接的剪切破坏

5.2　剪切和挤压的实用计算

对于受剪切和挤压的连接件，由于其变形与受力较复杂，难以简化成简单的计算模型，用系统的理论方法加以计算往往非常困难，且也不实用。故工程中对这类连接件主要采用实用计算法。

5.2.1　剪切的实用计算

受剪切的连接件一般大多为短粗杆，且剪切变形均发生在某一局部，要从理论上计算它们的工作应力往往非常复杂，有时甚至是不可能的。即使用精确理论进行分析，所得结果也会与实际情况有较大的出入。因此为了简单有效，对于连接件的强度计算，通常使用实用计算法或称假定计算法。所谓实用计算，一般包括两层含意：其一是假定连接件剪切面上的应力分布均等，从而算出截面上的平均剪应力，或称“名义剪应力”。即

$$\tau = \frac{Q}{A}$$

其中：　τ—剪切面上的剪应力(MPa)；

Q—剪切面上的剪力(N)；

A—剪切面面积(m^2)。

其二是用与受剪构件相同的材料制成试件，在试件与受剪构件受力尽可能相似的条件下进行直接剪切实验，用所得到的破坏荷载按照同样的名义应力公式算出材料的极限应力 τ_b，将此极限应力除以适当的安全系数即得到材料的许用剪切应力$[\tau]$。这样求出的平均剪应力虽然只是近似地表达出材料的抗剪强度，但因工程实际中的受剪构件的受力情况与试件在实验中的受力情况极为相似，所以其计算结果是完全可以满足工程要求的。由此可得出其剪切强度的条件为

$$\tau = \frac{Q}{A} \leqslant [\tau]$$

式中的$[\tau]$是材料的许用剪应力，它的具体数值可从有关设计规范中查找。实验表明，许用剪应力$[\tau]$与拉伸许用应力$[\sigma]_L$之间大约具有以下关系：对于塑性材料，$[\tau]=(0.6\sim0.8)[\sigma]_L$；对于脆性材料，$[\tau]=(0.8\sim1.0)[\sigma]_L$。

5.2.2　挤压实用计算

连接件在受到剪切的同时，往往还伴随着局部受压现象。现仍以螺栓连接为例，当螺栓受到剪切的同时，在螺栓的半个圆柱面与钢板圆孔表面相接触的表面上也因承受压力而发生局部压缩变形。若压力过大，就可能导致螺栓或钢板产生明显的局部塑性变形而被压溃。这种局部接触面受压的现象称为挤压，受压的局部表面称为挤压面。如图 5.3 所示为钢板孔壁受挤压破坏的情形：孔被挤压成为长圆孔，导致连接松动，使构件丧失工作能力。同理，螺栓本身也有类似问题。因此，对受剪构件除进行剪切强度计算外，还必须要进行挤压强度计算。

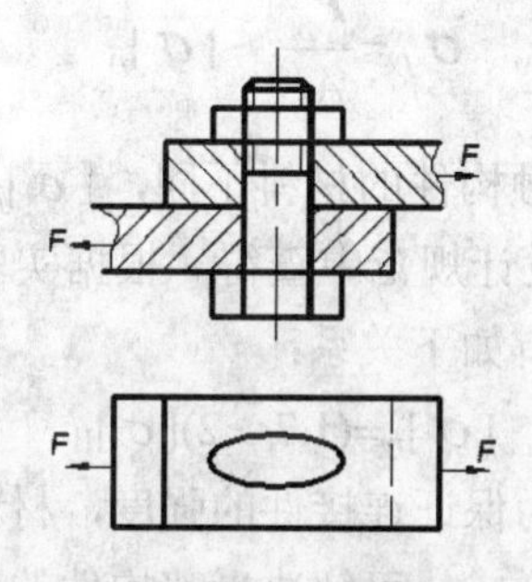

图 5.3　螺栓连接的挤压破坏

挤压面上承受的总压力称为挤压力。它们的压强称为挤压应力，其方向垂直于挤压面。在通常情况下，挤压应力只局限于接触面的附近区域，其分布情况也是非常复杂的，它与连接件的几何形状及材料的性质有很大关系。为简化计算，工程上亦采用实用计算法，即假设挤压力$\boldsymbol{P}_{jy}$是均匀分布在挤压面A_{jy}上。由此得出挤压面上的名义挤压应力为

$$\sigma_{jy}=\frac{\boldsymbol{P}_{jy}}{A_{jy}}$$

其中，　σ_{jy}—挤压面上的挤压应力(MPa)；

$\boldsymbol{P}_{jy}$—挤压面上的挤压力(N)；

A_{jy}—挤压面积(m^2)。

挤压面的计算面积A_{jy}为实际挤压面的正投影面的面积，其大小应根据接触面的具体情况而定。对于图 5.1 所表示的键块连接，其接触面是平面，就以接触面的实际面积为挤压计算面积，故$A_{jy}=\frac{h}{2}\times L$，即图 5.4 所示的阴影部分的面积；对于像螺栓、铆钉等一类圆柱形连接件，实际挤压面为半个圆柱面，挤压面的计算面积为接触面在直径平面上的投影面积，即图 5.5 所示的阴影部分的面积，故$A_{jy}=dh$，并假定挤压应力σ_{jy}是均匀分布在这个直径投影平面上的。

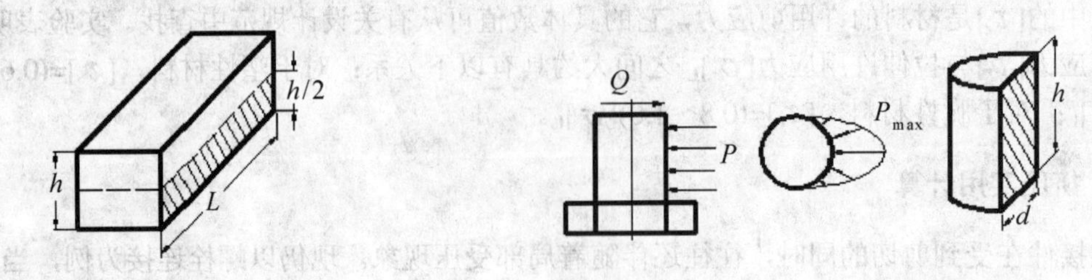

图 5.4　平面的挤压面积　　图 5.5　曲面的挤压面积

为了确定连接件的许用挤压应力，我们也是按照连接件的实际工作情况，通过实验来确定其半圆柱表面被压溃的挤压极限荷载，然后按照名义应力公式算出其在直径正投影面上的平均极限应力，再除以适当的安全系数，就得到连接件材料的许用挤压应力$[\sigma]_{jy}$。由此可建立连接件的挤压强度条件为

$$\sigma_{jy}=\frac{P_{jy}}{A_{jy}}\leqslant[\sigma]_{jy}$$

必须指出的是：如果两个接触构件的材料不同，$[\sigma]_{jy}$ 应按抗挤压能力较弱者选取。各种常用材料的$[\sigma]_{jy}$ 可在有关设计规范中查得。根据实验，对于塑性材料，许用挤压应力$[\sigma]_{jy}$与材料许用拉应力$[\sigma]_L$有如下关系：

$$[\sigma]_{jy}=(1.7\sim2)[\sigma]_L$$

由于剪切和挤压同时存在，为保证连接件的强度，材料的剪切强度条件和挤压强度条件必须同时满足。运用强度条件公式，可解决受剪构件的强度校核、截面设计、确定许可载荷三类强度计算问题。

5.3　计 算 实 例

工程中的剪切计算问题主要包括强度校核计算问题和剪切破坏计算问题。对于这两大问题的计算方法我们通过下面几个工程中的具体实例给予阐述。

5.3.1　强度计算问题

【例 5.1】 如图 5.6(a)所示齿轮用平键与轴连接在一起。已知轴的直径 $d=70$mm，键的尺寸为 $b\times h\times l=20\times12\times100$ mm，传递的力偶矩 $M=2$kNm，键的材料许用切应力$[\tau]=60$MPa，许用挤压应力$[\sigma]_{jy}=100$ MPa。试校核键的强度。

【解】 (1) 校核键的剪切强度。将平键沿剪切面 m-m 假想地分成两部分，以键的下部分和轴一起为研究对象，如图 5.6(b)所示 。因为假设在 m-m 截面上剪应力均匀分布，故 m-m 截面上的剪力 Q 为

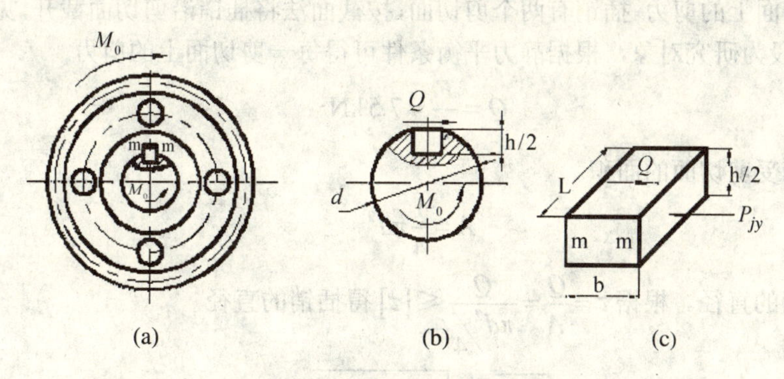

(a)　(b)　(c)

图 5.6　齿轮与轴的连接键的受剪

$$Q = A \cdot \tau = bl \cdot \tau$$

对轴心取矩，由平衡条件 $\sum M_0 = 0$，得

$$Q \cdot \frac{d}{2} = bl\tau \frac{d}{2} = M$$

故有

$$\tau = \frac{2M}{bld} = \frac{2 \times 2 \times 10^6}{20 \times 100 \times 70} = 28.6\ \text{MPa} < [\tau] = 60\ \text{MPa}$$

可见平键满足剪切强度条件。

(2) 校核键的挤压强度。将键的下半部分取出，如图 5.6 (c)所示，由剪切面上的剪力 Q 与挤压面上的挤压力 P_{jy} 的平衡条件，可得

$$Q = P_{jy} \quad 即$$

$$bl\tau = \frac{h}{2} l \sigma_{jy}$$

由此求得

$$\sigma_{jy} = \frac{2b\tau}{h} = \frac{2 \times 20 \times 28.6}{12} = 95.3\ \text{MPa} < [\sigma]_{jy} = 100\ \text{MPa}$$

故平键也符合挤压强度要求。

【例 5.2】 电瓶车挂钩用插销连接，如图 5.7 所示。已知挂钩部分的钢板厚度 $\delta = 8$ mm。插销的材料为 20 钢，其许用切应力 $[\tau]$=60MPa 许用挤压应力 $[\sigma]_{jy}$ =100MPa，又知电瓶车的拖力 $F = 15$ kN。试选定插销的直径 d 。

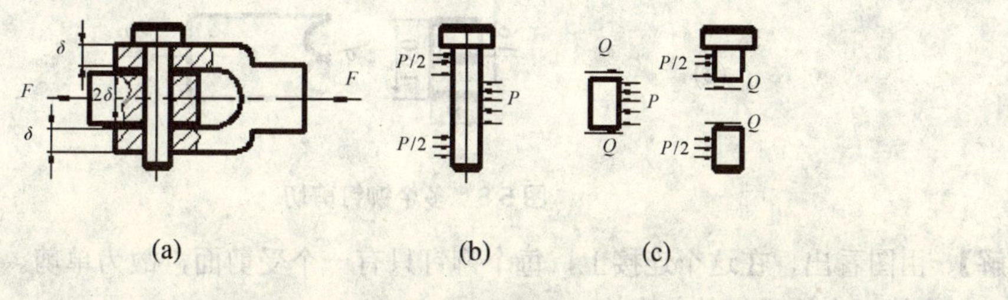

(a)　(b)　(c)

图 5.7　电瓶车挂钩的受剪

【解】 (1) 先按剪切强度条件进行设计。

① 求剪切面上的剪力。插销有两个剪切面，按截面法将插销沿剪切面截开，见图 5.7(c)。以插销的中间段为研究对象，根据静力平衡条件可得每一剪切面上的剪力

$$Q = \frac{F}{2} = 7.5\,\text{kN}$$

② 求插销受剪切面的面积。

$$A = \frac{1}{4}\pi d^2$$

③ 求插销的直径。根据 $\tau = \frac{Q}{A} = \frac{Q}{\pi d^2/4} \leqslant [\tau]$ 得插销的直径

$$d \geqslant \sqrt{\frac{4Q}{\pi[\tau]}} = \sqrt{\frac{4\times7.5\times10^3}{3.14\times60}} = 13\,\text{mm}$$

(2) 再按挤压强度条件进行校核

$$\sigma_{jy} = \frac{P_{jy}}{A_{jy}} = \frac{P_{jy}}{2d\delta} = \frac{15\times10^3}{2\times13\times8} = 72.1\,\text{MPa} \leqslant [\sigma]_{jy} = 100\,\text{MPa}$$

故挤压强度也是足够的。查机械设计手册，最后采用 d =14mm 的标准圆柱销。

【例 5.3】 图 5.8 所示为一承受横向拉力 N 的铆钉接头。每块钢板的厚度 $\delta = 8$ mm，宽度 $b = 160$ mm，用 6 个铆钉连接，设铆钉直径 $d = 16$ mm。已知钢板及铆钉材料均相同，材料的许用切应力 $[\tau]$=140MPa 许用挤压应力 $[\sigma]_{jy} = 330$ MPa，许用拉应力 $[\sigma]_{\text{L}}$ =170MPa。试求此连接的允许荷载 N 的大小。

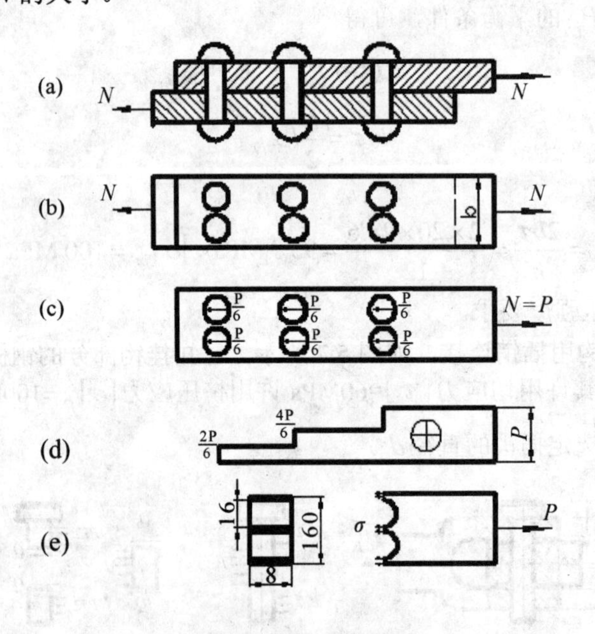

图 5.8　多个铆钉剪切

【解】 由图看出，在这个连接上，每个铆钉只有一个受剪面，故为单剪。

每个铆钉允许承担的剪力为

$$Q=\frac{\pi d^2}{4}[\tau]=\frac{\pi\times16^2}{4}\times140=28.14\,\text{kN}$$

每个铆钉允许承受的挤压力为

$$P_{jy}=d\delta[\sigma]_{jy}=16\times8\times330=42.4\,\text{kN}$$

比较以上的计算结果，可知在这个接头中，铆钉的抗剪能力低于其承挤压能力，因此，这个连接的允许荷载应由铆钉的允许剪力 Q 来决定。假设 6 个铆钉的受力情况一样，则连接的允许荷载为

$$N=6Q=6\times28.14=168.8\,\text{kN}$$

最后，还应该对钢板是否会被拉断进行校核。取其中一块钢板为脱离体，绘出其受力图和轴力图分别如图 5.8(c)和(d)所示.。由钢板的轴力图，根据其危险截面计算出钢板所受到的最大正应力为

$$\sigma_1=\frac{P_{N1}}{A_1}=\frac{P}{(b-2d)\delta}=\frac{168.8\times10^3}{(160-2\times16)\times8}=164.8\,\text{MPa}<[\sigma]_L=170\,\text{MPa}$$

因此，该接头的允许荷载为 168.8kN。

由本例题看出，在结构设计中，对结构可能出现的破坏形式必须进行全面分析。就本例而言，该结构可能出现的破坏形式有：(1)铆钉可能被剪断；(2)钢板或铆钉可能在互相接触处被压溃；(3)钢板可能沿某一削弱截面被拉断等。对这些可能出现的破坏部位必须分别进行强度计算，以满足接头的安全。否则由于某一方面的疏忽，就可能给结构留下隐患，以致造成严重的事故。

5.3.2　剪切破坏问题

在工程中我们还会经常遇到利用剪切破坏而达到某一工作目的的情况。如剪床切料；联轴器中安全销过载剪断等。这些都是利用剪切破坏而达到某一工作目的的实例。对于解决这类问题必须要满足剪切的破坏条件，即：

$$\tau=\frac{Q}{A}\geqslant\tau_b$$

其中，τ_b——材料的剪切强度极限。

【例 5.4】 如图 5.9 所示为一冲孔装置，冲头的直径 $d=25\,\text{mm}$，当冲击力 $\boldsymbol{F}=236\,\text{kN}$ 时，欲将剪切强度极限 $\tau_b=300\,\text{MPa}$ 的钢板冲出一圆孔。试求该钢板的最大厚度 δ 为多少？

【解】 冲孔时，钢板的受剪面为直径 $d=25\,\text{mm}$，高度为 δ(钢板厚度)的圆柱体侧表面(即圆柱面)，所以受剪面积为：

$$A_Q=\pi\cdot\text{d}\cdot\delta$$

由公式 $\frac{Q}{A}\geqslant\tau_b$ 就可求得钢板的厚度，因 F=Q，即

$$\frac{\boldsymbol{F}}{\pi\cdot\text{d}\delta}\geqslant\tau_b$$

故有：$\delta\leqslant\frac{\boldsymbol{F}}{\pi\cdot\text{d}\tau_b}=\frac{236\times10^3}{\pi\times25\times300}=10.02\,\text{mm}$

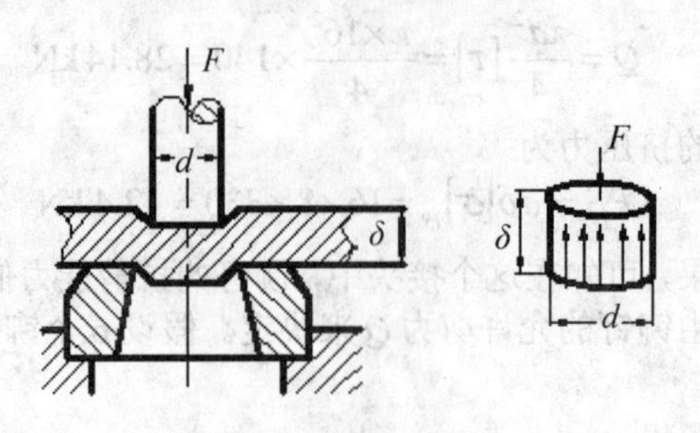

图 5.9　冲孔装置的剪切

5.4　小　　结

本章主要介绍各种连接件(如螺栓、铆钉、销轴、键块等)的假定计算方法(或称简化实用计算法)。

这类构件的受力特点是：作用在构件两侧的外力大小相等，方向相反；外力的合力作用线相距很近。其变形特点是：相邻截面产生平行错动，即发生剪切变形。我们把横截面上的内力叫做剪力，剪力的作用面称为受剪面。在剪力的作用下受剪面发生相互错动的现象，就是所谓剪切破坏。在受剪切的同时，连接件和被连接件之间沿挤压面(或接触面)还可能会发生压溃现象，这就是所谓的挤压破坏。

1. 在进行连接件强度计算时，假设剪应力τ在受剪面上均匀分布，并假设挤压应力在挤压面上均匀分布。在此基础上建立了。

剪切强度条件：$\tau = \dfrac{Q}{A} \leqslant [\tau]$；挤压强度条件$\sigma_{jy} = \dfrac{P_{jy}}{A_{jy}} \leqslant [\sigma]_{jy}$

2. 利用剪切强度条件和挤压强度条件可以解决三类问题：强度校核、尺寸计算、允许载荷。而且在进行这三个问题计算时，要同时考虑剪切强度条件和挤压强度条件(在两者都满足的情况下)。

5.5　思考与练习

1. 简述工程中连接件受剪切时的受力特点和变形特点；受挤压时的受力特点和变形特点。

2. 剪切面上的剪力和名义剪应力有何区别？如何计算？

3. 挤压面上的挤压力和挤压应力有何区别？如何计算？

4. 解释单剪切和双剪切、挤压和压缩、实际应力和名义应力的区别。

5. 何谓连接件强度的实用计算法？它有何实用价值？

6. 如图所示轴的直径d =80mm，键的尺寸b =24mm、h =14mm，键材料的许用挤压应力$[\sigma]_{jy} = 90$ MPa，许用切应力$[\tau]$ =40MPa，轴传递的力矩M =3.2kN·m。求键的长度l。(答案：$l \geqslant 127$mm)

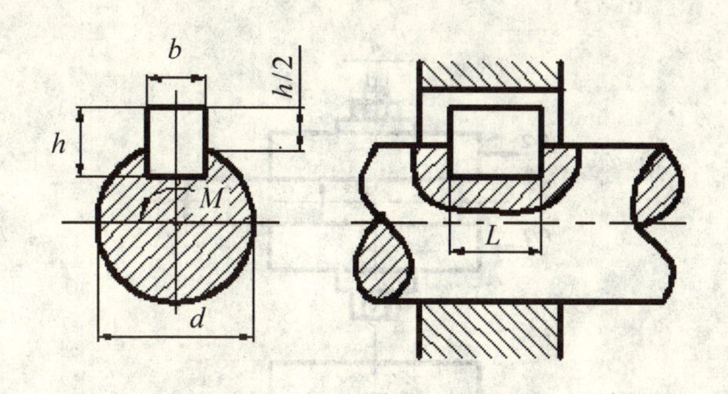

题 6 图

7. 一铸铁带轮，通过平键与轴连接在一起，如图所示。已知带轮传递的力偶矩 M =350N·m，轴的直径 d =40mm，根据国家标准选择键的尺寸 b =12mm，h =8mm，初步确定键长 l = 35mm。键的材料许用切应力 $[\tau]$ = 60MPa，铸铁的许用挤压应力 $[\sigma]_{jy}$ = 90 MPa。校核键连接的强度。(答案：τ =41.7MPa≤60MPa，σ_{jy} =125MPa＞$[\sigma]_{jy}$，不安全。)

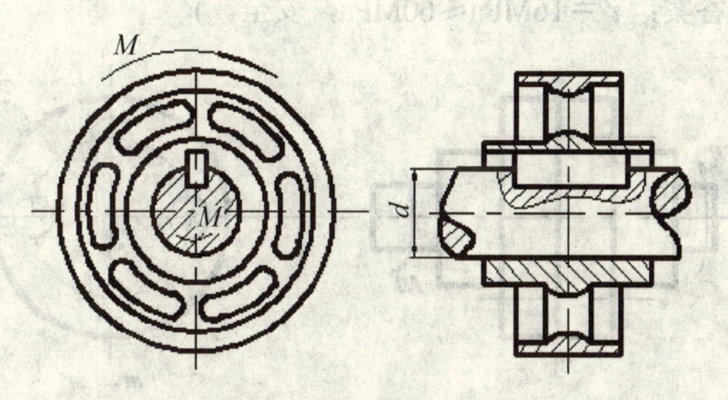

题 7 图

8. 如图所示为安装绞刀用的摇动套筒。已知 M =50N·m，销钉直径 d =6mm，材料的许用切应力 $[\tau]$ =80MPa。校核销钉的剪切强度。((答案：τ =70.7MPa≤80MPa，安全)

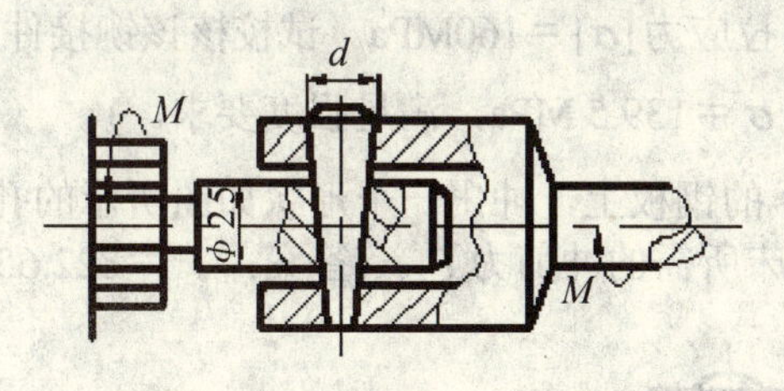

题 8 图

9. 一拉杆与厚为 8mm 的两块盖板用一螺栓相连接，各零件材料均相同，其许用应力皆为 $[\sigma]$ =80MPa，$[\tau]$ =60MPa，$[\sigma]_{jy}$ = 160MPa。若拉杆的厚度 t = 15mm，拉力 P =120kN。试设计螺栓直径 d 及拉杆宽度 b 。(答案：d ≥50mm；b ≥100mm)

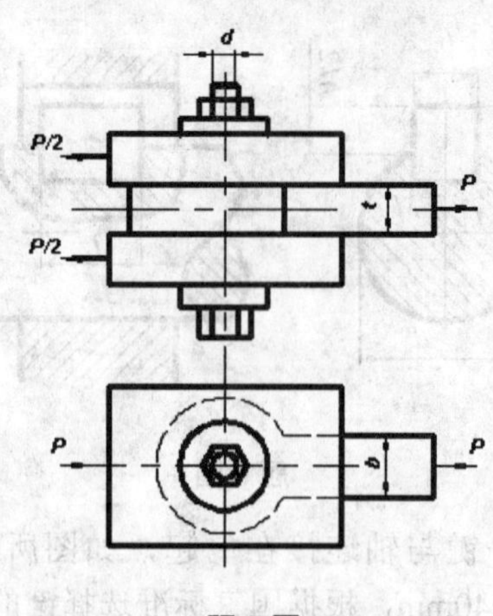

题 9 图

10. 图示凸缘联轴节传递的力矩 $M=200\text{N}\cdot\text{m}$。凸缘之间用四个螺栓连接，螺栓内径 $d=10\text{mm}$，对称地分布在 $D_0=80\text{mm}$ 的圆周上。螺栓的许用切应力 $[\tau]=60\text{MPa}$。试校核螺栓的剪切强度。(答案：$\tau=16\text{MPa}\leqslant60\text{MPa}$，安全。)

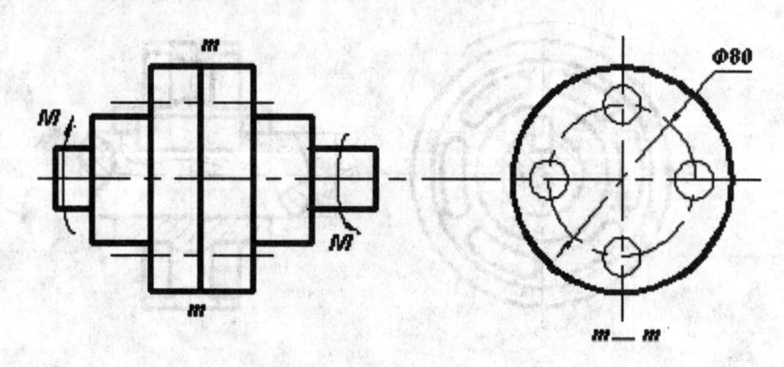

题 10 图

11. 如图所示两块钢板厚度为 10mm 和宽度为 60mm 的钢板，用两个直径为 17mm 的铆钉搭接在一起，钢板受拉力 $P=60\text{kN}$。已知材料的许用应力 $[\tau]=140\text{MPa}$，许用挤压应力 $[\sigma]_{jy}=280\text{MPa}$。许用拉应力 $[\sigma]=160\text{MPa}$。试校核该铆接件的强度。(答案：$\tau=132.2$ MPa，$\sigma_{jy}=176.5\text{Mpa}$，$\sigma=139.5$ MPa，满足强度要求。)

12. 在厚度 $\delta=5\text{mm}$ 的钢板上，冲出一个形状如图所示的孔，钢板剪断时的剪切强度极限 $\tau_b=320\text{MPa}$。求冲床所需的冲剪力 F。(答案：$F=822.65\text{kN}$)

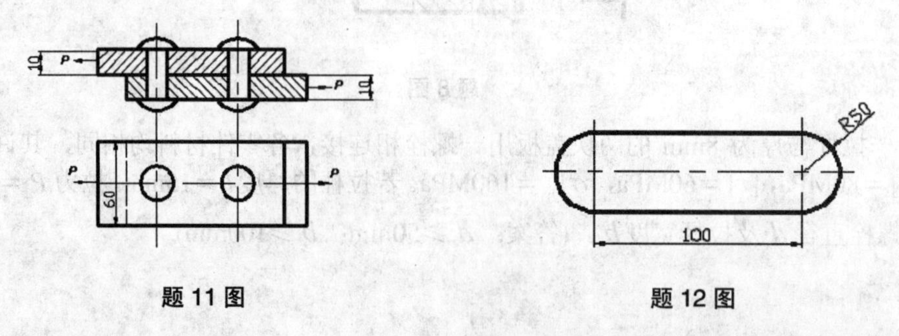

题 11 图　　　　题 12 图

13. 车床的传动光杆装有安全联轴器，当超过一定载荷时，安全销即被剪断。已知安全销的平均直径为 5mm，材料为 45 钢，其剪切强度极限 τ_b=370MPa。求安全联轴器所能传递的力偶矩 M_0(答案：$M_0=145$N·m。)

14. 已知图示拉杆头部的 $D=32$mm，$d=20$mm，$h=12$mm，杆的许用剪应力 $[\tau]=100$MPa，许用挤压应力 $[\sigma]_{jy}=240$MPa。试校核拉杆头部的剪切强度和挤压强度。(答案：$\tau=66.3$ MPa $\leqslant[\tau]$，$\sigma_{jy}=102$ MPa $\leqslant[\sigma]_{jy}$，安全。)

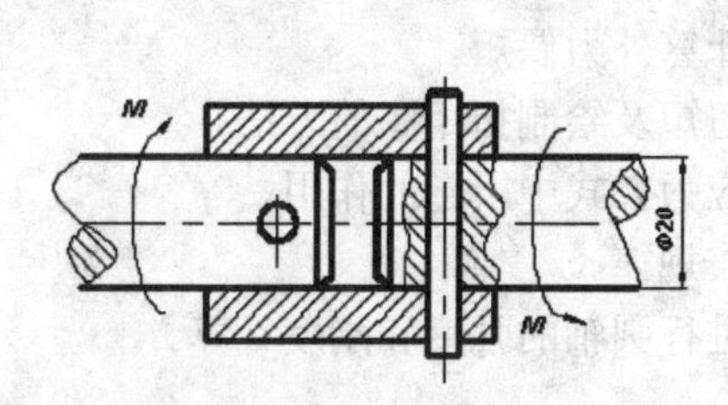

题 13 图

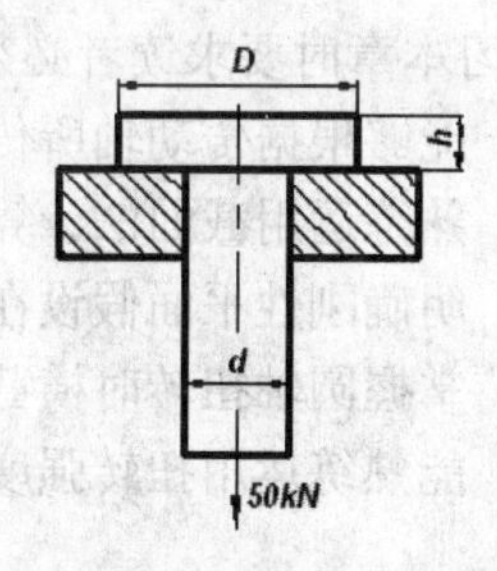

题 14 图

15. 若冲床的最大冲力为 400kN，冲头材料的许用挤压应力 $[\sigma]_{jy}=440$MPa，被冲钢板的极限切应力 $\tau_b=360$MPa。试求在最大冲力作用下所能冲剪的圆孔的最小直径 d 和板的最大厚度 t。(答案：d=34mm，t=10mm。)

第 6 章　圆轴的扭转

学习本章时要求读者必须理解和掌握下述问题：

(1) 能够根据传动轴所传递的功率、转速计算外力偶矩。

(2) 熟练运用截面法计算圆轴横截面上的扭矩及绘制扭矩图的方法。

(3) 明确刚性平面假设在推导圆轴扭转剪应力公式中所起的作用。

(4) 掌握圆轴扭转时横截面上剪应力的分布规律。

(5) 能熟练运用扭转强度条件和刚度条件进行圆轴的强度和刚度计算。

6.1　扭转的概念

扭转是杆件变形的一种基本形式。在工程实际中以扭转为主要变形的杆件也是比较多的，例如图 6.1 所示汽车方向盘的操纵杆，两端分别受到驾驶员作用于方向盘上的外力偶和转向器的反力偶的作用；图 6.2 所示为水轮机与发电机的连接主轴，两端分别受到由水作用于叶片的主动力偶和发电机的反力偶的作用；图 6.3 所示为机器中的传动轴，它也同样受主动力偶和反力偶的作用，使轴发生扭转变形。

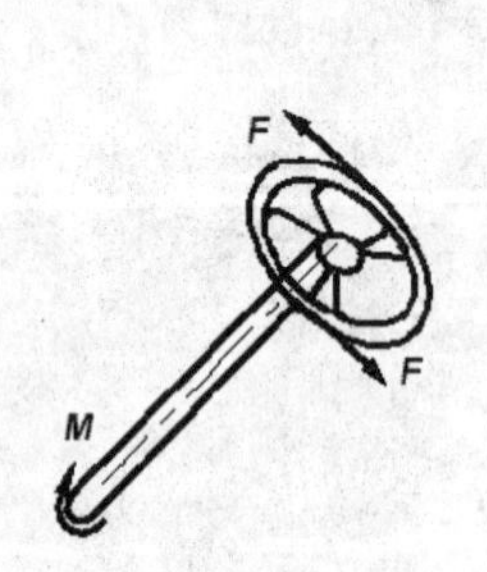

图 6.1　汽车方向盘的操纵杆

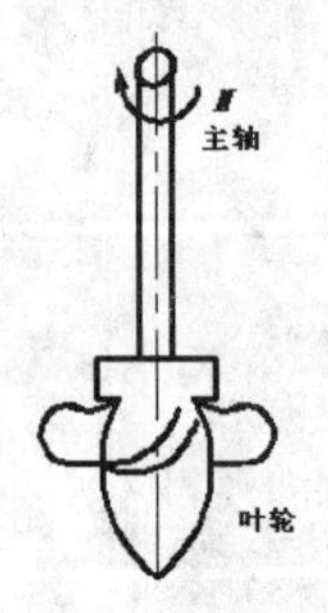

图 6.2　水轮机主轴

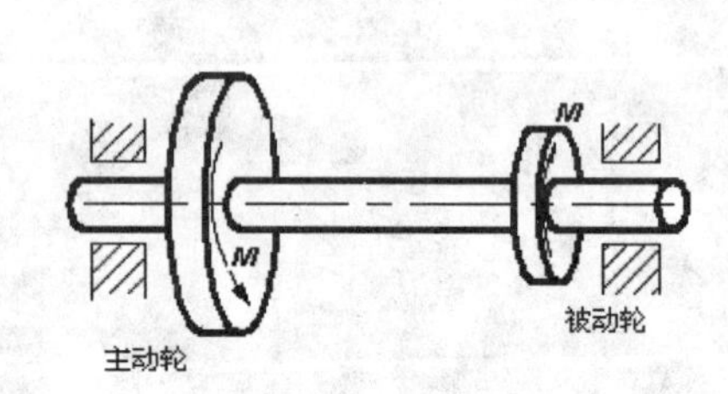

图 6.3　机器传动轴

这些实例的共同特点是：在杆件的两端作用两个大小相等、方向相反、且作用平面与杆件轴线垂直的力偶，使杆件的任意两个截面都发生绕杆件轴线的相对转动。这种形式的变形称为扭转变形(见图 6.4)。以扭转变形为主的直杆件称为轴。若杆件的截面为圆形的轴称为圆轴。

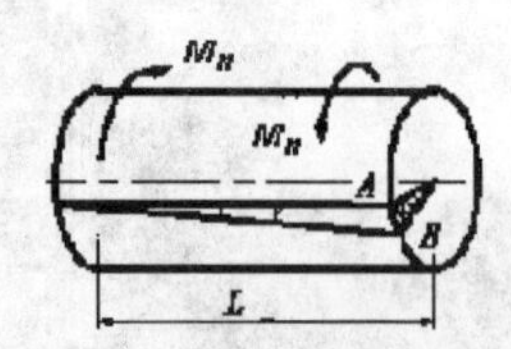

图 6.4　轴的扭转变形

6.2　扭矩和扭矩图

在研究扭转的应力和变形之前，先讨论作用于轴上的外力偶矩、横截面上的扭矩分布以及扭矩图的绘制问题。

6.2.1　外力偶矩

作用在轴上的外力偶矩，可以通过将外力向轴线简化得到，但是，在多数情况下，则是通过轴所传递的功率和轴的转速求得。它们的关系式为

$$M = 9550\frac{P}{n} \tag{6.1}$$

其中：　M——外力偶矩(N·m)；

P——轴所传递的功率(KW)；

n——轴的转速(r/min)。

外力偶的方向可根据下列原则确定：输入的力偶矩若为主动力矩则与轴的转动方向相同；输入的力偶矩若为被动力矩则与轴的转动方向相反。

6.2.2　扭矩

圆轴在外力偶的作用下，其横截面上将产生连续分布内力。根据截面法，这一分布内力应组成一作用在横截面内的合力偶，从而与作用在垂直于轴线平面内的外力偶相平衡。由分布内力组成的合力偶的力偶矩，称为扭矩，用 M_n 表示。扭矩的量纲和外力偶矩的量纲相同，均为 N·m 或 kN·m。

当作用在轴上的外力偶矩确定之后，应用截面法可以很方便地求得轴上的各横截面内的扭矩。如图 6.5(a)所示的杆，在其两端有一对大小相等、转向相反，其矩为 M 的外力偶作用。为求杆任一截面 m-m 的扭矩，可假想地将杆沿截面 m-m 切开分成两段，考察其中任一部分的平衡，例如图 6.5(b)中所示的左端。由平衡条件

$$\sum M_X(\boldsymbol{F}) = 0$$

可得

$$M_n = M$$

注意，在上面的计算中，我们是以杆的左端为脱离体。如果改以杆的右端为脱离体，则在同一横截面上所求得的扭矩与上面求得的扭矩在数值上完全相同，但转向却恰恰相反。为了使从左段杆和右段杆求得的扭矩不仅有相同的数值而且有相同的正负号，我们对扭矩的正负号根据杆的变形情况作如下规定：把扭矩当矢量，即用右手的四指表示扭矩的旋转方向，则右手的大拇指所表示的方向即为扭矩的矢量方向。如果扭矩的矢量方向和截面外向法线的方向相同，则扭矩为正扭矩，否则为负扭矩。这种用右手确定扭矩正负号的方法叫做右手螺旋法则。如图 6.6 所示。

按照这一规定，圆轴上同一截面的扭矩(左与右)便具有相同的正负号。应用截面法求扭矩时，一般都采用设正法，即先假设截面上的扭矩为正，若计算所得的符号为负号则说明扭矩转向与假设方向相反。

当一根轴同时受到三个或三个以上外力偶矩作用时，其各段横断面上的扭矩须分段应用截面法计算。

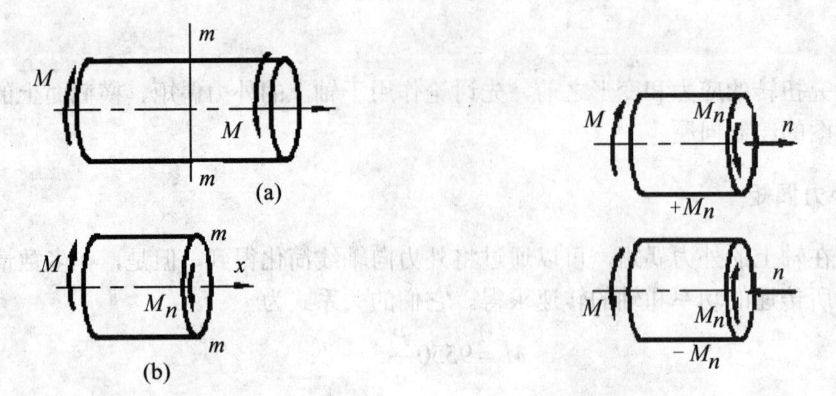

图 6.5　截面法求扭矩　　　　图 6.6　扭矩正负号规定

6.2.3　扭矩图

为了形象地表达扭矩沿杆长的变化情况和找出杆上最大扭矩所在的横截面，我们通常把扭矩随截面位置的变化绘成图形。此图称为扭矩图。绘制扭矩图时，先按照选定的比例尺，以受扭杆横截面沿杆轴线的位置 x 为横坐标，以横截面上的扭矩 M_n 为纵坐标，建立 $M_n - x$ 直角坐标系。然后将各段截面上的扭矩画在 $M_n - x$ 坐标系中。绘图时一般规定将正号的扭矩画在横坐标轴的上侧，将负号的扭矩画在横坐标轴的下侧。

【例 6.1】 传递功率的等截面圆轴转速 n=120rpm，轴上各有一个功率输入轮和输出轮。已知该轴承受的扭矩 $M_n = 450\,\text{N·m}$，求：轴所传递的功率数。

【解】 因为等截面圆轴上只有两个外力偶作用，且大小相等、方向相反(输入和输出功率相等)，故轴所承受的扭矩大小等于外力偶矩，即

$$M = M_n = 1450\,\text{N·m}$$

根据(6.1)式，

$$M = 9550\frac{P}{n}$$

由此求得轴所传递的功率为

$$P = \frac{M \cdot n}{9550} = \frac{1450 \times 120}{9550} = 18.2\,\text{KW}$$

【例 6.2】 传动轴如图 6.7 所示，已知主动轮的输入功率 $P_1 = 20\,\text{KW}$，三个从动轮的输出功率 $P_2 = 5\,\text{KW}$、$P_3 = 5\,\text{KW}$、$P_4 = 10\,\text{KW}$，轴的转速 $n = 200\,\text{rpm}$。绘制轴的扭矩图。

【解】 (1) 计算作用在主动轮上的外力偶矩 M_1 和从动轮上的外力偶矩 M_2、M_3、M_4。

$$M_1 = 9550\frac{P_1}{n} = 9550 \times \frac{20}{200} = 955\,\text{N·m}$$

$$M_2 = 9550\frac{P_2}{n} = 9550 \times \frac{5}{200} = 239\,\text{N·m}$$

$$M_3 = 9550\frac{P_3}{n} = 9550 \times \frac{5}{200} = 239\,\text{N·m}$$

$$M_4 = 9550\frac{P_4}{n} = 9550\times\frac{10}{200} = 478\ \text{N·m}$$

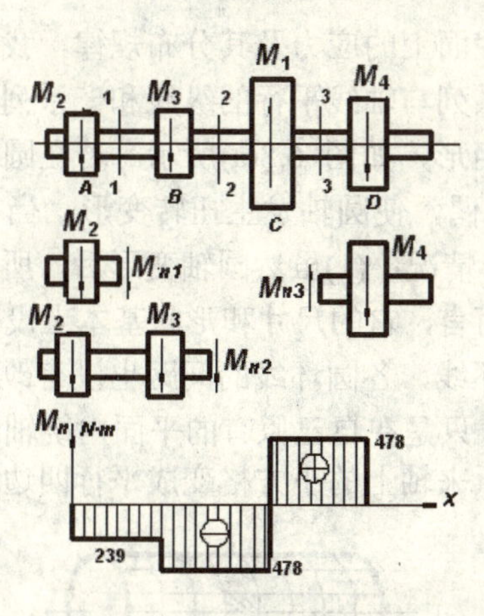

图 6.7 传动轴扭矩图

(2) 求各段截面上的扭矩。

截面 1-1 上的扭矩，由平衡方程

$$\sum M = 0 \qquad M_2 + M_{n1} = 0$$

解得 $M_{n1} = -M_2 = -239\ \text{N·m}$

截面 2-2 上的扭矩，由平衡方程

$$\sum M = 0 \qquad M_2 + M_3 + M_{n2} = 0$$

得 $M_{n2} = -M_2 - M_3 = -239 - 239 = -478\ \text{N·m}$

截面 3-3 上的扭矩，由平衡方程

$$\sum M = 0 \qquad M_4 - M_{n3} = 0 \quad M_4 - M_{n3} = 0$$

得 $M_{n3} = M_4 = 478\ \text{N·m}$

(3) 画扭矩图。根据所得数据，把各截面上的扭矩沿轴线的变化情况，画在 $M_n - x$ 坐标系中，如图 6.7 所示。从图中看出，最大扭矩发生于 BC 段和 CD 段内，且 $|M_{\max}| = 478\ \text{N·m}$。

对同一根轴来说，若把主动轮 C 安置于轴的一端，例如放在右端，则轴的扭矩图将发生变化。这时，轴的最大扭矩变为：$M_{\max} = 955\ \text{N·m}$。可见，传动轴上主动轮和从动轮安置的位置不同，轴所承受的最大扭矩也就不同。因此主动轮和从动轮的布局要尽量合理。

6.3 扭转时的应力与强度计算

圆轴承受扭转时，要根据横截面上的扭矩大小，还应进一步研究横截面上的应力分布规律，以便求出最大应力，据此进行强度计算。

6.3.1　圆轴扭转时横截面上的应力

为了说明圆轴扭转时横截面上的应力及其分布规律，我们可进行一次扭转试验。取一实心圆杆，在其表面上画一系列与轴线平行的纵线和一系列表示圆轴横截面的圆环线，将圆轴的表面划分为许多的小矩形，如图 6.8(a)所示。若在圆轴的两端加上一对大小相等、转向相反、其矩为 M 的外力偶，使圆轴发生扭转变形。当扭转变形很小时，我们就可以观察到如图 6.8(b)所示的变形情况：(1)虽然圆轴变形后，所有与轴线平行的纵向线都被扭成螺旋线，但对于整个圆轴而言，它的尺寸和形状基本上没有变动；(2)原来画好的圆环线仍然保持为垂直于轴线的圆环线，各圆环线的间距也没有改变，各圆环线所代表的横截面都好像是“刚性圆盘”一样，只是在自己原有的平面内绕轴线旋转了一个角度；(3)各纵向线都倾斜了相同的角度 ϕ，原来轴上的小方格变成平行四边形。

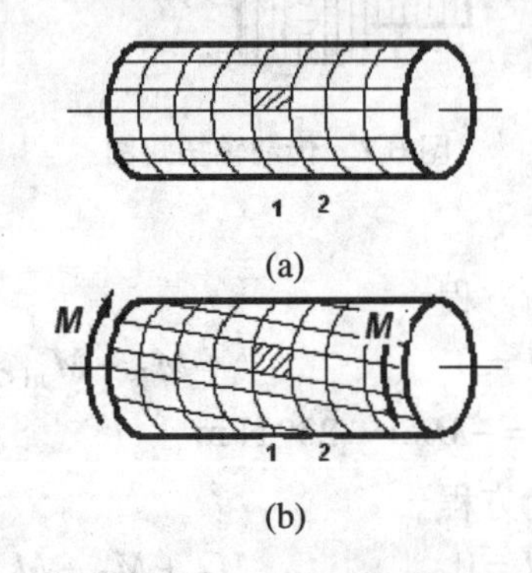

图 6.8　圆轴扭转试验

根据从试验观察到的这些现象，可以假设：在变形微小的情况下，轴在扭转变形时，轴长没有改变；每个截面都发生对其他横截面的相对转动，但是仍保持为平面，其大小、形状都不改变。这个假设就是圆轴扭转时的平面假设(或称刚性平面假设)。

根据平面假设，可得如下结论：(1)因为各截面的间距均保持不变，故横截面上没有正应力；(2)由于各截面绕轴线相对转过一个角度，即横截面间发生了旋转式的相对错动，出现了剪切变形，故横截面上有切应力存在；(3)因半径长度不变，切应力方向必与半径垂直；(4)圆心处变形为零，圆轴表面的变形最大。

综上所述，圆轴在扭转时其横截面上各点的切应变与该点至截面形心的距离成正比，由剪切胡克定律，横截面上必有与半径垂直并呈线性分布的切应力存在(见图 6.9)，故有 $\tau_\rho = k\rho$。

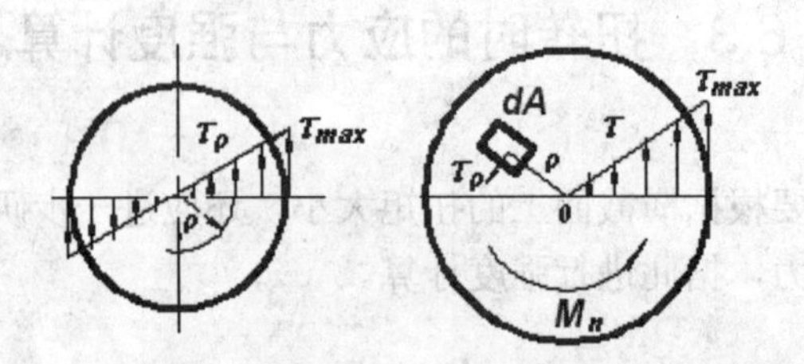

图 6.9　圆轴扭转时横截面上的应力分布

扭转切应力的计算如图 6.9 所示，在圆轴横截面各微面积上的微剪力对圆心的力矩的总和必须与扭矩 M_n 相等。因微面积 dA 上的微剪力 $\tau_\rho dA$ 对圆心的力矩为 $\rho\tau_\rho dA$，故整个横截面上所有微力矩之和为 $\int_A \rho\tau_\rho dA$，故有

$$M_n = \int_A \rho\tau_\rho dA = K\int_A \rho^2 dA \tag{6.2}$$

将 $I_\rho = \int_A \rho^2 dA$ 定义为极惯性矩，则

由此得

$$\tau_\rho = M_n\rho / I_\rho \tag{6.3}$$

显然，当 $\rho = 0$ 时，$\tau = 0$；当 $\rho = R$ 时，切应力最大。

令 $W_n = I_\rho / R$，则式(6.3)为

$$\tau_{max} = \frac{M_n}{W_n} \tag{6.4}$$

其中，W_n —抗扭截面系数。

注意：式(6.3)及式(6.4)均以平面假设为基础推导而得，故只能限定圆轴的 τ_{max} 不超过材料的比例极限时方可应用。

6.3.2　极惯性矩 I_ρ 和抗扭截面系数 W_n

1. 实心圆轴截面

设圆轴的直径为 d，在截面任一半径 r 处，取宽度为 dr 的圆环作为微元面积。此微元面积 $dA = 2\pi \cdot r \cdot dr$，如图 6.10 所示。

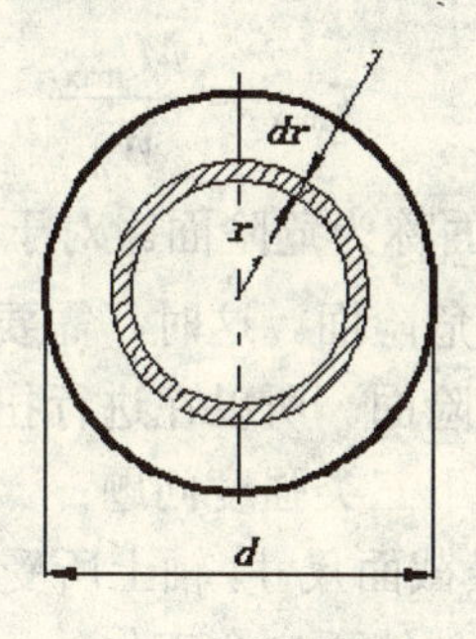

图 6.10　实心圆轴截面

根据极惯性矩的定义 $I_\rho = \int_A \rho^2 dA$，得到

$$I_\rho = \int_A \rho^2 dA = 2\pi\int_0^{\frac{d}{2}} r^3 dr = \frac{\pi \cdot d^4}{32} \approx 0.1d^4$$

抗扭截面系数 $$W_n = \frac{I_\rho}{d/2} = \frac{\pi \cdot d^3}{16} \approx 0.2d^3 \tag{6.5}$$

2. 空心圆轴截面

设空心圆轴截面的内、外径分别为 d 和 D。微元面积仍为 $dA = 2\pi \cdot r \cdot dr$，只是积分的下限由 0 变为 $\frac{d}{2}$，于是得到

$$I_\rho = \int_A \rho^2 dA = 2\pi \int_{\frac{d}{2}}^{\frac{D}{2}} r^3 dr = \frac{\pi(D^4 - d^4)}{32}$$

或写成

$$I_\rho = \frac{\pi D^4}{32}(1 - \alpha^4)$$

其中 α 为内、外径之比，即 $\alpha = \frac{d}{D}$

抗扭截面系数 $$W_n = \frac{I_\rho}{D/2} = \frac{\pi \cdot D^3}{16}(1 - \alpha^4) \tag{6.6}$$

6.3.3 圆轴扭转强度计算

为了保证受扭圆轴安全可靠地工作，必须使轴横截面上的最大切应力不超过材料的许用切应力，即

$$\tau_{\max} \leqslant [\tau] \tag{6.7}$$

此即圆轴扭转时的“强度计算准则”，又称为“扭转强度条件”。对于等截面圆轴，切应力的最大值由下式确定：

$$\tau_{\max} = \frac{M_{\max}}{W_n}$$

这时最大扭矩 $M_{\max}$ 作用的截面称为危险面。对于阶梯轴，由于各段轴的抗扭截面系数不同，最大扭矩作用面不一定是危险面。这时，需要综合考虑扭矩与抗扭截面系数的大小，判断可能产生最大切应力的危险面。所以在进行扭转强度计算时，必须画出扭矩图。

根据扭转强度条件，可解决以下三类强度问题：

(1) 扭转强度校核。已知轴的横截面尺寸，轴上所受的外力偶矩(或传递的功率和转速)，及材料的扭转许用切应力。校核构件能否安全工作。

(2) 圆轴截面尺寸设计。已知轴所承受的外力偶矩(或传递的功率)，以及材料的扭转许用切应力。圆轴的截面尺寸应满足

$$W_n \geqslant \frac{M_n}{[\tau]} \tag{6.8}$$

(3) 确定圆轴的许可载荷。已知圆轴的截面尺寸和材料的扭转许用切应力，得到轴所承受的扭矩

$$M_n \leqslant [\tau] W_n \tag{6.9}$$

再根据轴上外力偶的作用情况，确定轴上所承受的许可载荷(或传递功率)。

【例 6.3】 已知实心圆轴，承受的最大扭矩为 $M_{\max}=1.5\,\text{kN·m}$，轴的直径 $d_1=53\,\text{mm}$。求：

(1) 在最大切应力相同的条件下，用空心圆轴代替实心圆轴，当空心轴外径 D_2=90mm 时的内径值；(2) 两轴的重量之比。

【解】 (1) 求实心轴横截面上的最大切应力。

实心轴横截面上的最大切应力为

$$\tau_{\max}=\frac{M_{\max}}{W_n}=\frac{16M_{\max}}{\pi\cdot d_1^3}==\frac{16\times1.5\times10^6}{\pi\times53^3}=51.3\text{MPa}$$

(2) 求空心轴的内径。

因为两轴的最大切应力相等，故

$$\tau_{\max(空)}=\tau_{\max(实)}=51.3\,\text{MPa}$$

而

$$\tau_{\max(空)}=\frac{16M_{\max}}{\pi D_2^3(1-\alpha^4)}=51.3\,\text{MPa}$$

由此解得

$$\alpha=\sqrt[4]{1-\frac{16M_{\max}}{\pi D_2^3\times51.3}}=\sqrt[4]{1-\frac{16\times1.5\times10^6}{\pi\times90^3\times51.3}}=0.945$$

因此，空心轴的内径　$d_2=\alpha\cdot D_2=0.945\times90=85.1\,\text{mm}$

(3) 求两轴的重量比。

因为两轴的长度和材料都相同，故两者的重量之比等于面积之比，即

$$\frac{A_{(空)}}{A_{(实)}}=\frac{D_2^2-d_2^2}{d_1^2}=\frac{90^2-85.1^2}{53^2}=0.305$$

可见，在保证最大切应力相同的条件下，空心轴的重量比实心轴轻得多。显然，采用空心轴能减轻构件的重量、节省材料，因而更为合理。

空心轴的这种优点在于圆轴受扭时，横截面上的切应力沿半径方向线性分布的特点所决定的。由于圆轴截面中心区域切应力很小，当截面边缘上各点的应力达到扭转许用切应力时，中心区域各点的切应力却远远小于扭转许用切应力值。因此，这部分材料没有得到充分利用。若把轴心附近的材料向边缘移动，使其成为空心轴，则截面的极惯性矩和抗扭截面系数将会有较大增加，使截面上的切应力分布趋于均匀。并由此而减小最大切应力的数值，提高圆轴的承载能力。但其加工工艺较复杂，成本较高。

6.4 扭 转 变 形

工程设计中，对于承受扭转变形的圆轴，除了要求足够的强度外，还要求有足够的刚度。即要求轴在弹性范围内的扭转变形不能超过一定的限度。例如，车床结构中的传动丝杠，其相对扭转角不能太大，否则将会影响车刀进给动作的准确性，降低加工的精度。又如，发动机中控制气门动作的凸轮轴，如果相对扭转角过大，会影响气门启闭时间等等。

对某些重要的轴或者传动精度要求较高的轴，均要进行扭转变形计算。圆轴扭转时两个横截面相对转动的角度φ即为圆轴的扭转变形，φ称为扭转角。由数学推导可得扭转角φ的计算公式为

$$\varphi=\frac{M_n l}{GI_\rho} \tag{6.10}$$

其中　φ——扭转角(rad)；

M_n——某段轴的扭矩(N·m)；

L——相应两横界面间的距离(m)；

G——轴材料的切变量模量(GPa)；

I_ρ——横截面间的极惯性矩(m^4)；

式中的GI_ρ反映了材料及轴的截面形状和尺寸对弹性扭转变形的影响，称为圆轴的“抗扭刚度”。抗扭刚度GI_ρ越大，相对扭转角φ就越小。

为了消除轴的长度对变形的影响，引入单位长度的扭转角θ，并用度/米($°/\mathrm{m}$)单位表示，则上式为

$$\theta=\varphi/l=\frac{M_n}{GI_\rho}\times\frac{180°}{\pi}/\mathrm{m} \tag{6.11}$$

不同用途的传动轴对于θ值的大小有不同的限制，即$\theta\leqslant[\theta]$。$[\theta]$称为许用单位长度扭转角(可查有关手册)，对其进行的计算称为扭转刚度计算。

【例 6.4】 图示阶梯圆轴，已知AB段直径$D_1=75\mathrm{mm}$，BC段直径$D_2=50$ mm；A轮输入功率$P_1=35$ KW，C轮的输出功率$P_3=15$ KW，轴的转速为$n=200$ rpm，轴材料的$G=80$ GPa，$[\tau]=60$ MPa，轴的许用单位长度扭转角$[\theta]=2°/\mathrm{m}$。(1)试求该轴的强度和刚度。(2)如果强度和刚度都有富裕，试分析，在不改变C轮输出功率的前提下，A论的输入功率可以增加到多大？

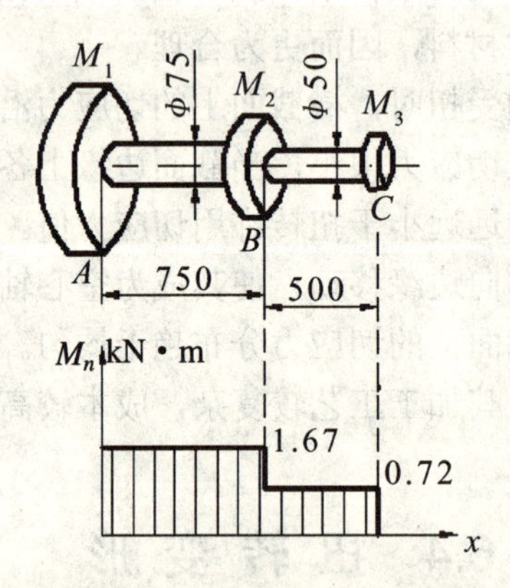

图 6.11　阶梯圆轴的扭矩图

【解】 1) 校核轴的强度和刚度

(1) 计算外力偶矩。

$$M_1=9550\frac{P_1}{n}=9550\times\frac{35}{200}=1671\mathrm{N\cdot m}=1.67\mathrm{kN\cdot m}$$

$$M_3 = 9550\frac{P_3}{n} = 9550 \times \frac{15}{200} = 716.2\ \text{N·m} = 0.72\ \text{kN·m}$$

有力偶平衡条件

$$M_2 = M_1 - M_3 = 1.67 - 0.716 = 0.95\text{kN·m}$$

(2) 应用截面法计算各段的扭矩并画扭矩图。

AB 段　　$M_{n1} = M_1 = 1.67\text{kN·m}$

BC 段　　$M_{n3} = M_3 = 0.72\ \text{kN·m}$

由此画出扭矩图，如 6-11 图所示。

(3) 计算应力，校核强度。

从扭矩图看，*AB* 段扭矩最大；从截面尺寸看，*BC* 段直径最小。因而不能直接确定最大切应力发生在哪一段截面上。比较两端内的最大切应力：

AB 段　$$\tau_1 = \frac{M_{n1}}{W_{n1}} = \frac{1.67\times10^6}{\frac{\pi}{16}\times75^3} = 20.2\ \text{MPa}$$

BC 段　$$\tau_2 = \frac{M_{n2}}{W_{n2}} = \frac{0.718\times10^6}{\frac{\pi}{16}\times50^3} = 29.2\ \text{MPa}$$

全轴内横截面上的最大切应力为：$\tau_{\max} = 29.2\text{MPa} < [\tau] = 60\text{MPa}$。

所以，轴的强度满足要求。

(4) 计算扭转角，校核刚度。

根据轴的单位长度扭转角 $\theta = \frac{\varphi}{l} = \frac{M_n}{GI_\rho}$，由于 *AB* 和 *BC* 段的扭矩和截面都不相同，故需分段计算 θ，找出 $\theta_{\max}$。

AB 段　$$\theta_1 = \frac{M_{n1}}{GI_{\rho1}}\times\frac{180°\times10^3}{\pi} = \frac{1.67\times10^6\times180°\times10^3}{80\times10^3\times\frac{\pi}{32}\times75^4\times\pi} = 0.39°/\text{m}$$

BC 段　$$\theta_2 = \frac{M_{n2}}{GI_{\rho2}}\times\frac{180°\times10^3}{\pi} = \frac{0.716\times10^6\times180°\times10^3}{80\times10^3\times\frac{\pi}{32}\times50^4\times\pi} = 0.84°/\text{m}$$

因 $\theta_{\max} = \theta_2 = 0.84°/\text{m} < [\theta] = 0.84°/\text{m}$。所以轴的刚度满足要求。

2) 计算 *A* 轮的最大输入功率

因为 *C* 轮的输入功率不变，即 *BC* 段的扭矩不变。所以，这段轴的强度和刚度都是安全的，故只需根据 *AB* 段的强度和刚度条件确定这段轴所能承受的最大扭矩。而这段轴的扭矩等于作用在 *A* 轮上的外力偶矩，由此即可求得 *A* 轮上所能输入的最大功率。

根据强度条件

$$M_{n1\max} \leqslant [\tau]W_{n1} = 60\times\frac{\pi}{16}\times75^3 = 4.97\ \text{kN·m}$$

根据刚度条件

$$M_{n1\max} \leqslant [\theta]GI_{\rho1} = 2\times\frac{\pi}{180\times10^3}\times80\times10^3\times\frac{\pi}{32}\times75^4 = 8.7\ \text{kN·m}$$

考虑到既要满足强度要求又要满足刚度要求，故取两者中的较小者，即 $M_{n1\max}=4.97\text{kN·m}$。于是，$A$ 轮的输入功率

$$P_1=\frac{M_n}{9550}=\frac{M_{n1\max}\cdot n}{9550}=\frac{4.97\times10^3\times200}{9550}=104\text{KW}$$

6.5 小 结

本章主要介绍了圆轴扭转的内力扭矩的计算和圆轴在力偶作用面垂直于轴线的平衡力偶作用下产生的扭转变形。

1. 作用在轴上的外力偶矩，通过轴所传递的功率和轴的转速求得。它们的关系式为

$$M=9550\frac{P}{n}$$

2. 用截面法求圆轴的内力偶矩，利用力系的平衡条件列出方程求解。各截面的内力偶矩的方向由右手螺旋法则来确定。然后绘出圆轴扭矩图。

3. 圆轴扭转时横截面上的应力，在圆轴横截面上任一点的切应力与该点到圆心的距离成正比，在圆心处为零。最大切应力发生在圆轴边缘各点处。

距圆心 ρ 处的切应力 $\tau_\rho=\dfrac{M_n\rho}{I_\rho}$

最大切应力 $\tau_{\max}=\dfrac{M_n}{W_n}$

4. 圆轴扭转时的强度条件为

$$\tau_{\max}\leqslant[\tau]$$

对于等截面圆轴则有 $\tau_{\max}=\dfrac{M_{n\max}}{W_n}\leqslant[\tau]$

利用强度条件可以完成强度校核、确定截面尺寸和许用载荷等三类强度计算问题。

5. 等截面圆轴扭转时的变形计算公式为

$$\varphi=\frac{M_nl}{GI_\rho}$$

等截面圆轴扭转时的刚度条件是

$$\theta=\frac{\varphi}{l}=\frac{M_n}{GI_\rho}\times\frac{180^\circ}{\pi}\ /\text{m}$$

6.6 思考与练习

1. 解释外力偶矩和扭矩的区别和联系。
2. 简述用截面法求扭矩的一般过程。
3. 何谓刚性平面假设？它在剪应力公式推导过程中起何作用？

4. 圆杆扭转剪应力在截面上如何分布？其最大应力发生在何处？方向如何确定？

5. 若圆轴上装有一个主动轮和若干个被动轮，问主动轮在轴上如何布局才合理？

6. 为什么在截面面积相同条件下的空心圆轴的强度优于实心圆轴？

7. 有两根直径相同的实心轴，其材料不相同，试问其极惯性矩 I_{ρ}、抗扭截面系数 W_{ρ} 和剪切弹性模量 G 是否相同？为什么？

8. 图示一传动轴，在轮子 1、2、3、上所传递的功率分别为：P_1=100KW，P_2=40KW，P_3=60KW，轴的转速 n=100r/min。试绘制该传动轴的扭矩图。(答案：AC 段 M_n=3.82kN·m；CB 段 M_n=－5.73kN·m。)

9. 求图示杆各段的内力，并作杆的扭矩图。(答案：AB 段 M_n=－2 kN·m；BD 段 M_n=－10 kN·m；DE 段 M_n=20 kN·m。)

题 8 图　　　　　　　　题 9 图

10. 圆轴的直径 d=50mm，转速 n=120r/min，该轴横截面上的最大切应力为 60MPa。问：传递的功率是多少千瓦？(答案：P=18.9KW)

11. 某实心轴的许用扭转切应力[τ]=35MPa，截面上的扭矩 M_n=1kN·m。求此轴应有的直径。(答案：d=52.3mm.)

12. 以外径 D=120mm 的空心轴来代替直径 d=100mm 的实心轴，在强度相同的条件下，问：可节省材料百分之几？(答案：50%)

13. 图示一实心圆轴，直径 d＝100mm，两端受到外力偶矩 M＝14kN·m 的作用，试计算：

(1) C 截面上半径 ρ＝30mm 处的切应力；

(2) 横截面上的最大切应力。(答案：τ_{ρ}＝42.78MPa，$\tau_{\max}$＝71.3 MPa)

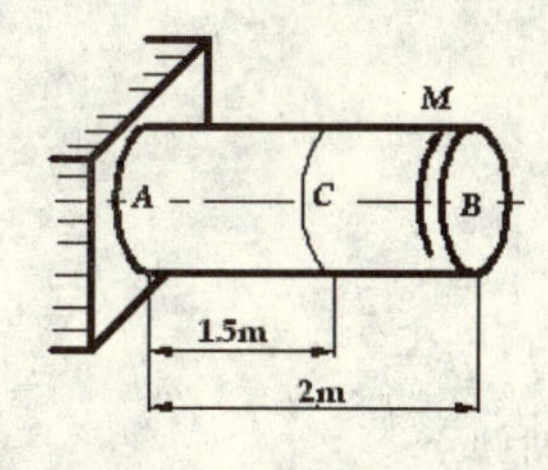

题 13 图

14. 船用推进器的轴，一段是 d=280mm 的实心轴，另一段是 $\dfrac{D_1}{D}$=0.5 的空心轴。若两段产生的最大切应力相等，试求空心轴的外直径 D。(答案：D=286mm。)

15. 图示一直径为 80mm 的等截面圆轴，上面作用的外力偶矩 M_1=1000Nm，

M_2=600N·m，M_3=200N·m，M_4=200N·m。要求：(1)作出此轴的扭矩图；(2)求出此轴各段内的最大切应力；(3)如果将外力偶矩 M_1 和 M_2 的作用位置互换一下，圆轴的直径是否可以减小？(答案：τ_{AB}=9.95 MPa，τ_{BC}=3.98 MPa；τ_{CD}=1.99MPa。)

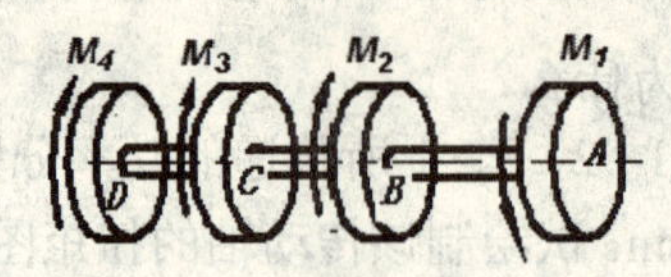

题 15 图

16. 有一承受扭矩 M_n=3.7kN·m 作用的圆轴，已知[τ]=60MPa，G=79GPa，[θ]=0.3°/m。试确定圆轴应有的最小直径。(答案：d=97.7mm。)

17. 试画出图示各截面上与扭矩 M_n 方向相对应的切应力的分布图。

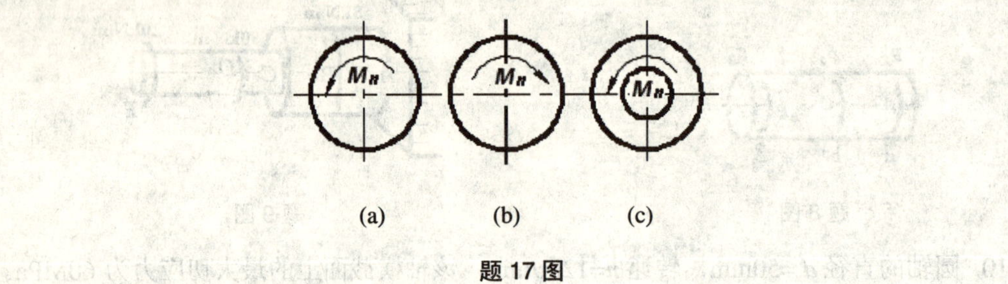

题 17 图

第7章　弯　　曲

学习本章时要求读者必须理解和掌握下述问题：

(1) 掌握弯曲与平面弯曲的概念。

(2) 熟练掌握用截面法求梁的内力(剪力、弯矩)及绘制剪力图和弯矩图。

(3) 掌握弯曲正应力、弯曲剪应力强度条件及应用。

(4) 提高梁的弯曲强度的主要措施、梁的变形与刚度条件等内容。

7.1　弯曲的概念

在工程中，经常遇到一些承受弯曲或主要承受弯曲的构件，如图 7.1 所示的桥式起重机的大梁，图 7.2 所示的车刀，图 7.3 所示的列车车厢的轮轴等。凡以弯曲为主要变形的构件统称为梁。梁是机器和工程结构中常见的构件之一。

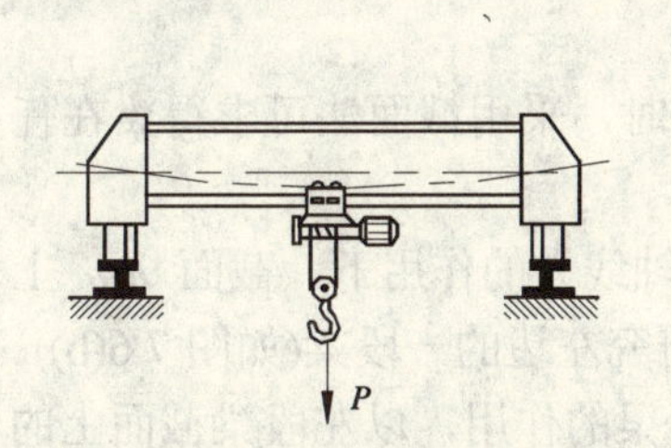

图 7.1　桥式起重机的大梁

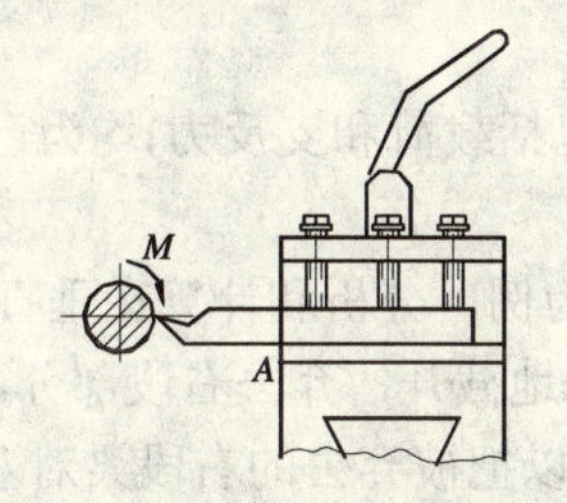

图 7.2　车刀

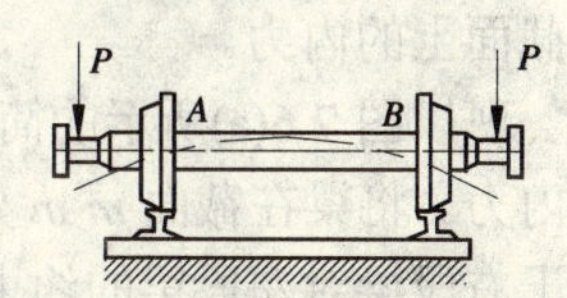

图 7.3　列车车厢的轮轴

在工程中最常用到的梁，其横截面都具有一个垂直的对称轴，所有截面的对称轴组成纵向对称面(如图 7.4)。当所有外力均垂直于梁的轴线并作用在同一对称面时，梁弯曲后其轴线弯曲成一平面曲线，并位于加载平面内，这种弯曲称为平面弯曲。

当构件承受垂直于轴线的外力或者承受作用在轴线所在的平面内的力偶作用时，其轴线将弯曲成曲线。这种变形形式称为弯曲。

作用在梁上的载荷很多，主要有：分布力 q、集中力 $\boldsymbol{P}$、力偶 M 等。根据载荷作用的位置不同，梁的弯曲又分为平面弯曲和斜弯曲两种。本章主要研究比较简单的平面弯曲。

根据梁的支座条件和作用在梁上的载荷情况，如果梁具有一个固定端，或在梁的两个截面处分别有一个固定铰链支座和可动铰链支座，则其约束力可由静力平衡方程式求得者，称为“静定梁”。凡约束力的求得不仅需考虑静力平衡方程还需考虑其变形的称为“静不定梁”；或者“超静定梁”。如图 7.5 是工程中常遇到的梁的三种基本形式的静定梁，分别称为简支梁(图(a))、悬臂梁(图(b))、外伸梁(图(c))。

梁的强度和刚度问题，是工程中经常遇到的问题，要计算梁的强度和刚度，首先应正确计算梁的内力。梁的内力计算及梁的强度、刚度的计算是本章的重点。

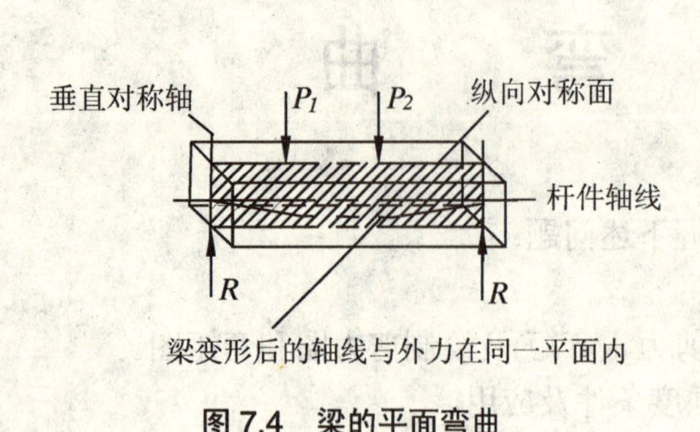

图 7.4　梁的平面弯曲

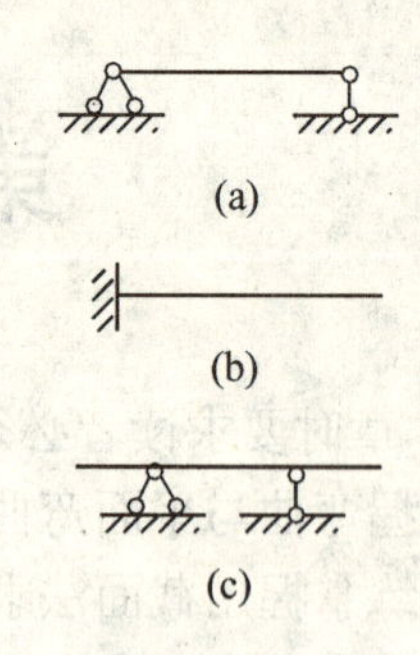

图 7.5　三种基本形式的静定梁

7.2　梁的内力

梁在外力作用下产生弯曲变形时，为了对梁的受力变形情况作进一步的分析，必须求出梁各横截面的内力——剪力和弯矩，并通过剪力图和弯矩图的绘制掌握其变化规律，以便为后续梁的设计和强度、刚度校核提供依据。

7.2.1　剪力与弯矩

当作用在梁上的全部外力(包括载荷和支反力)均为已知时，采用截面法可求得梁在任意截面上的内力。

现以图 7.6(a)所示的简支梁为例，分析和计算在垂直于轴线力的作用下，截面 *m-m* 上的内力。将梁在截面 *m-m* 处假想地截开，弃去右段部分，研究左边的一段梁(如图 7.6(b))。由于右段梁对左段梁的约束，可以把被弃去的右段梁对左段梁的作用，以左段梁截面上的一个向下的力 Q 和一个逆时针方向的力偶 M 来代替。因为力在截面 *m-m* 内，说明梁有剪切作用，所以称 Q 为截面上的剪力；截面上力偶 M 的存在，说明梁有弯曲的作用，所以称 M 为该截面上的弯矩。

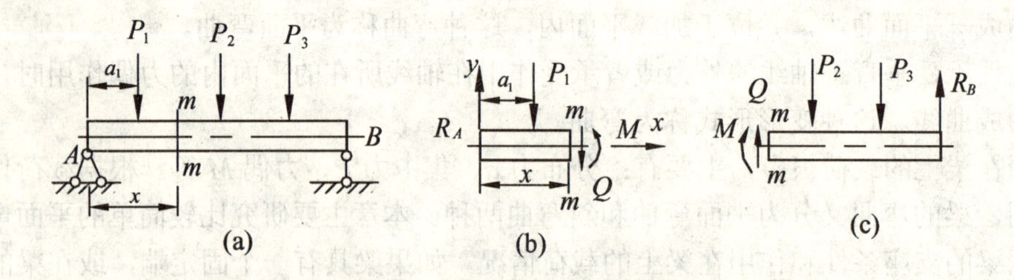

图 7.6　简支梁截面上剪力与弯矩

根据左段梁(图 7.6(b))的静力平衡方程式，即可求得截面 *m-m* 上的剪力和弯矩为

$$\sum Y=0,\quad Q+P_1-R_A=0$$

$$\sum m_C=0,\quad M+P_1(x-a_1)-R_A x=0$$

可得

$$Q=R_A-P_1$$

$$M = R_A x - P_1(x - a_1)$$

其中，Q——剪力，与横截面相切；

M——弯矩，作用在纵向对称内，是对截面形心 C 的力矩。

剪力和弯矩统称弯曲内力。于是我们得出结论：在数值上，梁在任意截面上的剪力等于截面以左或以右所有外力在 y 轴上投影的代数和；弯矩值等于其截面以左或截面以右各外力对其截面形心之矩的代数和。

如以右段梁为研究对象(图 7.6(c))，用同样的方法可求得截面 m-m 上的剪力 Q 和弯矩 M，其结果与相同，但方向相反。

为了使从两段梁上求得的同一截面上的剪力和弯矩的数值和符号完全相同，故对梁的内力正负号作如下的规定：

对于剪力：截面外法线顺时针转 90° 与剪力同向时，此剪力为正剪力，取“+”号；否则为负剪力，取“-”号。此正负号规则也符合剪应力的符号规则。

对于弯矩：使分离段弯曲成向上的弯矩为正弯矩，取“+”号；弯曲成凹向下的弯矩为负弯矩，取“-”号。参见图 7.7.

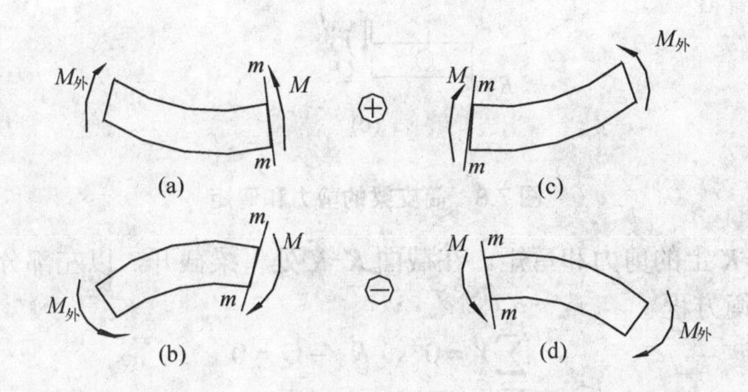

图 7.7 剪力和弯矩的符号规则

显然，按上述正负号规则，无论以左段还是右段为研究对象，所得截面 m-m 的剪力和弯矩都相同，即 $Q=+P$，$M=+Px$。

按照剪力和弯矩的正负号规则，应用截面法求指定的某横截面上的剪力和弯矩的步骤如下：

(1) 用假想截面从指定处将梁截为两部分。

(2) 以其中任意一部分为研究对象，在截开处按照剪力、弯矩的正方向画出未知剪力 Q 和弯矩 M。

(3) 应用平衡方程 $\sum Y = 0$ 和 $\sum M_C = 0$ 计算出剪力 Q 和弯矩 M 的数值，其中，C 一般取为截面形心。

因为已经假设横截面上的 Q 和 M 均为正方向，所以若求得的结果为正，则表明 Q、M 方向与假设方向相同，即 Q、M 均为正方向；若求得的结果为负，则表明 Q、M 方向与假设方向相反，即 Q、M 均为负；当然 Q、M 不可能都是同为正或同为负。总之，求得结果为正，表明该内力取“+”；求得结果为负，表明该内力取“-”。

【例 7.1】 如图 7.8(a)所示简支梁，求横截面 K-K 上的剪力和弯矩。

【解】 1) 计算约束力。如图 7.8(b)所示，由平衡方程

$$\sum Y=0\text{，}\quad R_A-\mathrm{P}+\mathrm{R}_B=0$$

$$\sum m_{\mathrm{A}}=0\text{，}\quad -\mathrm{P}\times\frac{l}{2}+\mathrm{R}_B\times l=0$$

得 $$R_A=\frac{P}{2}\qquad R_B=\frac{P}{2}$$

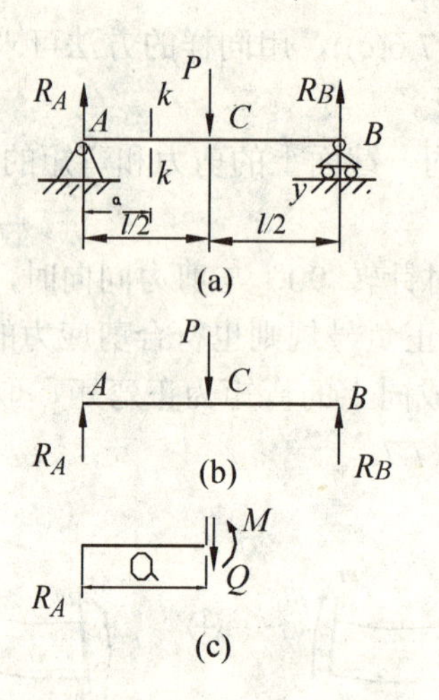

图 7.8　简支梁的剪力和弯矩

2) 求截面 K-K 上的剪力和弯矩。在截面 K-K 处将梁截开，以左部分为研究对象，如图(C)所示。由平衡方程

$$\sum Y=0\text{ ，}\quad R_A-\mathrm{Q}=0$$

$$\sum mc=0\text{，}\quad -R_A\times a+M=0$$

得 $$Q=\frac{P}{2}\qquad M=\frac{Pa}{2}$$

两者实际方向与假设方向一致，均取“＋”号。

【例 7.2】 有一外伸梁，其受载情形如如图 7.9(a)所示，已知 q=1kN/m，$M_{外}$=60N·m。a=200mm，l=400mm，试求 C 点和 D 点两处横截面上的剪力和弯矩。

【解】 (1) 计算约束力 $\boldsymbol{R_A}$、$\boldsymbol{R_B}$。如图 7.9(b)所示，将作用在 AB 梁上的均布载荷用它的合力 ql 来表示，合力 ql 的作用线位置在 A 端与 B 端的中间。设 $\boldsymbol{R_A}$、$\boldsymbol{R_B}$ 为正，由平衡方程

$$\sum m_{\mathrm{A}}=0\text{，}\qquad R_{\mathrm{B}}l-M_{外}-ql\frac{l}{2}=0$$

$$\sum Y=0\text{，}\qquad R_{\mathrm{A}}+R_B-ql=0$$

得 $$R_{\mathrm{B}}=350\mathrm{N}\qquad R_{\mathrm{A}}=50\mathrm{N}$$

(2) 求截面 1-1 的内力 Q_C、M_C。如图(c)所示，沿截面 1-1 截开，以左微段 dx 为研究对象。由平衡方程

$$Q_{\mathrm{c}}=0\text{，}\quad M_{\mathrm{C}}=M_{外}=60\mathrm{N\cdot m}$$

(3) 求截面 2-2 的内力 $\boldsymbol{Q_D}$、M_D、。如图(d)所示，沿截面 2-2 截开，以右部分为研究

对象。由平衡方程可得

$$Q_{\mathrm{D}} = R_B - \frac{ql}{2} = 150\mathrm{N}$$

$$M_{\mathrm{D}} = \frac{R_B l}{2} - \frac{ql^2}{8} = 50\mathrm{N\cdot m}$$

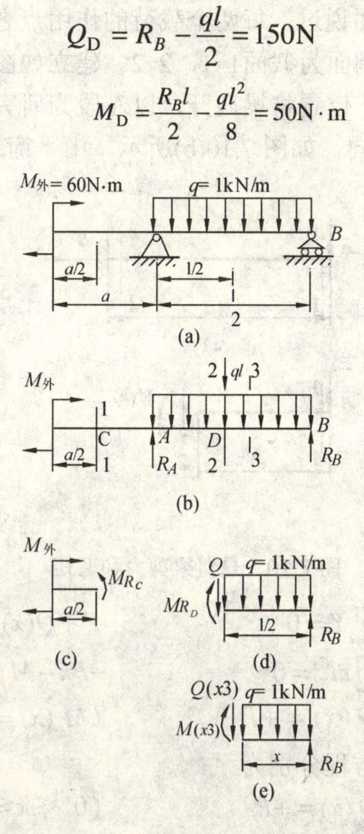

图 7.9　外伸梁剪力和弯矩

一般情况下，梁内剪力和弯矩随着截面不同而不同，描述两者随截面位置而变化的内力表达式，分别称为剪力方程和弯矩方程。如果用 x 表示截面位置，则剪力方程、弯矩方程的数学表达式为：

$$Q = Q(x) \qquad M = M(x)$$

通常其梁的左端面为坐标原点，沿长度方向自左向右建立一维坐标 ox，坐标 x 即可表示截面的位置。

建立剪力方程和弯矩方程，实际上就是用截面法写出截面 x 的剪力、弯矩。其步骤与前述求指定截面的剪力、弯矩的步骤基本相同，所不同的是截开后位置不再是常量，而是变量 x。换言之，剪力方程、弯矩方程就是求出所有截面的剪力、弯矩。

剪力方程、弯矩方程在大多数情况下是一些分段函数。通常，若作用在梁上的载荷只有连续载荷，即无集中力和集中力偶作用，不包括左、右两个端面上载荷，则剪力方程、弯矩方程可分别用一个函数来表达；若作用在梁上的载荷是不连续的载荷，即存在集中力又存在集中力偶，则其剪力方程、弯矩方程均需分段表达，往往每两个载荷的作用点之间就是一段。这里所说载荷包括外力和约束反力。

由前可知，在有集中载荷作用的位置，左、右侧面剪力、弯矩不等。因此在集中力、集中力偶以及分布载荷作用的起点、终点处，作用点两侧的截面通常称为控制面，这些控制面即为剪力方程和弯矩方程定义区间的端点，如图 7.10(a)所示的控制面 1-1、2-2，这几对控制面之间的剪力和弯矩是不相同的。

【例 7.3】 如图 7.10(a)所示悬臂梁，建立此梁的剪力方程、弯矩方程。

【解】 (1) 确定分段区间。前面说过，每两个载荷的作用点之间分一段，此题只有A、B两个作用点，故无须分段。其控制面为截面1-1，2-2。建立如图7.10(a)所示Ox坐标。

(2) 应用截面法。在任意 x 位置将梁截开，以左段为研究对象，并在截开的截面上标上剪力 $Q(x)$、弯矩 $M(x)$的正方向，如图 7.10(b)所示。由平衡方程

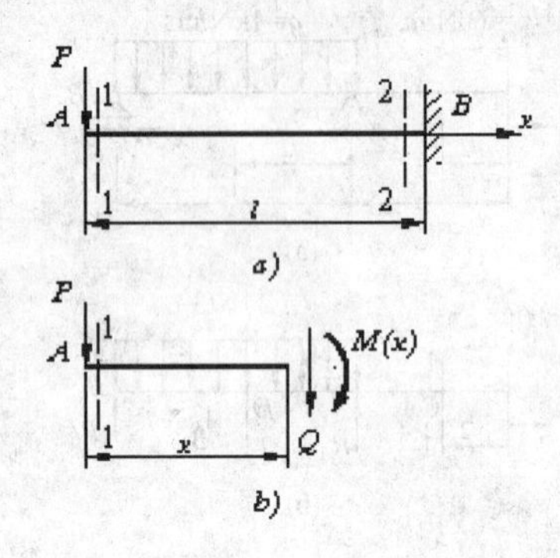

图 7.10　悬臂梁剪力和弯矩

$$\sum Y=0 \qquad P+Q(x)=0$$

$$\sum m_X^C=0 \qquad -Px-M(x)=0$$

得

$$Q(x)=+P \qquad (M(x)=-Px)$$

于是得到剪力方程、弯矩方程分别为

$$Q(x)=+P \qquad (0^+\leqslant x\leqslant l^-)$$

$$M(x)=-Px \qquad (0^+\leqslant x\leqslant l^-)$$

$Q(x)$是一个常量，即所有截面上均一样；$M(x)$是 x 的线性函数，不同截面有不同的值。变量 x 的取值区间必须标注。另外，这里 0^+表示截面 A 的右侧面，l^-表示截面 B 的左侧面。前面已经总结过，在有集中载荷(包括约束力)作用的位置，左、右侧面内力不同，故往往控制面上通常左用“－”、右用“＋”来区别左、右两个侧面。故也可写成

$$Q(x)=+P \qquad (0^+\leqslant x\leqslant l^-)$$

$$M(x)=-Px \qquad (0^+\leqslant x\leqslant l^-)$$

通过以上例子可以归纳出求剪力方程、弯矩方程的步骤为

(1) 根据梁的受力及约束情况，求出约束反力。

(2) 以梁左端为原点，沿梁轴线方向建立 ox 轴。

(3) 观察梁载荷的作用情况，根据集中载荷作用点分布载荷左、右两个端点，确定分几段求剪力方程、弯矩方程，并根据控制面确定每段的变量 x_i 的取值。

(4) 分段建立剪力方程、弯矩方程。分段采用截面法，以左部分为研究对象，画出其受力情况，并在截面位置画出 $Q(x)$、$M(x)$的正方向，利用平衡方程求剪力方程、弯矩方程。

在本节中，我们建立了一个 x 轴。在大家比较熟练的情况下，也可以取右端点为原点，再建立了一个 x，求出剪力方程、弯矩方程。例如在例 7.2 中求 BD 段剪力方程、弯矩方程，若以 B 为原点，以梁轴线为 x 轴，x 向左为正，则在 BD 任意截面 x 位置截开，以右部分为研究对象，则其受力如图 7.9(e)所示，由平衡方程

$$\sum Y=0 \qquad R_{B}-Q(x_3)-qx=0$$

$$\sum m=0 \qquad M(x_3)-qx\frac{x}{2}=0$$

得

$$M(x_3)=\frac{qx^2}{2} \qquad (0^+\leqslant x_3\leqslant\frac{l^-}{2})$$

$$Q(x_3)=R_{B}-qx \qquad (0^+\leqslant x_3\leqslant\frac{l^-}{2})$$

由以上简单的表达式，可以很方便地作出其内力图。

另外，在上述求剪力方程、弯矩方程时，分别在截面位置画出剪力、弯矩正方向，然后利用平衡方程求出 $Q(x)$、$M(x)$。显然，$Q(x)$、$M(x)$正方向不能画错，列平衡方程时符号不能有误或者丢失某些力，最后，$Q(x)$、$M(x)$还须通过移项求得。若移项漏掉某些力或符号有误，都会影响结果。因此在求 $Q(x)$、$M(x)$时大家一定要细心。

下面介绍一种比较简便的求 $Q(x)$、$M(x)$的方法。

(1) 若以左部分为研究对象。

求 $Q(x)$时，凡是向上的外载为正外载，凡是向下的外载为负外载；

求 $M(x)$时，凡是使分离段产生向上凹的外载(包括力或力偶)为正外载，即对截开的截面形心取矩是顺时针的方向的力或力偶为正外载；凡是使分离段产生向下凹的外载(包括力或力偶)为负外载，即对截开的截面形心取矩是逆时针的方向的力或力偶为负外载。

(2) 若以右部分为研究对象。

求 $Q(x)$时，凡是向上的外载为负外载，凡是向下的外载为正外载；

求 $M(x)$时，凡是使分离段产生向上凹的外载(包括力或力偶)为正外载，即对截开的截面形心取矩是逆时针的方向的力或力偶为正外载；凡是使分离段产生向下凹的外载(包括力或力偶)为负外载，即对截开的截面形心取矩是顺时针的方向的力或力偶为负外载。

7.2.2 剪力图和弯矩图

梁在外力的作用下，不同截面上的剪力和弯矩在一般情况下是不同的。根据梁的剪力方程、弯矩方程可以确定梁上的剪力、弯矩的最大值以及任意截面上的剪力、弯矩值。为了更直观表达剪力、弯矩随截面变化的情况，可以分别以平行梁的轴线为 x 轴，剪力、弯矩分别为纵坐标轴建立 $\boldsymbol{Q}-x$、$M-x$ 直角坐标系，在此坐标系下画出梁上各截面的剪力、弯矩的图线。

绘制剪力、弯矩图的基本做法是：

取平行于梁轴线的横坐标轴 $\boldsymbol{Q}$ 和 M，建立 $\boldsymbol{Q}-x$、$M-x$ 直角坐标系，根据剪力方程、弯矩方程，按数学形式，在 $\boldsymbol{Q}-x$、$M-x$ 坐标系中画出 $Q(x)$、$M(x)$的图形，这就是所谓的剪力图、弯矩图，简称 $\boldsymbol{Q}$ 图、M 图。

【例 7.4】 如图 7.11(a)所示简支梁，在 C 点处受集中载荷 $\boldsymbol{P}$ 作用，试做此梁的剪力图、弯矩图。

【解】 (1) 求约束反力。

如图 7.11(b)所示，由平衡方程

$$\sum m_A=0 \qquad -Pa+R_B(a+b)=0$$

$$\sum m_B=0 \qquad -Pb+R_A(a+b)=0$$

$$R_B = \frac{a}{a+b}P，\qquad R_A = \frac{a}{a+b}P$$

(2) 建立剪力方程、弯矩方程。

如图 7.11(c)、(d)所示，根据力的叠加性及外载的正、负性，有

$$Q(x_1) = R_A = \frac{b}{a+b}P \qquad (0^+ \leqslant x_1 \leqslant a^-)$$

$$M(x_1) = R_A X_1 = \frac{bx_1}{a+b}P \qquad (0^+ \leqslant x_1 \leqslant a^-)$$

$$Q(x_2) = R_A - P = -\frac{a}{a+b}P \qquad (a^+ \leqslant x_2 \leqslant (a+b)^-)$$

$$M(x_2) = R_A x_2 - P(x_2 - a) = -\frac{b}{a+b}x_2 - P(x_2 - a) \quad (a^+ \leqslant x_2 \leqslant (a+b)^-)$$

(3) 作剪力图、弯矩图。

根据剪力方程 $Q(x_1) = \frac{b}{a+b}P$，显然在 AC 段为一平行于 x 轴的线段；又根据剪力方程 $Q(x_2) = \frac{b}{a+b}P$，在 CB 段也为一平行于 x 轴的线段。二线段相连即为 Q 图，如图 7.11(e)所示。

同样根据弯矩方程也可以作出弯矩图，如图 7.11(f)所示。

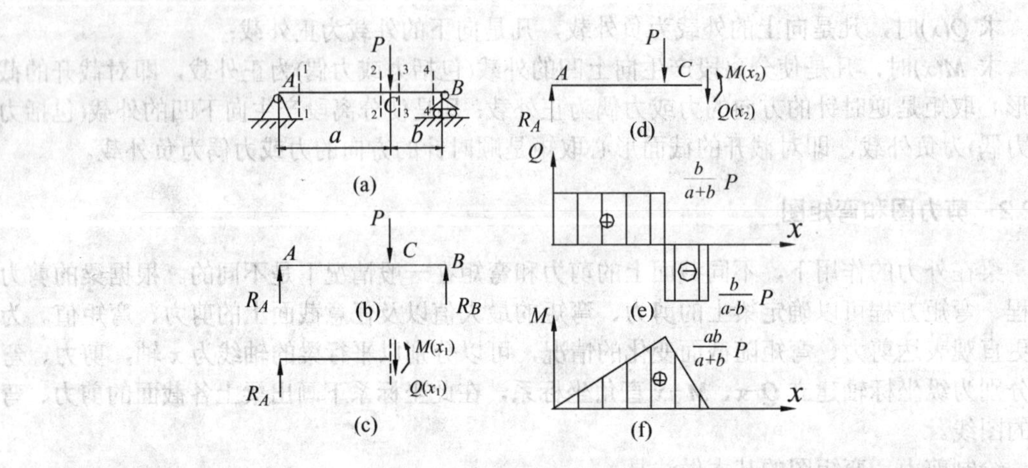

图 7.11　简支梁剪力图、弯矩图

【例 7.5】 如图 7.12(a)所示简支梁，在全梁上受集度为 q 的均布载荷作用，试做此梁的剪力图和弯矩图。

【解】 (1) 计算约束反力。如图 7.12(b)所示，由平衡方程得

$$R_A = R_B = \frac{ql}{2}P$$

(2) 建立剪力方程、弯矩方程。如图 7.12(c)所示，有

$$Q(x) = R_A - qx = \frac{ql}{2} - qx \qquad (0^+ \leqslant x \leqslant l^-)$$

$$M(x)=R_A x-\frac{qx^2}{2}=\frac{ql}{2}x-\frac{qx^2}{2} \qquad (0\leqslant x\leqslant l^-)$$

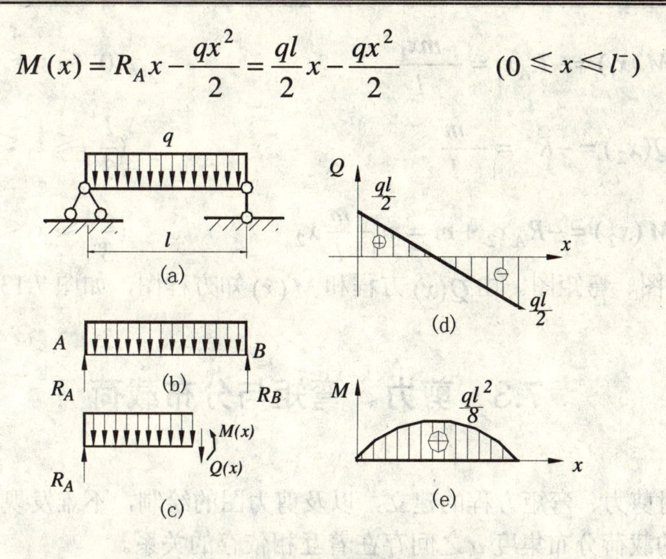

图 7.12　均布载荷梁的剪力图和弯矩图

由 $Q(x)$、$M(x)$知，$Q(x)$为一次线段，$M(x)$为二次抛物线。$Q-x$ 图只需要确定两个截面即可。但 $M-x$ 图为二次抛物线，不仅要确定两个控制截面的弯矩值，同时还需确定抛物线的顶点，即极值，如图 7.12(d)、(e)所示。在 $\frac{dM}{dx}=0$ 或 $Q(x)=0$ 处可取得极值，此例即在 $x=\frac{l}{2}$ 处取得极大值，$M_{\max}=\frac{ql^2}{8}$。

【例 7.6】　如图 7.13(a)所示简支梁，在 C 处受力偶 m 作用，试做此梁剪力图、弯矩图。

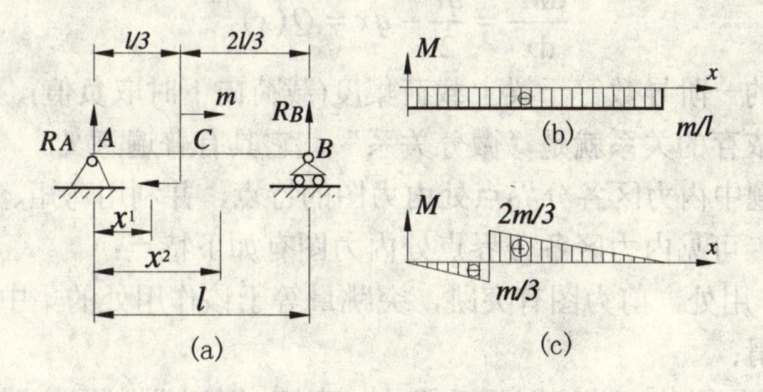

图 7.13　简支梁剪力图和弯矩图

【解】　(1) 计算约束反力。如图 7.13(a)所示，由平衡方程得

$$R_A=R_B=\frac{m}{l}$$

两者方向相反。

(2) 建立剪力方程、弯矩方程。通过前面的练习，应能直接写出如下内力方程，不需截开。

$$Q(x_1)=-R_A=\frac{m}{l} \qquad (0^+\leqslant x_1\leqslant \frac{l^-}{3})$$

$$M(x_1)=-R_A x_1=-\frac{m x_1}{l} \qquad (0^+\leqslant x_1\leqslant \frac{l^-}{3})$$

$$Q(x_2)=-R_A=-\frac{m}{l} \qquad (\frac{l^+}{3}\leqslant x_2\leqslant l^-)$$

$$M(x_2)=-R_A x_2+m=m-\frac{m}{l}x_2 \qquad (\frac{l^+}{3}\leqslant x_2\leqslant l^-)$$

(3) 作剪力图、弯矩图。由$Q(x)$方程和$M(x)$知方程图，如图 7.13(b)、(c)所示。

7.3 剪力、弯矩与分布载荷

通过上述对剪力、弯矩方程的建立，以及剪力图的绘制，不难发现，剪力Q、弯矩M和作用在梁上的载荷分布集度q之间存在着互相依存的关系。

例如，在例 7.5 中，梁的剪力和弯矩方程在 AB 段分别为

$$Q(x)=R_A-qx=\frac{ql}{2}-qx$$

$$M(x)=R_A x-\frac{qx^2}{2}=\frac{ql}{2}x-\frac{qx^2}{2}$$

将它们分别对x求一阶导数，有

$$\frac{dQ}{dx}=-q$$

$$\frac{dM}{dx}=\frac{ql}{2}-qx=Q(x)$$

这表明：剪力的一阶导数等于梁上载荷集度(载荷向下时取负值)，弯矩的一阶导数等于剪力。这种相互依存的关系就是“微分关系”，它具有普遍意义。

总结前述各例题中内力区各分界点处内力图的特点，并利用弯矩、剪力与线分布力集度之间的微分关系，可见内力区各分界点处内力图有如下特点：

(1) 在集中力作用处，剪力图有突跳，突跳量等于该作用处的集中力值，弯矩图有尖点，即连续而不光滑；

(2) 在集中力偶作用处，剪力图不受影响，弯矩图有突跳，且突跳量等于作用处的集中力偶矩；

(3) 均布载荷的起点和终点处，剪力图有尖点；弯矩图为直线与抛物线的光滑连接。

根据上述特点及微分关系，并参阅图 7.12(c)及 7.12(d)中的标注，即可校核(c)、(d)正确。若能熟练掌握，则今后可以不列内力方程而直接画出内外力图。

7.4 用叠加法作梁的剪力图和弯矩图

当剪力方程和弯矩方程是载荷的一次函数，梁上有两个以上共同载荷作用，可先分别

画出单个载荷存在时梁上的剪力图和弯矩图，再将所有的同种图形相加，即分别得到实际的剪力图、弯矩图。这种方法称作叠加法。利用叠加法的好处在于，当我们比较熟悉梁在载荷作用下的内力图时，做受到多个载荷作用的梁的内力图是很方便的。

【例 7.7】 用叠加法作如图 7.14(a)所示梁的弯矩图。

【解】 图(a)可以看成图(b_1)和图(b_2)两种简单载荷作用的叠加。其弯矩图也可看成两种简单载荷作用下弯矩图的叠加。图(b_1)和图(b_2)情况下的弯矩图如图(c_1)和图(c_2)所示，则图(a)的弯矩图如图(d)所示。

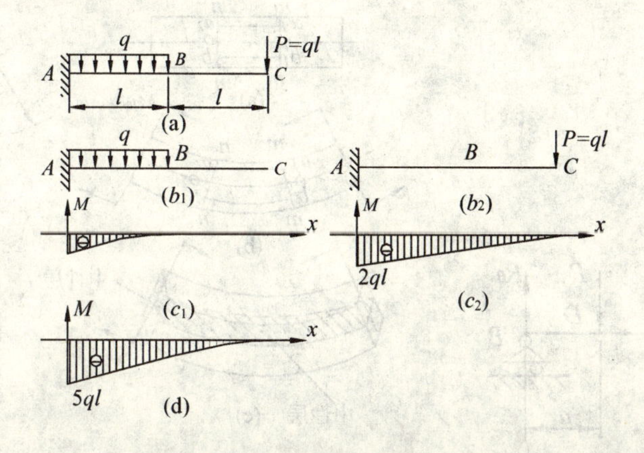

图 7.14 用叠加法求梁的弯矩图

7.5 弯曲正应力

在求出梁的横截面上的内力——剪力 Q 和弯矩 M，以及弯矩的计算和表示方法后，为了解决梁的强度计算，必须进一步分析这些内力在截面上所引起的应力及其分布规律和计算方法。

7.5.1 纯弯曲时梁横截面上的正应力

上面介绍了梁各截面上的内力——剪力和弯矩，以及弯矩的计算和表示方法。下面进一步分析这些内力在截面上所引起的应力及其分布规律和计算方法。

一般情况下，梁作平面弯曲时，梁上既有弯矩又有剪力，因此，当梁上既有弯矩变形又有剪力变形时，我们称之为横弯曲；当梁上只有弯矩而无剪力，即只存在弯曲变形时，我们称之为纯弯曲。如图 7.15 所示的梁，在 CD 段内，各截面上的剪力都等于零，所以该段梁是受纯弯曲的作用。本节就纯弯曲时梁的应力问题进行分析，也就是分析正应力分布规律。在 7.7 节将讨论横弯时剪应力分布规律。

首先取一矩形截面梁(图 7.16(a))，在梁的侧面上画上两条相距 dx 的横向线 m-m 和 n-n，并在这两横向线间靠近顶面和底面处画出两条纵向线 a_1-a_2 和 b_1-b_2(图 7.16(a))，然后在梁的纵向对称平面内加一对力偶。由截面法可知，该梁的任一横截面上只有弯矩 $M_{外}$(图 7.16(b))。所以梁所发生的变形称作纯弯曲变形。

梁的纯弯曲现象表明：横向线 m-m 和 n-n 在变形后仍保持为直线，但倾斜了一个角度；纵向线 a_1-a_2 发生缩短和 b_1-b_2 发生伸长，而且都变为圆弧线。根据以上变形现象，可以做出以下假设：当梁在受力弯曲变形后，其原来的横截面仍保持为垂直于梁轴线的平面。若设想梁的材料和变形都是连续的，显然必有一层纤维不伸长也不缩短(如果把梁看成一层一层纤维叠加而成)，这就是 O_1O_2 所在的一层，即所谓的中性层。中性层与横截面的交线称为中性轴(见图 7.16(d))。梁变形时，横截面即绕中性轴旋转。

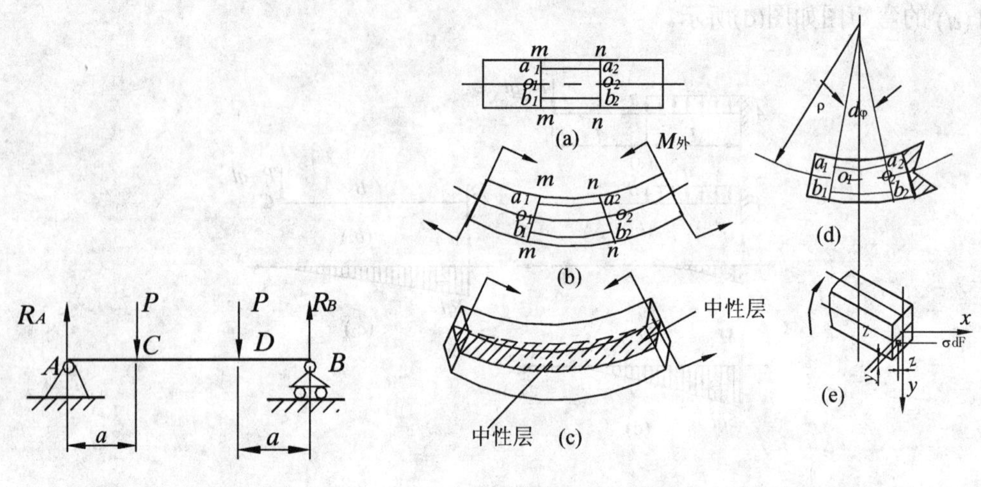

图 7.15　梁的纯弯曲　　　　图 7.16　梁纯弯曲的弯曲变形

从梁的纯弯曲变形现象可以看出，梁的主要变形是各纵向纤维受到拉伸或压缩的作用，因而梁截面上只产生正应力。下面来研究正应力在梁截面上的分布规律。

由图 7.16(b)可看到，越靠近中性层变形越小，因此根据应力、应变线性关系 $\sigma = E\varepsilon$ 知，其应力分布图(d)所示，即 $\sigma \propto y$。另外，载荷越大，截面尺寸越小，应力也越大，故 $\sigma \propto y$，$\sigma \propto I_z$，I_z 称为轴惯性矩，y 为所求应力点到中性轴的距离，故应力计算的基本公式应为

$$\sigma = \frac{M}{I_Z} y \tag{7.1}$$

当 $\frac{M}{I_Z}$ 值取定后，y 取得最大值(即为梁的上下边缘)时，σ 也为最大值。即

$$\sigma_{\max} = \frac{M}{I_Z} y_{\max} \tag{7.2}$$

上式即是梁在纯弯曲时截面上最大正应力的计算公式。由精确计算可知，对于既有剪力又有弯矩的梁，上式也能够适用。式中：M 即为横截面上的弯矩，I_z 为截面对 z 轴的惯性矩。

必须注意，公式(7.1)、(7.2)只适用于梁的材料满足虎克定律的情况，且其弹性模量在拉伸和压缩时相等的情况。

7.5.2 惯性矩的计算

1. 简单截面的惯性矩

矩形、圆形等截面对通过形心的对称轴的惯性矩可按积分定义直接计算。

1) 矩形截面的惯性矩

宽和高分别为 b 和 h 的矩形截面如图 7.17 所示，z 轴、y 轴分别过截面形心且分别平行于宽度和高度方向。为求截面对 z 轴的惯性 y，在截面上取平行于 z 轴一微元面积 $\mathrm{d}A = b\mathrm{d}y$， $\mathrm{d}A$ 至 z 轴的距离为 y，按惯性矩定义可得对 z 轴的惯性矩：

$$I_z = \int_A y^2 \mathrm{d}A = \int_{-\frac{h}{2}}^{\frac{h}{2}} y^2 b \mathrm{d}y = \frac{1}{12} bh^3$$

同样可得对 y 轴的惯性矩

$$I_y = \int_A z^2 \mathrm{d}A = \int_{-\frac{h}{2}}^{\frac{h}{2}} z^2 b \mathrm{d}z = \frac{1}{12} b^3 h$$

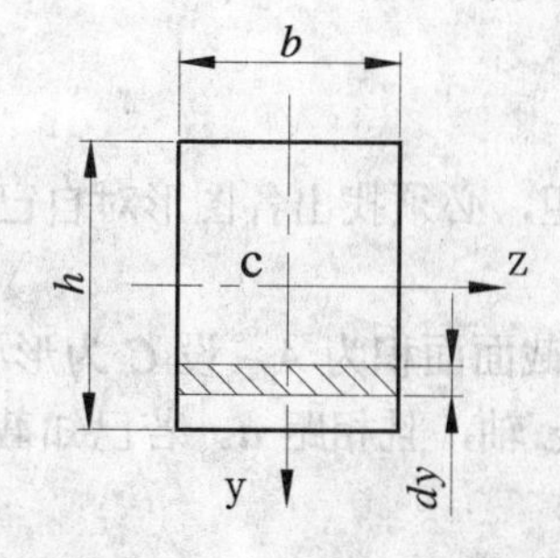

图 7.17 矩形截面的惯性矩

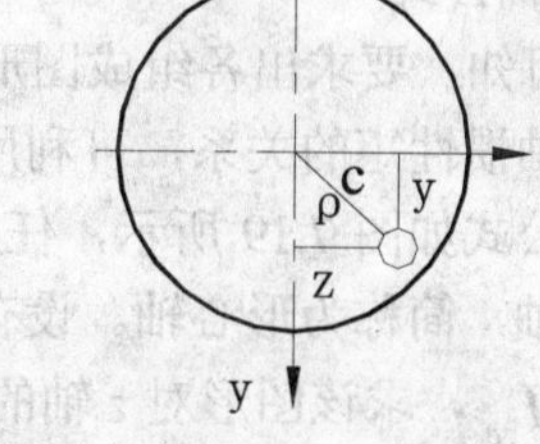

图 7.18 圆形截面的惯性矩

2) 圆形截面的惯性矩

直径为 d 的圆形截面如图 7.18 所示，z 轴、y 轴均通过圆心(直径轴)。由于圆形对任意直径轴都是对称的，因此 $I_y = I_z$。在圆截面上任取微元 $\mathrm{d}A$。由于 $\rho^2 = y^2 + z^2$，故对 z 轴的轴惯性矩可利用与极惯性矩的关系求解，即

$$I_\rho = \int_A \rho^2 \mathrm{d}A = \int_A (y^2 + z^2) \mathrm{d}A$$

$$\int_A y^2 \mathrm{d}A + \int_A z^2 \mathrm{d}A = I_y + I_z$$

又因 $$I_y = I_z$$

故 $$I_\rho = 2I_z \qquad I_\rho = \frac{\pi}{32} d^4$$

因此 $$I_y = I_z = \frac{1}{2} I_\rho = \frac{1}{2} \times \frac{\pi}{32} d^4$$

同理，对于空心圆截面，有

$$I_y = I_z = \frac{1}{2} I_\rho = \frac{\pi}{64} d^4 (1 \quad \alpha)^4$$

其中， D——空心圆截面的外径；

d——内径；

α——内外半径之比，$\alpha = d/D$。

由惯性矩定义可知，惯性矩是一个反映截面几何性质的量，永远为正值，其量纲为[长度]^4，其国际单位为 mm^4 或 m^4。

其他简单图形的惯性矩可查材料力学教材或有关手册。

2. 组合截面的惯性矩

工程实际中，不少构件截面都是简单图形组合而成的，称为组合截面。如工字钢、槽钢、角钢的横截面等。下面介绍组合截面惯性矩的计算方法。

1) 组合公式

设组合截面由几个部分(简单图形)所组成的，各部分面积分别为 A_1、A_2、A_3……A_n，根据惯性矩定义以及积分的概念，组合截面 A 对某一轴(如 z 轴)之惯性矩(I_z)等于各组成部分(A_i)对同一轴(z)轴的惯性矩(I_{zi})之和，即

$$I_z = \sum_{i=1}^{n} I_{zi} \tag{7.3}$$

2) 平行移轴公式

由式(7.3)可知，要求出各组成图形对 z 轴的惯性矩，必须找出各图形对自己形心轴的惯性矩与对 z 轴惯性矩的关系，可利用平行移轴公式。

平行移轴公式如图 7.19 所示，任意一截面图形，截面面积为 A，设 C 为形心，z_c、y_c 是通过形心的轴，简称为形心轴。设有另一 z 轴平行 z_c 轴，且相距 a。若已知截面对形心轴 z_c 的惯性矩 I_{zc}，求该图形对 z 轴的惯性矩 I_z。

在截面上任取微元面积 dA，dA 在 y-z 与 y_c-z_c 坐标系下的坐标分别为(y，z)，(y_c，z_c)。y 和 y_c 有下列关系：$y=y_c+a$。于是按惯性矩的定义，有

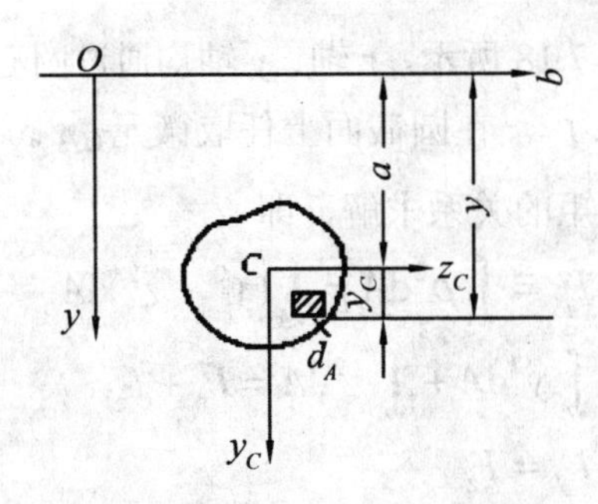

图 7.19　任意截面图形

$$\begin{aligned} I_z &= \int_A y^2 dA = \int_A (y_c + a)^2 dA \\ &= \int_A y^2{}_c dA + \int_A 2y_c a dA + a^2 \int_A dA \\ &= \int_A y^2{}_c dA + 2a\int y_c dA + a^2 \int_A dA \end{aligned}$$

其中，
$$I_{zc} = \int_A y^2{}_c dA$$

$$\int_y y_c \mathrm{d}A = s_{zc} = 0 \quad (z_c\text{是形心轴})$$

$$\int_A \mathrm{d}A = A$$

于是得到

$$I_z = I_{z_c} + a^2 A \tag{7.4}$$

这就是平行移轴定理，它表明截面对任意一轴的惯性矩等于它平行于形心轴的惯性矩与附加项之和，这附加项等于截面面积与二轴距离平方的乘积。

由式7-4可看出，截面对其形心轴的惯性矩最小。

【例7.8】 如图7.20所示为T截面。求截面对形心轴 z 的惯性矩 I_z。

【解】 (1) 取参考坐标。Oyz'，如图所示。将截面看成Ⅰ、Ⅱ两个矩形组成，其面积及形心的坐标分别是为

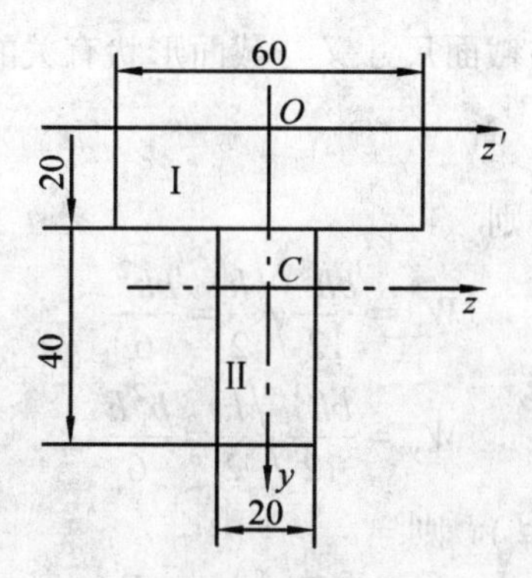

图7.20 T截面

$$A_1 = 60 \times 20 = 1200\,\text{mm}^2$$

$$y_{c_1} = \frac{20}{2} = 10\,\text{mm}$$

$$A_2 = 40 \times 20 = 800\,\text{mm}^2$$

$$y_{c_2} = (\frac{40}{2} + 20) = 40\text{mm}$$

根据计算形心的公式，组合截面形心C的纵坐标

$$y_c = \frac{y_{c_1} A_1 + y_{c_2} A_2}{A_1 + A_2} = \frac{1200 \times 10 + 800 \times 40}{1200 + 800} = 22\,\text{mm}$$

(2) 求截面对形心轴 z 的惯性矩 I_z。根据组合式(7.3)有

$$I_z = I_z(\text{Ⅰ}) + I_z(\text{Ⅱ})$$

而 z 轴不是Ⅰ、Ⅱ部分的形心轴，故求 I_z(Ⅰ)、I_z(Ⅱ)均要用到平行移轴公式，因此

$$I_z(\text{Ⅰ}) = (\frac{60 \times 20^3}{12} + (22-10)^2 \times 60 \times 20) = 21.28 \times 10^4)\text{mm}^4$$

$$I_z(\text{Ⅱ}) = (\frac{20 \times 40^3}{12} + (40-22)^2 \times 40 \times 20) = 36.59 \times 10^4)\text{mm}^4$$

由组合式，有

$$I_z = I_z(\text{Ⅰ}) + I_z(\text{Ⅱ}) = (21.28\times10^4 + 36.59\times10^4) = 57.87\times10^4\ \text{mm}^4$$

7.5.3 抗弯截面模量

由最大正应力计算的基本公式(7.2)知道

$$\sigma_{\max} = \frac{M_z y_{\max}}{I_z}$$

若令

$$W_z = \frac{I_z}{y_{\max}} \tag{7.5}$$

则

$$\sigma_{\max} = \frac{M_z}{W_Z} \tag{7.6}$$

其中，$W_z = \dfrac{I_z}{y_{\max}}$是一既与截面尺寸又与截面形状有关的几何量，称为抗弯截面模量，其单位为mm^3或m^3。

(1) 对于矩形截面($b\times h$)，则

$$W_z = \frac{bh^3}{12}\bigg/\frac{h}{2} = \frac{bh^2}{6} \tag{7.7}$$

$$W_y = \frac{bh^3}{12}\bigg/\frac{h}{2} = \frac{b^2h}{6} \tag{7.8}$$

(2) 对于圆形截面(直径为d)，则

$$W_z = \frac{\pi d^4}{64}\bigg/\frac{d}{2} = \frac{\pi d^3}{32} \tag{7.9}$$

(3) 对于空心圆形截面(内径、外径为d、D，$\alpha = \dfrac{d}{D}$)，则

$$W_z = \frac{\pi D^4}{16}(1-a^4)\bigg/\frac{D}{2} = \frac{\pi D^3}{32}(1-a^4) \tag{7.10}$$

若梁的横截面只有一根对称轴，则平面弯曲时，梁截面上最大拉应力

$$\sigma_{\max}^{+} = \frac{M_z y_{\max}^{+}}{I_z}$$

$$\sigma_{\max}^{-} = \frac{M_z y_{\max}^{-}}{I_z}$$

其中，$y_{\max}^{-}$为绝对值。

需要指出的是，上述最大正应力都是对指定截面而言的，并不一定是梁内最大正应力。

7.6 弯曲正应力强度条件及应用

上节介绍了纯弯曲时梁的正应力计算方法。但在工程实际中最常见的梁还受到横向力的作用，即横力弯曲。横截面上既有剪力又有弯矩。由于剪力的存在，梁的横截面将发生翘曲。在与中性轴平行的纵截面上，尚有横向力引起的挤压应力。但由较精确的分析证明，

对于跨长与横截面高度之比$\dfrac{l}{h}$大于 5 的梁，横截面上的正应力变化规律与纯弯曲时的情况几乎相同。另外，在工程中常用的梁，其$\dfrac{l}{h}$常远大于 5，因此，纯弯曲时的正应力计算公式可以足够精确地用以计算梁在横力弯曲时横截面上的正应力。

7.6.1　弯曲正应力强度条件

对细长梁而言，弯矩对强度的影响要比剪力的影响大得多。对它进行强度计算时，主要考虑弯曲正应力的影响，可以忽略剪应力的影响。因此对梁上的最大正应力必须加以限制。即

$$\sigma_{\max}=\frac{M_{\max}}{W_Z}\leqslant[\sigma] \tag{7.11a}$$

这就是只考虑正应力时的强度准则，又称为弯曲强度条件。其中，$[\sigma]$为弯曲许用应力，它等于或略大于拉伸许用应力；$\sigma_{\max}$为梁内最大正应力，它发生在梁的“危险面”上的“危险点”处。

7.6.2　弯曲正应力强度计算

应用弯曲强度条件式(7.11a)进行了强度计算时，一般应遵循下列步骤：

(1) 进行受力分析，正确确定约束反力；据梁上的载荷，正确画出梁的弯矩图。

(2) 根据梁的弯矩图，确定可能的危险面：对变截面梁，根据弯矩和截面变化情况，才能确定危险面。

(3) 根据应力分布和材料力学性能确定可能的危险点：对拉、压许用应力相同的材料(例如钢材等)，最大拉应力点和最大压应力点(绝对值最大)都有可能是危险点。

(4) 应用强度条件可解决对梁进行强度校核、截面尺寸设计以及许可载荷确定等三类强度问题：对于拉、压许用应力相等材料，应用式(7.11a)进行强度校核；对于拉、压许用的应力不相等材料，强度条件应为

$$\sigma_{\max}\leqslant[\sigma]^{+}\qquad\qquad \sigma^{-}_{\max}\leqslant[\sigma]^{-} \tag{7.11b}$$

其中$[\sigma]^{+}$ 、$[\sigma]^{-}$ ——材料的拉、压许用应力；

$\sigma_{\max}$ ——最大拉应力；

$\sigma^{-}_{\max}$ ——最大压应力。

【例 7.9】 一等截面简支梁的受力情况及截面尺寸如图 7.21 所示，已知截面对 z 轴的轴惯性矩 $I_z=8530\text{cm}^4$ ，载荷 P=40kN 材料的许应拉应力 $[\sigma]^{+}=40\text{MPa}$ ，许应压应力 $[\sigma]^{-}=90\text{MPa}$ 。按正应力强度条件进行校核。

【解】 (1) 画弯矩图，如图(a)所示。最大弯矩

$$M_{\max}=\frac{P}{4}l=\frac{40}{4}\times4=40\ \text{kN·m}$$

故在梁的中间截面上为危险面。

(2) 确定危险点。在 $M_{\max}=40\ \text{kN·m}$ 的截面上梁的上边缘与下边缘分别有最大压应力

值(绝对值)与最大拉应力值，且前者大于后者，但由于$[\sigma]^-$也大于$[\sigma]^+$，故上边缘与下边缘为危险点。须对上与下边缘加以校核。

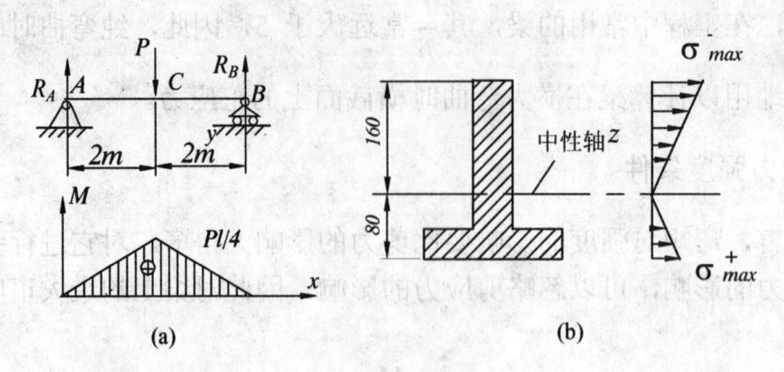

图 7.21　等截面简支梁的最大弯矩

(3) 按式(7.11b)进行强度校核，即

$$\sigma_{\max}^{-}=\frac{M_{\max}y_1}{I_z}=\frac{40\times10^3\times160\times10^3}{8530\times(10^{-2})^4}=75\text{ MPa}<[\sigma]^-$$

$$\sigma_{\max}^{+}=\frac{M_{\max}y_2}{I_z}=\frac{40\times10^3\times80\times10^3}{8530\times(10^{-2})^4}=37.5\text{ MPa}<[\sigma]^+$$

故梁能满足弯曲正应力强度条件。

【例 7.10】 一简支梁，在全梁上受均布载荷的作用，如图(7.22(a))所示。已知梁的跨长为L=500mm，其横截面为矩形(图 7.22(b))，高度 h=12mm，宽度 b=8mm，均布载荷的集度q=1kN/m，材料的许用应力$[\sigma]$=170MPa，试按正应力校核此梁的强度。

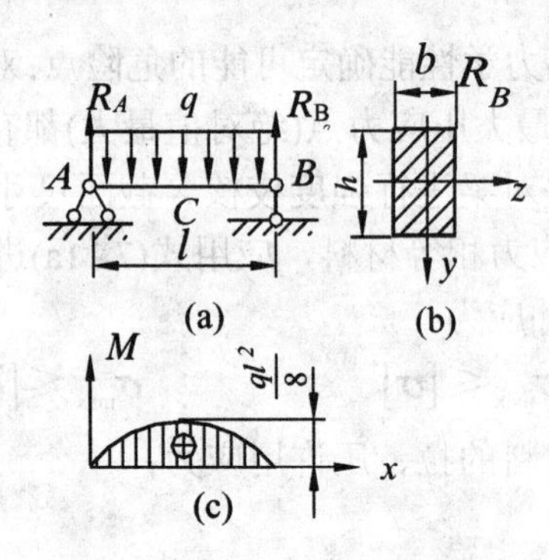

图 7.22　受均布载荷的梁

【解】 (1) 求约束反力，如图 7.22(a)所示，由平衡方程得

$$R_A=R_B=0.25\text{ kN}$$

(2) 确定可能的危险面。全梁分 AC、CB 三段，分别写出弯矩方程(也可根据 Q、M、q 的微分关系得到)，根据方程画出弯矩图(见图 7.22(c))。

由弯矩图可知，最大弯矩发生在 x=0.25m 的截面 C 上，故截面 C 为可能的危险面。

(3) 求梁内最大正应力。

$$\sigma_{\max}^{+}=\frac{M_E}{W_z}=\frac{6M_E}{bh^2}=\frac{6\times1000\times0.5^2}{0.008\times0.012^2\times8}=156<170\text{ MPa}$$

强度条件能够满足。

【例 7.11】 铸铁悬臂梁的尺寸及受力如图 7.23(a)所示，已知材料的许用拉应力 $[\sigma]^+ = 20\,\text{MPa}$，许应压应力 $[\sigma]^- = 40\,\text{MPa}$，截面对中性轴的惯性矩 $I_z = 1.02\times10^8\,\text{mm}^4$，$P = 20\,\text{kN}$。试校核梁的强度。

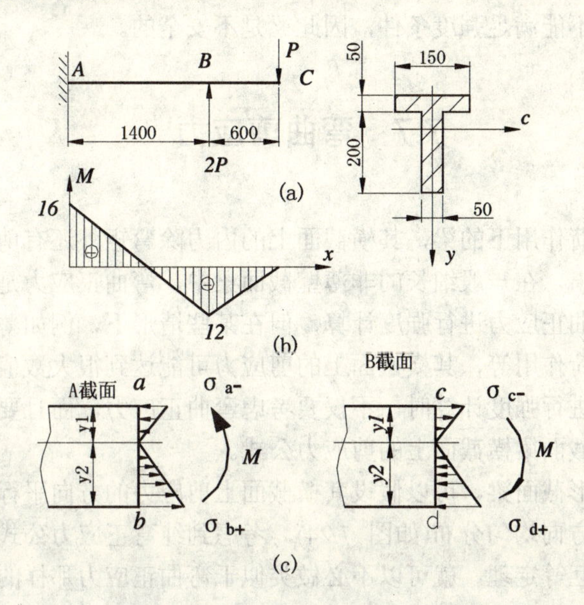

图 7.23　铸铁悬臂梁的各截面的应力

【解】 (1) 确定危险截面。梁的弯矩图如图(7.23(b))所示，从弯矩图可以看出；最大正弯矩作用在截面 A 上，最大负弯矩作用在截面 B 上，由于梁截面只有一根对称轴且 $[\sigma]^- \neq [\sigma]^+$，因此截面 A、B 均可能为危险截面。其上的弯矩值分别为

$$|M_A| = 16\text{kN·M}，\quad |M_B| = 12\text{kN·M}$$

其方向如图 7.23(b)所示。

(2) 确定危险点，并进行强度校核。根据弯矩 M_A、M_B 的方向可画出截面 A、B 上的正应力分布图，如图 7.23(c)所示，截面 A 的下边缘各点(例如点 b)与截面 B 的上边缘各点(例如点 c)均受拉应力；截面 A 上的上边缘各点(例如点 a)与截面 B 的下边缘各点(例如点 d)均受压应力。

因为 $|M_A| > |M_B|$，$y_2 > y_1$，故 $\sigma_b^+ > \sigma_c^+$，即梁内最大拉应力发生在截面 A 的下边缘各点(例如点 b)

又因为　　$|M_A|/|M_B| = 1.333$，而 $|y_2|/|y_1| = 0.628$，

所以　　$$|\sigma_a^-|:|\sigma_d^-| = \frac{|M_A|\cdot|y_1|}{I_z}:\frac{|M_B|\cdot|y_2|}{I_z} = \frac{|M_A|}{|M_B|}\cdot\frac{|y_1|}{|y_2|} = 0.836$$

故　　$|\sigma_d^-| > |\sigma_a^-|$

这表明梁内最大正应力发生在截面 B 下边缘各点(例如点 d)。于是有

$$\sigma_{\max}^{+}=\sigma_{b}^{+}=\frac{M_{A}y_{2}}{I_{z}}=\frac{16\times10^{6}\times(250-96.4)}{1.02\times10^{8}}=24.09\,\text{MPa}>[\sigma]^{+}$$

$$\sigma_{\max}^{-}=\sigma_{d}^{-}=\frac{M_{B}y_{2}}{I_{z}}=\frac{12\times10^{6}\times(250-96.4)}{1.02\times10^{8}}=18.07\,\text{MPa}<[\sigma]^{-}$$

梁内最大拉应力不能满足强度条件，因此梁是不安全的。

7.7 弯曲剪应力

对于一般横向载荷作用下的梁，其横截面上的内力除弯矩外还有剪力，而剪力将引起剪应力。前面已经指出，在一般细长的非薄壁截面梁中，弯曲正应力是决定梁强度的主要因素。因此只需按弯曲正应力进行强度计算，但在某些情形下，例如薄壁截面梁、细长梁在支座附近有集中载荷作用等，其横截面上的剪应力可能达到很大数值，致使结构发生强度失效，这时，对梁进行强度计算时，不仅要考虑弯曲正应力，而且要考虑弯曲剪应力。本节将简单介绍矩形截面梁横截面上的剪应力公式。

对于窄而高的矩形截面梁，可以假设其横截面上剪应力的方向平行于截面侧边。且剪应力沿横截面的宽度方向均匀分布(如图 7.24)。考虑到纯弯正应力公式在横弯时的近似可用性，再应用剪应力互等定理，就可以不必做类似于弯曲正应力那样的推导过程，而只需通过局部梁的平衡条件，即可导出横弯时梁横截面上任意点剪应力公式

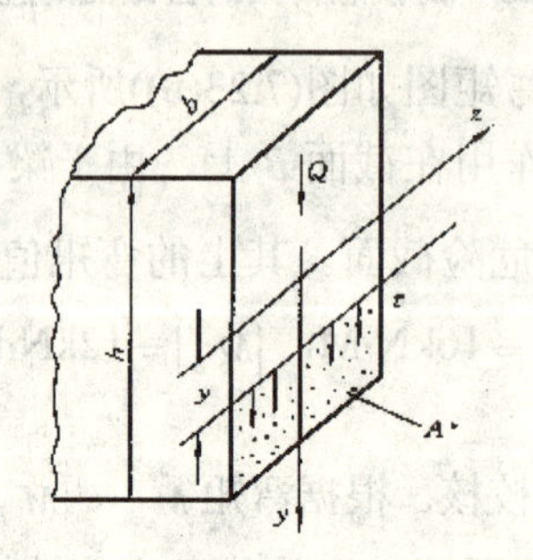

图 7.24　矩形截面梁剪应力分布

$$\tau=\frac{QS_{z}^{*}}{bI_{z}}\tag{7.12}$$

其中，　Q—所有求应力截面上的剪力；

I_z—整个截面图形对中轴的惯性矩；

b—横截面上所求应力点处的宽度；

S_z^*—过所要求应力的点作中性轴的平行线一侧的截面 A^+ 对中性轴的静矩

$$S_z^*=\int A^* y^* dA$$

对于宽度为 b、高度为 h 的矩形截面，A^* 对中性轴 z 的静矩(如图 7.24)为

$$S_z^* = A^* y_c^* = b(\frac{h}{2} - y)(\frac{h}{4} + \frac{y}{2})$$

$$= \frac{bh^2}{8}(1 - \frac{4y^2}{h^2})$$

其中， y_c^*——面积 A^* 形心 C 到中心轴的距离。

将上式及 $I_z = bh^3/12$ 代入式(7.12)，得矩形截面剪应力沿截面高度分布的公式

$$\tau = \frac{3Q}{2bh}(1 - \frac{4y^2}{h^2}) \tag{7.13}$$

式(7.13)表明，矩形截面梁的弯曲剪应力 τ 沿截面高度方向按二次抛物线规律变化。当 $y = \frac{h}{2}$ 时，即在截面的上、下边缘处，$\tau = 0$；在中性轴上，即 $y = 0$ 处剪应力最大，其值为

$$\tau = \frac{3Q}{2bh} = \frac{3Q}{2A} \tag{7.14}$$

即最大剪应力为平均剪应力的 1.5 倍。

根据以上分析，可画出截面高度方向的剪应力分布图(见图 7.25)。

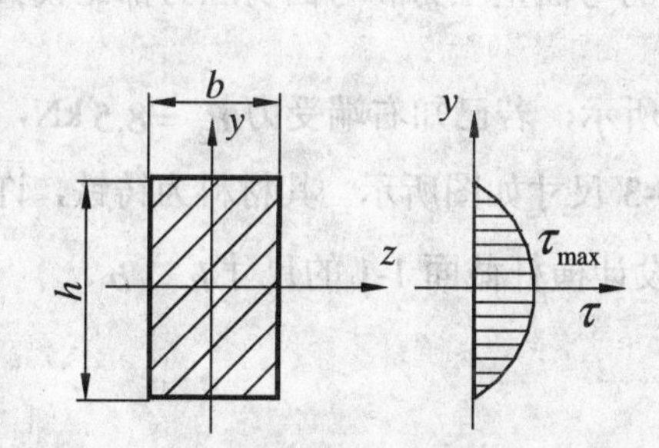

图 7.25 矩形截面梁的弯曲剪应力分布

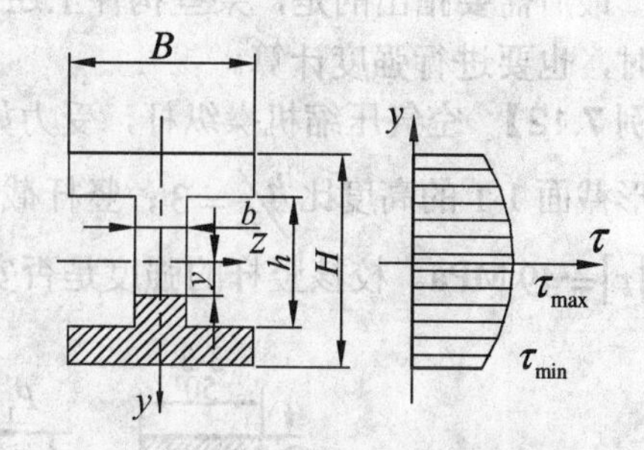

图 7.26 工字形截面梁剪应力分布

应用式(7.13)计算横截面上的剪应力时，可以不考虑式中各项的正负号，而直接由剪力方向确定与之对应的剪应力方向，因为两者的方向是一致的。

工字形截面的上、下部分称为翼缘，中间部分称为腹板，计算结果表明，横截面上的剪应力主要分布于腹板上，如图 7.26 所示，同样可以应用式(7.13)计算。

最大剪应力在中性轴上，其值为

$$\tau_{max} = \frac{QS_{z\max}^*}{bI_z} \tag{7.15}$$

其中， A——腹板面积；

S_{max}——中性轴一侧截面积对中性轴的静矩；

b——腹板宽度。

对于轧制的工字钢，式(7.14)中的 $I_z / S_{z\max}^*$ 数值查型钢表得到。

腹板上的剪应力仍按抛物线规律变化。当腹板宽度 b 远小于翼缘宽度 B 时，腹板上最大剪应力与最小剪应力相差不大，可近似认为剪应力在腹板上是均匀分布的。

需要注意的是，弯曲剪应力公式是在纯弯正应力公式基础上推导出来的。因此其适用条件与弯曲正应力公式的适用条件相同。

最大剪应力一般位于截面的中性轴上，而中性轴上各点的弯曲正应力为零，所以最大剪应力作用点属于纯剪切状态，其强度条件为

$$\tau_{max} \leqslant [\tau] \tag{7.16}$$

在大多数情形下，剪应力要比弯曲正应力小得多，而截面上最大正应力作用点处剪应力等于零(如矩形截面上、下边缘各点)，因而只需对最大正应力点作强度计算。只是在以下几种情形下，才对最大剪应力点作强度计算：

(1) 支座附近有较大的载荷，此时梁的最大弯矩较小，但最大剪力却可能较大。

(2) 焊接或铆接工字形薄壁截面梁，其腹板较小而截面高度较大，此时腹板上的剪应力可能较大。

(3) 各向异性材料梁，如木梁。由于木材在顺纹方向的抗剪强度差，因而中性层上的剪应力可能超过许用值，致使梁沿中性层发生剪切破坏。

在梁的强度设计中，一般是先按弯曲正应力强度条件来确定截面尺寸，必要时再校核梁内最大弯曲剪应力强度。

最后需要指出的是，某些构件上还有一些点的弯曲正应力和弯曲剪应力都比较大，必要时，也要进行强度计算。

【例 7.12】 空气压缩机操纵杆，受力如图 7.27 所示，若已知右端受力 $P_2 = 8.5\,\text{kN}$，横杆矩形截面 1-1 的高度比 $h/b = 3$；竖杆截面 2-2、3-3 尺寸如图所示。其材料为铸铁，许用应力 $[\tau] = 49\,\text{MPa}$。校核竖杆的强度是否安全，并设计横杆截面 1-1 的尺寸 h、b。

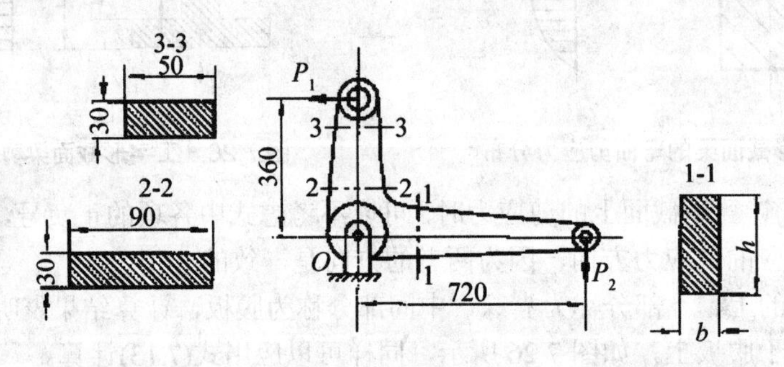

图 7.27　空气压缩机操纵杆

【解】 (1) 校核竖杆的强度。由操纵杆的平衡条件

$$\sum m_0 = 0$$

$$P_1 \times 360 - P_2 \times 720 = 0$$

得

$$P_1 = \frac{720}{360} P_2 = 17\,\text{kN}$$

竖杆在力 P_1 作用下，可能有两个危险截面：最大弯矩作用的截面(截面 2-2)和最大剪应力作用的截面(剪力沿轴线方向相同，但截面 3-3 尺寸最小，故其上剪应力最大)。现分别校核之。对于截面 2-2，因为与支承处很接近，故其上之弯矩可近似为 $M_{z\max} = P_1 \times 360$。

最大正应力点为危险点，其应力值为

$$\sigma_{\max}=\frac{M_{z\max}}{W_z}=\frac{P\times 360}{30\times 90^2/6}=151\text{ MPa}>[\sigma]$$

所以竖杆的截面2-2强度是不安全的。为使竖杆安全，在厚度(30mm)不变时，可适当加大宽度。设宽度为h，由强度条件，有

$$\frac{P_1\times 360}{30h^2/6}\leqslant 49\text{MPa}$$

解得
$$h=\sqrt{\frac{17\times 10^3\times 6\times 360}{30\times 49}}=158\text{ mm}$$

对于截面3-3，只需校核最大剪应力作用点强度，最大剪应力发生在截面3-3的中性轴上各点，其值为

$$\tau_{\max}=\frac{3}{2}\times\frac{Q}{A}=\frac{3\times 17\times 10^3}{2\times 30\times 50}=17\text{ MPa}<[\tau]$$

故截面3-3的强度是安全的。

(2) 设计横杆的截面尺寸、根据最大正应力作用点的强度条件，在截面1-1上应满足

$$\sigma_{\max}=\frac{M_{z\max}}{W_z}\leqslant[\sigma]$$

其中，$M_{z\max}=P_2\times 720, [\sigma]=49\text{ MPa}$，$W_z=bh^2/6$，$h=3b$，于是由上式可以算出

$$b\geqslant\sqrt[3]{\frac{P_2\times 720\times 6}{9[\sigma]}}=\sqrt[3]{\frac{8.5\times 10^3 720\times 6}{9\times 49}}=43.7\text{ mm}$$

于是有$h=3b=131\text{ mm}$

因此所设计的横杆为$b=43.7\text{ mm}$，$h=131\text{ mm}$。

7.8 提高梁的弯曲强度的主要措施

梁的强度计算通常是由正应力强度条件控制的。所谓提高梁的弯曲强度，是指用尽可能少的材料，使梁能够承受尽可能大的载荷，达到既经济又安全、减轻结构重量等目的。对于一般细长梁，影响梁强度的主要因素是弯曲正应力。因此，应使梁内的正应力尽可能地小。根据最大正应力点的强度条件

$$\sigma_{\max}=\frac{M_{z\max}}{W_z}\leqslant[\sigma]$$

为使最大工作应力$\sigma_{\max}$尽可能小，在不改变所用材料的前提下，可降低最大弯矩或增大梁的抗弯截面系数。由此，根据结构或构件的工作条件，可以采用相应的提高梁强度的措施。工程中常见的提高梁强度措施有以下几种。

1. 选择合理的截面形状

根据最大弯曲正应力公式，当弯矩一定时，最大正应力的数值与抗弯截面模量成反比。为了减轻自重并节约使用材料，所采用的横截面形状应该是横截面面积A较小，而抗弯截面模量W较大，也就是使比值W/A尽可能大。这可以从两方面来实现。

(1) 对于一定的W值，选择合理的截面形状，使截面积 A 尽可能小，从而使W/A比值较大。例如，给定$W=1.5\times10^6\ \text{mm}^3$若采用矩形截面积(其宽度比为$h/b=2$)，由$W=bh^2/6$得截面宽为131mm，高为262mm，面积$A=3.34\times10^4\ \text{mm}^2$，这时$W_z/A=43.7\text{mm}$；而采用工字形截面，由型钢表查得其型号为 $45b$。面积$A=1.11\times10^4\ \text{mm}^2$，这时$W_z/A=135\text{mm}$；可见，采用工字型形截面要比采用矩形截面更合理。

(2) 对于一定的横截面积A，通过选择合理截面形状，使其W_z值尽可能大，从而获得较大的W_z/A值。当梁竖直放置(见图 7.28(a))时，若载荷作用在铅直对称面内，中性轴为 Z 轴，$W_z=2b^3/3$，$W_z/A=b/3$；当梁水平放置(图 7.28(b))时，若仍在铅垂面加载，中性轴仍为 Z 轴，则$W_z=b^3/3$，$W_z/A=b/6$。可见，梁竖直放置时W_z/A的值为水平放置时的 2 倍，因此竖直放置更为合理。

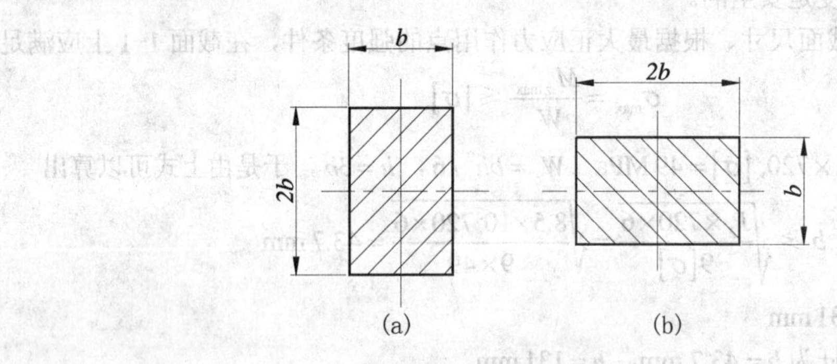

图 7.28　梁竖直与水平放置的 *W/A*

上述措施可以从梁横截面上弯曲正应力分布找到解释。在弹性范围内，弯曲正应力沿截面高度线性分布，距中性轴愈远的点正应力愈大，中性轴附近点上的正应力很小。当距中性轴最远点的应力达到许用应力值时，中性轴附近点的应力还远远小于许用应力，这部分材料便没有充分利用。在不破坏整体性的前提下，可以将中性轴附近的材料移至中性轴较远处，从而形成工程结构中常用的空心截面以及工字型、箱型和槽型截面等的“合理截面”构件。

合理设计梁的截面时，在考虑使材料尽可能离中性轴较远时，还应考虑不同材料的特性。对于许应拉、压应力相等的塑性材料，应采用工字型等具有一对对称轴的截面，使其截面上的最大拉应力与最大压应力同时达到材料的许用应力，从而使材料得以充分利用；对于许用拉、压应力不等的脆性材料，则应采用 T 字型等只具有一个对称轴的截面，并使距中性轴较远的点受压应力，距中性轴较近的点受拉应力，充分发挥抗压性能强的优点。

2. 采用变截面梁或等强度梁

梁的强度计算中，主要是以限制危险面上危险点的正应力不大于许用应力为依据的。除了纯弯梁之外，一般载荷作用下，梁上的弯矩沿梁长方向各不相等。因此，当危险面上危险点的正应力达到许用应力时，其他截面上的最大正应力尚未达到这一数值，而且大部分截面上的最大正应力远未达到许用应力值。因此，从节省材料、减轻结构重量的角度看，这样的设计不尽合理。所以，节省材料及减轻构件重量，常常在弯矩较大处采用尺寸较大的横截面；在弯矩较小处采用较小横截面，即截面尺寸随弯矩的变化而变化，这就是变截面梁。还可以将变截面梁设计成等强度梁，等强度梁上每个横截面上的最大弯曲正应力都同时等于材料的许用应力值，显然，等强度梁的材料利用率最高、重量最轻，因而是最合理的。但由于这种梁的截面尺寸沿梁轴线连续变化，加工制造时有一定的难度。故一些实际弯曲构件都设计成近似的等强度梁。例如，建筑结构中鱼腹梁、电机转子的阶梯轴以及摇臂钻床的截面摇臂等均属此例。

3. 改变梁的受力情况

为提高梁的强度，还可以通过改善梁的受力或改变支座位置，使梁内弯矩的最大值尽量降低。

适当改变支座位置可以有效地降低最大弯矩值。例如图 7.29(a)所示简支梁受均布载荷 q 作用，梁内的最大弯矩值 $M_{max}=ql^2/8$，如图 7.29(b)所示。若两端支座各向内移动 $l/5$(见图 7.29(c))所示。则梁内的最大弯矩降低为 $M_{max}=ql^2/40$，如图 7.29(d)所示，仅为原来最大弯矩值 的 1/5。但要注意的是，当支座向梁的中点移动，梁的中间截面弯矩降低的同时，支座处梁的截面上弯矩却随之增加。

增加副梁(或称辅助梁)也是降低最大弯矩值的有效措施，例如图 7.30(a)所示简支梁，在跨度中点受一集中力 P 的作用，其最大弯矩值 $M_{max}=Pl/4$(见图 7.30(b))。若在此梁中部安置一根长为 $l/2$ 的副梁，如图 7.30(c)所示，则梁便将集中载荷 P 分为两个大小相等的集中力 $P/2$，再加到主梁上，同时改变了主梁上的力的作用点。此时主梁的弯矩图 7.30(d)所示，最大弯矩 $M_{max}=Pl/8$，仅为原来最大弯矩的一半。

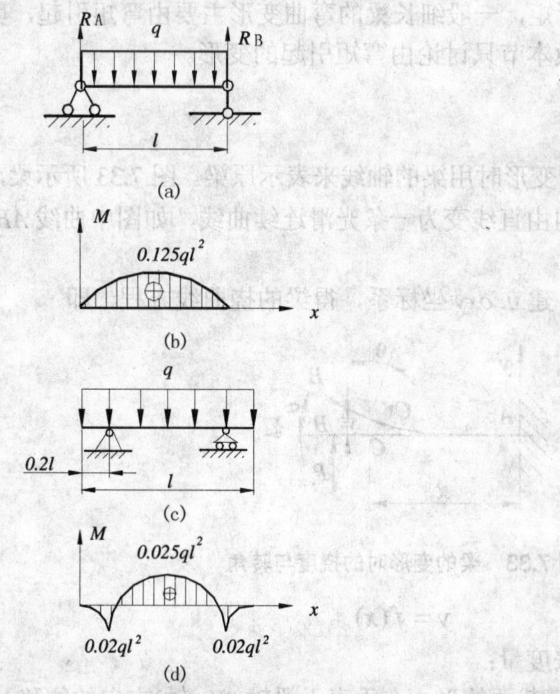

图 7.29　简支梁支座位置不同的 M_{max}

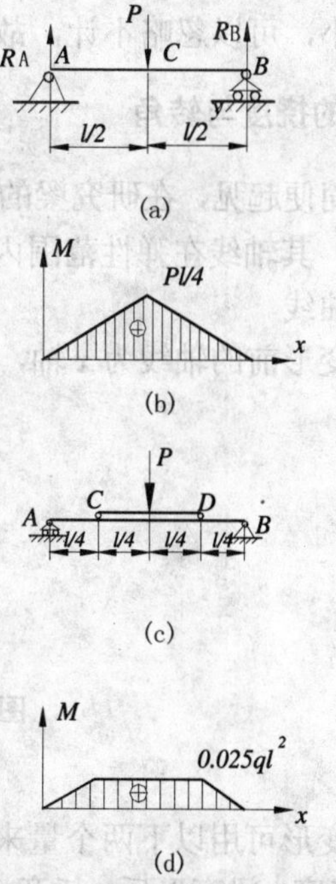

图 7.30　简支梁增加副梁降低最大弯矩

需要特别指出的是，虽然提高梁强度的措施很多，但在实际设计构件时，不仅要考虑弯曲强度，还应考虑刚度、稳定性、工艺要求及结构功能等诸多因素。

7.9 梁的变形与刚度条件

前面研究了梁的强度问题，但在工程实际中，一些梁除了满足强度条件外，有时还必须满足刚度要求。即受载后弯曲不能过大，否则构件同样不能正常工作。例如齿轮传动轴(见图 7.31)，若变形过大，将影响齿轮的啮合、轴与轴承的配合，造成磨损不均匀，将严重影响它们的寿命，或影响机床的加工精度。有时又要利用弯曲变形达到某种目的。例如，对碟形弹簧(见图 7.32)，要求有较大的变形，才能更好地起到缓冲作用。在工程实际中，类似这样的情况还有很多，因此有必要对梁的变形进行研究。

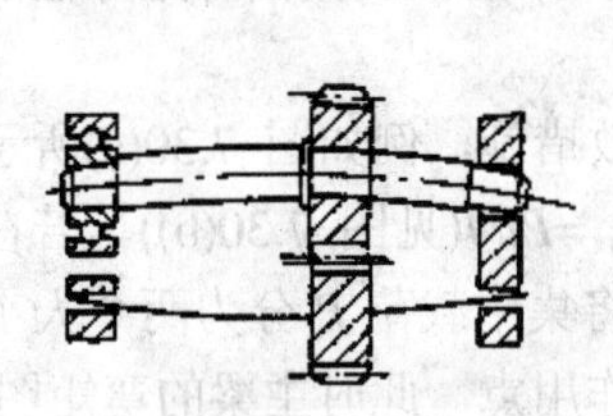

图 7.31 齿轮转动轴的弯曲变形

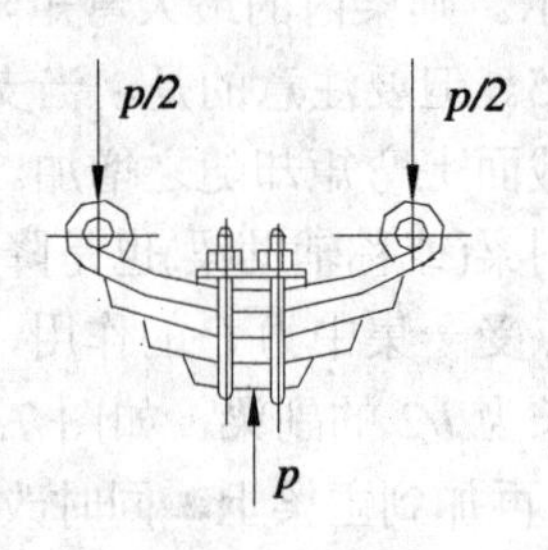

图 7.32 碟形弹簧

梁弯曲时的内力是剪力和弯矩，一般细长梁的弯曲变形主要由弯矩引起，剪力对变形的影响很小，可以忽略不计，故本节只讨论由弯矩引起的变形。

7.9.1 梁的挠度与转角

为了简便起见，在研究梁的变形时用梁的轴线来表示原梁。图 7.33 所示梁，在受外力 P 作用后，其轴线在弹性范围内由直线变为一条光滑连续曲线，如图中曲线 AB_1。这条曲线称为挠曲线。

取梁变形前的轴线为 x 轴，建立 oxy 坐标系，得梁的挠曲线方程，即

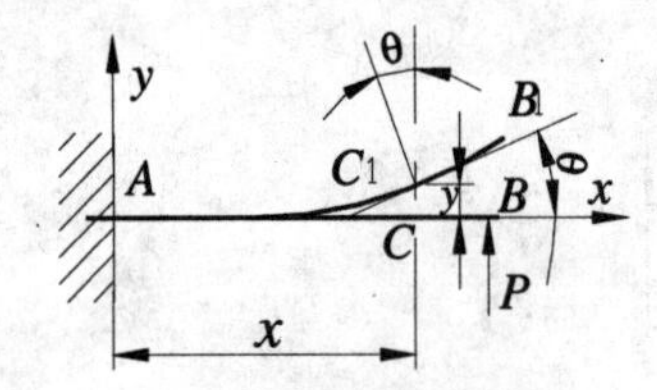

图 7.33 梁的变形时的挠度与转角

$$y = f(x)$$

梁的变形可用以下两个量来度量：

(1) 挠度。梁变形后，任意横截面的形心在垂直于梁轴线(x 轴)方向的位移，用 y 表示，单位为毫米(mm)。

(2) 转角。梁变形后，横截面绕中性轴所转过的角度，用 θ 表示，单位为弧度(rad)。

根据平面假设，变形后的横截面仍垂直于挠曲线，故转角θ等于挠曲线在该点的切线与x轴的夹角。

$$\tan\theta = \frac{dy}{dx} = f'(x) \tag{7.17}$$

由于θ角较小，可写成

$$\theta = \frac{dy}{dx} = f'(x) \tag{7.18}$$

在图示坐标中，y向上为正，θ逆时针转为正；反之则为负。式(7.18)表示梁的挠曲线上任意一点的斜率等于该点处横截面的转角。

研究梁的变形，就是要找出截面的挠度与转角。

7.9.2　挠曲线近似微分方程

由纯弯曲变形下的公式$\frac{1}{\rho}=\frac{M}{EI}$得到梁的中性轴曲率，也就是挠曲线的曲率，即$\frac{1}{\rho(x)}=\frac{M(x)}{EI}$，由微分方程推导可得

$$\frac{d^2y}{dx^2}=\frac{M(x)}{EI} \tag{7.19}$$

式7.19称挠曲线近似微分方程。将方程对x进行一次积分和二次积分便可得到挠曲线方程和转角方程。

梁的弯矩方程是分段建立的，因此，挠曲线方程也是分段建立的。而积分常数由边界条件决定，与梁的变形条件、约束情况、分段处挠曲线光滑条件等有关。

积分法是求梁变形的基本方法。在工程实际中，为应用方便，已用积分法将简单载荷作用下等截面梁的挠度和转角的计算法列成表格(见表7-1)。

表7-1　梁在简单载荷作用下的变形

序号	梁的简图	挠曲线方程	端截面转角	最大挠度
1	A, m, B, l	$y=-\frac{mx^2}{2EI}$	$\theta_B=-\frac{ml}{EI}$	$y_B=-\frac{ml^2}{2EI}$
2	A, P, B, l	$y=-\frac{Px^2}{6EI}(3l-x)$	$\theta_B=-\frac{Pl^2}{2EI}$	$y_B=-\frac{Pl^3}{3EI}$
3	A, P, B, a, l	$y=-\frac{Px^2}{6EI}(3a-x)$ $(0\leqslant x\leqslant a)$ $y=-\frac{Pa^2}{6EI}(3x-a)$ $(a\leqslant x\leqslant l)$	$\theta_B=\frac{Pa^2}{2EI}$	$y_B=-\frac{Pa^2}{6EI}(3l-a)$

续表

序号	梁的简图	挠曲线方程	端截面转角	最大挠度
4		$y=-\frac{qx^2}{24EI}(x^2-4lx+6l^2)$	$\theta_B=-\frac{ql^3}{6EI}$	$y_B=-\frac{ql^4}{8EI}$
5		$y=-\frac{mx}{6EIl}(l-x)\cdot(2l-x)$	$\theta_A=-\frac{ml}{3EIl}$ $\theta_B=\frac{ml}{6EI}$	$x=(1-\frac{1}{\sqrt{3}}l)$ $y_{max}=-\frac{ml^3}{9\sqrt{3}EI}$ $x=\frac{l}{2}$, $y_{l/2}=-\frac{ml^2}{16EI}$
6		$y=-\frac{mx}{6EIl}(l^2-x^2)$	$\theta_A=-\frac{ml}{6EIl}$ $\theta_B=\frac{ml}{3EI}$	$x=\frac{1}{\sqrt{3}}$ $y_{max}=-\frac{ml^2}{9\sqrt{3}EI}$ $x=\frac{l}{2}$, $y_{l/2}=-\frac{ml^2}{16EI}$
7		$y=\frac{mx}{6EIl}(l^2-3b^2-x^2)$ $(0\leqslant x\leqslant a)$ $y=-\frac{m}{6EIl}[(-x^3+3l(x-a)^2$ $+(l^2-3b^2)x]$ $(a\leqslant x\leqslant l)$	$\theta_A=\frac{ml}{6EIl}(l^2-3b^2)$ $\theta_B=\frac{m}{6EIl}(l^2-3a^2)$	
8		$y=-\frac{Px}{48EI}(3l^2-4x^2)$ $(0\leqslant x\leqslant\frac{l}{2})$	$\theta_A=-\theta_B=-\frac{Pl^2}{16EI}$	$y_{max}=-\frac{Pl^3}{48EI}$
9		$y=\frac{Pbx}{6EIl}(l^2-x^2-b^2)$ $(0\leqslant x\leqslant a)$ $y=-\frac{Pb}{6EIl}[\frac{l}{b}(x-a)^3$ $+(l^2-b^2)x-x^3]$ $(a\leqslant x\leqslant l)$	$\theta_A=-\frac{Pab(l+b)}{6EIl}$ $\theta_B=\frac{Pab(l+a)}{6EIl}$	设 $a>b$ 在 $x=\sqrt{\frac{l^2-b^2}{3}}$ 处 $y_{max}=-\frac{Pb\sqrt{(l^2-b^2)^3}}{9\sqrt{3}EIl}$ 在 $x=\frac{1}{2}$ 处 $y=-\frac{Pb(3l^2-4b^2)}{48EI}$
10		$y=-\frac{qx}{24EI}(l^3-2lx^2+x^3)$	$\theta_A=-\theta_B=-\frac{ql^3}{24EI}$	$y_{max}=-\frac{5ql^4}{384EI}$

续表

序号	梁的简图	挠曲线方程	端截面转角	最大挠度
11	A B P l/2 l/2 a	$y=\frac{Pax}{6EIl}(l^2-x^2)$ $(0\leqslant x\leqslant l)$ $y=-\frac{P(x-l)}{6EIl}\cdot$ $[a(3x-l-(x-l)^2]$ $(l\leqslant x\leqslant (l+a))$	$\theta_A=-\frac{1}{2}\theta_B=\frac{Pal}{6EI}$ $\theta_C=\frac{Pa}{6EIl}(2l+3a)$	$y_C=-\frac{Pa^2}{3EI}(l+a)$
12	A B m l a	$y=\frac{mx}{6EIl}(x^2-l^2)$ $(0\leqslant x\leqslant l)$ $y=-\frac{m}{6EI}\cdot(3x^2-4xl+l^2)$ $(l\leqslant x\leqslant (l+a))$	$\theta_A=-\frac{1}{2}$ $\theta_B=\frac{ml}{6EI}$ $\theta_C=-\frac{m}{3EI}(l+3a)$	$y_C=-\frac{ma}{6EI}(2l+3a)$

7.9.3　求梁变形的查表法和叠加法

在多个载荷作用下计算梁的变形时，由于分段多，积分和求积分常数的运算比较麻烦，而在工程中又常常只需要求某指定截面的挠度和转角，所以可用查表法和叠加法来计算。

查表法是根据表 7-1 直接查梁在简单载荷作用下的挠度与转角方程，然后进行计算。对于多个载荷作用时，利用表 7-1，再根据叠加原理，可以方便的解决有两个或两个以上载荷作用时的变形问题。

叠加法的基本原理是：梁的变形很小并且符合胡克定律，挠度和转角都与载荷成线性关系，即某一载荷引起的变形不受其他载荷的影响，这样，当梁同时受几个载荷作用时，可分别计算出每一载荷单独作用时引起的在某个指定截面处的变形，然后相叠加，便可得到该截面的总变形。

【例 7.13】 试用叠加法求如图 7.34(a)所示悬臂梁截面 AB 挠度

【解】 梁上有 P 与 m 两个截荷作用，可分别计算 P、m 单独作用时 A 处的挠度，然后相叠加 。

P 单独作用时(见图 7.34(b))，由表 7-1 可得

$$(y_A)_P=-\frac{Pa^2}{6EI}(3\times 2a-a)=-\frac{5Pa^3}{6EI}$$

m 单独作用时(见图 7.34(c))，由表 7-1 可得

$$(y_A)_m=\frac{m(2a)^2}{2EI}=\frac{2Pa^3}{EI}$$

两个挠度相加

$$y_A=(y_A)_P+(y_A)_m=-\frac{5Pa^3}{6EI}+\frac{2Pa^3}{EI}=\frac{7Pa^3}{6EI}$$

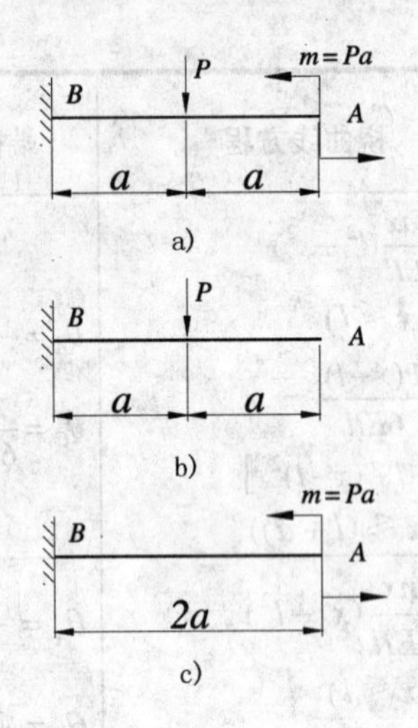

图 7.34　用叠加法求悬臂梁挠度

7.9.4　弯曲刚度条件

对受弯曲作用的梁的最大挠度和最大转角(或指定截面的挠度和转角)所提出的限制，称弯曲刚度条件，即

$$y \leqslant [y] \tag{7.20}$$

$$\theta \leqslant [\theta] \tag{7.21}$$

其中，　$[y]$——许用挠度(mm)

$[\theta]$——许用转角(rad)

常用零件轴和轴承的$[y]$和$[\theta]$如表 7-2 所示，或查有关手册。

表 7-2　常用零件轴和轴承的挠度与转角

对挠度的限制		对转角的限制	
轴的类型	许用挠度$[y]$	轴的类型	许用转角$[\theta]$/rad
一般转动轴	$(0.0003 \sim 0.0005)l$	滑动轴承	0.001
刚度要求较高的轴	$0.0002l$	深沟球轴承	0.005
齿轮轴	$(0.01 \sim 0.03)m$ ①	深沟球面轴承	0.005
蜗轮轴	$(0.02 \sim 0.05)m$ ②	圆柱滚子轴承	0.0025
		圆锥滚子轴承	0.0016
		安装齿轮的轴	0.001

① m 为齿轮模数

【例 7.14】 图 7.35 所示钢制圆轴，已知左端受力 $P = 20$kN，$a = 1$m，$l = 2$m，$E = 206$GPa，轴承 B 处的许用转角$[\theta] = 0.5°$。按刚度条件设计轴的直径。

【解】 查表 7-1，得

$$[\theta] = -\frac{Pal}{3EI}$$

设计轴径 d 有

$$\frac{Pal}{3EI}\times\frac{180}{\pi}\leqslant[\theta]$$

代入各值及 $I=\frac{\pi a^4}{64}$，得

$$d\geqslant\sqrt[4]{\frac{64Pal}{3E\pi^2\theta}}=\sqrt[4]{\frac{64\times20\times10^3\times1\times2\times180}{3\times206\times10^9\times\pi^2\times0.5}}=1.108\times10^{-1}\,\text{m}\approx111\,\text{mm}$$

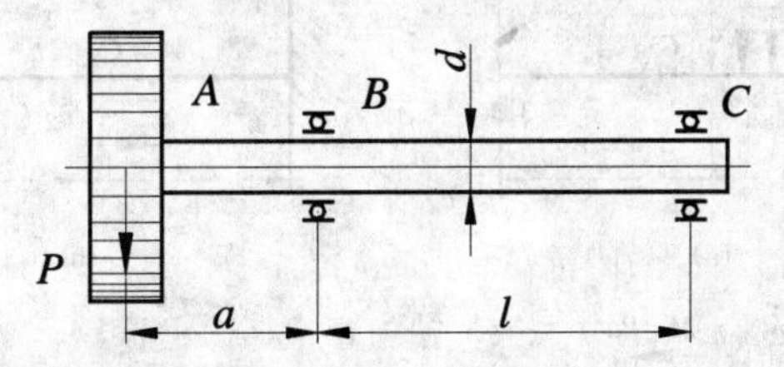

图 7.35 按刚度条件设计钢制圆轴

7.10 小 结

本章主要介绍了平面弯曲的概念，构件弯曲时内力的求法以及内应力的画法，弯曲正应力强度计算，提高弯曲强度的措施，弯曲剪应力、弯曲变形及刚度计算等。

1. 通过截面法可求得梁的内力——剪力和弯矩。

2. 根据剪力方程、弯矩方程绘制剪力图和弯矩图。

3. 在梁的横截面上都同时存在正应力和切应力，正应力的大小沿截面的高度呈线性变化，中性轴上各点为零，上、下边缘各点处为最大。梁弯曲时的正应力公式和强度条件是

$$\sigma=\frac{My}{I_Z}$$

$$\sigma_{\max}=\frac{M_{\max}}{W_Z}\leqslant[\sigma]$$

4. 弯曲剪应力的公式和强度条件是

$$\tau=\frac{QS_z^*}{bI_z}$$

$$\tau_{\max}=\frac{QS_{z\max}^*}{bI_z}\leqslant[\tau]$$

5. 惯性矩 I_z 和弯曲截面系数 W_z 是梁弯曲计算的重要参数，根据截面的几何性质，掌握它们的特性，能合理的选择截面的形状。

6. 简要介绍了弯曲刚度条件，即

$$y\leqslant[y]$$

$$\theta\leqslant[\theta]$$

7.11　思考与练习

1. 设 q、P、a 均为已知。求如图所示各梁指定截面上的剪力和弯矩。

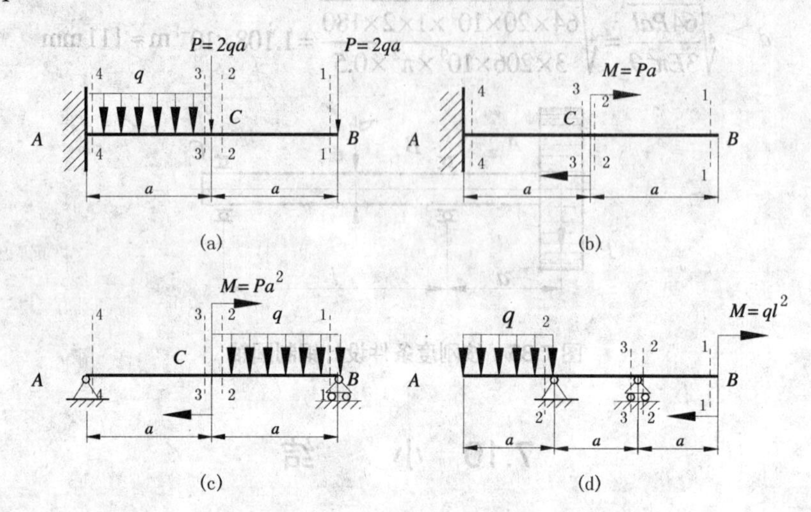

题 1 图

2. 如图所示外伸梁，受均布载荷 q、集中力偶 $m=ql^2$、集中力 $P=2ql$ 作用，其中截面 D-D 距左边自由端无限接近但位于集中力 P 的右侧，截面 F-F 距右边自由端无限接近但位于集中力偶的左侧。求 D-D、E-E、F-F 截面上的剪力和弯矩。

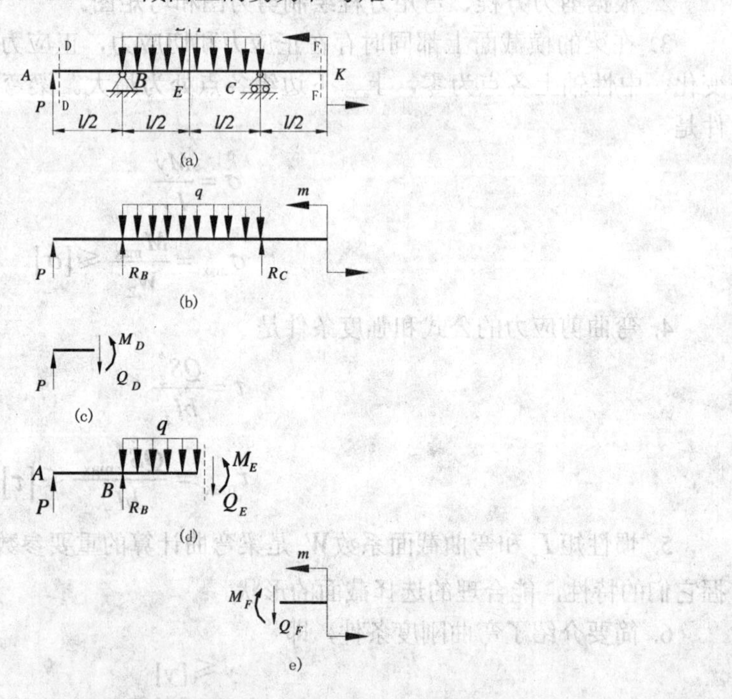

题 2 图

3. 建立如图所示各梁的剪力方程、弯程方程，作剪力图、弯矩图，并确定$|Q|_{max}$、$|M|_{max}$。

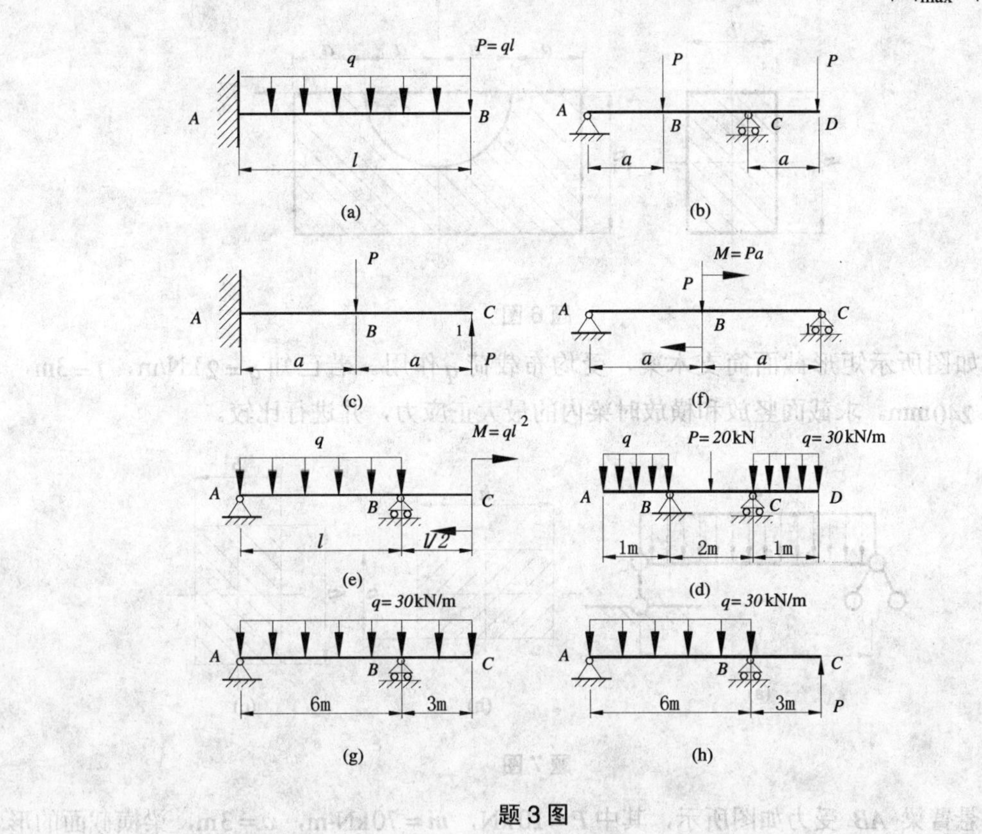

题 3 图

4. 圆截面简支梁受载如图所示。计算支座 B 处梁截面上的最大正应力。

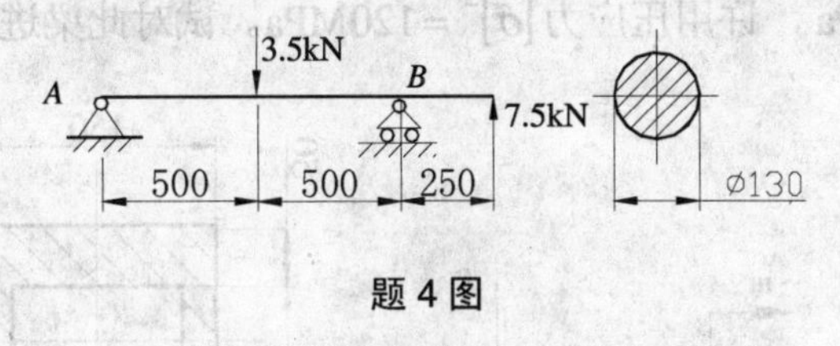

题 4 图

5. 悬臂梁受力及截面尺寸如图所示，求梁截面 1-1 上 A、B 两点的正应力。

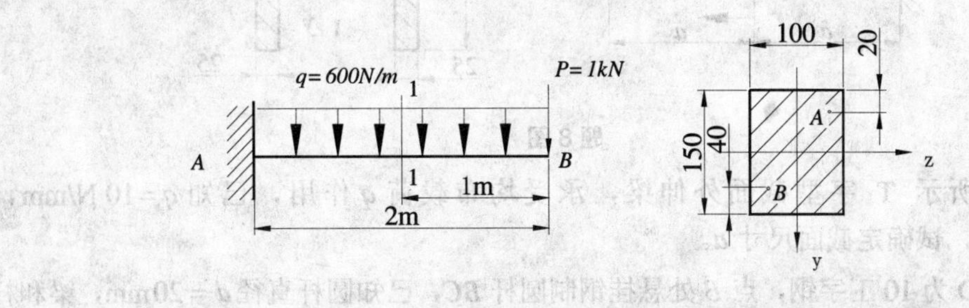

题 5 图

6. 计算如图所示各截面对轴 y、z 的惯性矩(其中半圆形心到 O 点的距离为 $4a/(3\pi)$)。

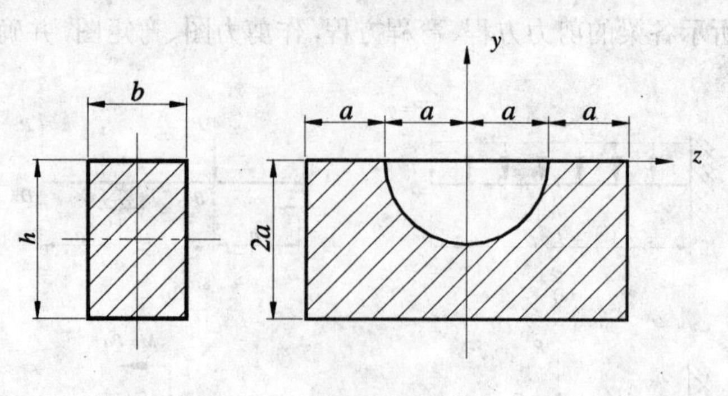

题 6 图

7. 如图所示矩形截面简支木梁，受均布载荷 q 作用。若已知 $q=2\,\text{kN/m}$，$l=3\text{m}$，$h=2b=240\text{mm}$。求截面竖放和横放时梁内的最大正应力，并进行比较。

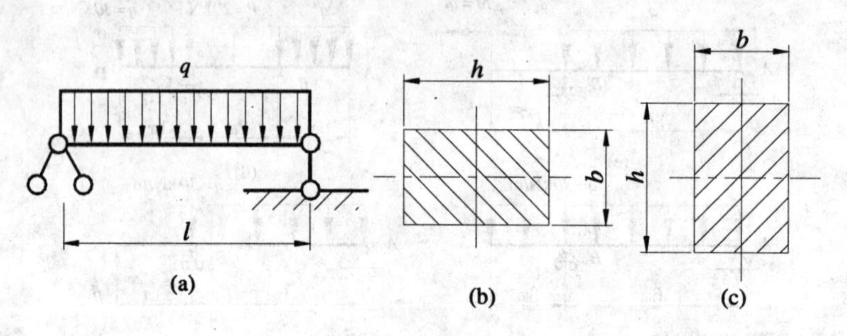

题 7 图

8. 悬臂梁 AB 受力如图所示，其中 $P=10\text{kN}$，$m=70\text{kN·m}$，$a=3\text{m}$，梁横截面的形状及尺寸均示于图中，C 为截面形心，截面对中性轴的惯性矩 $I_z=1.02\times10^8\text{mm}^4$，材料的许用拉应力 $[\sigma]^+=40\text{MPa}$，许用压应力 $[\sigma]^-=120\text{MPa}$。试对此梁进行强度校核。

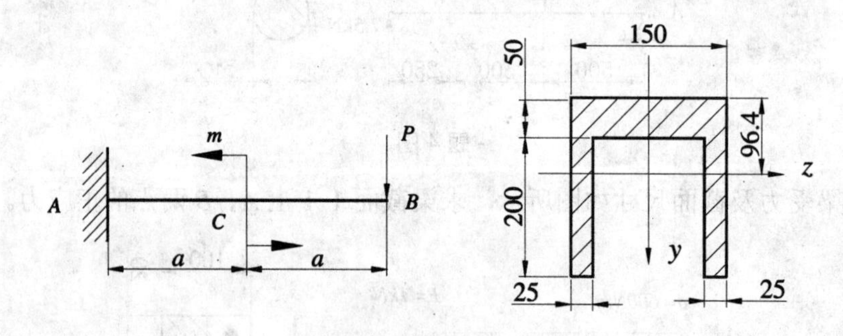

题 8 图

9. 如图所示 T 字型截面外伸梁，承受均布载荷 q 作用，已知 $q=10\,\text{N/mm}$，$[\sigma]=160\text{MPa}$，试确定截面尺寸 a。

10. 梁 AD 为 10 工字钢，点 B 处悬挂钢制圆杆 BC，已知圆杆直径 $d=20\text{mm}$，梁和杆的许用应力均为 $[\sigma]=160\text{MPa}$。求许可均布载荷 q。

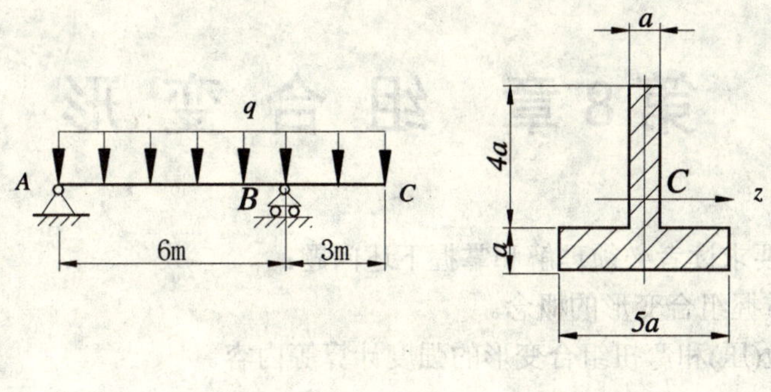

题 9 图

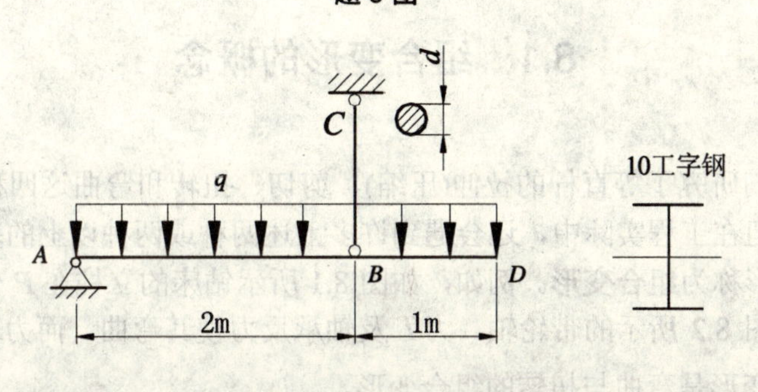

题 10 图

11. 轧辊轴直径 $D=280\text{mm}$，跨长 $l=1000\text{mm}$，$a=450\text{ mm}$，$b=100\text{mm}$，轧辊轴材料的许用弯曲正应力 $[\sigma]=100\text{MPa}$。求轧辊所能承受的最大允许轧制力 q。

7-12 如图所示外伸梁，承受载荷 $\boldsymbol{P}$ 作用。已知 $\boldsymbol{P}=20\text{ kN}$，$[\sigma]=160\text{MPa}$，$[\tau]=90\text{MPa}$。试选择工字钢型号

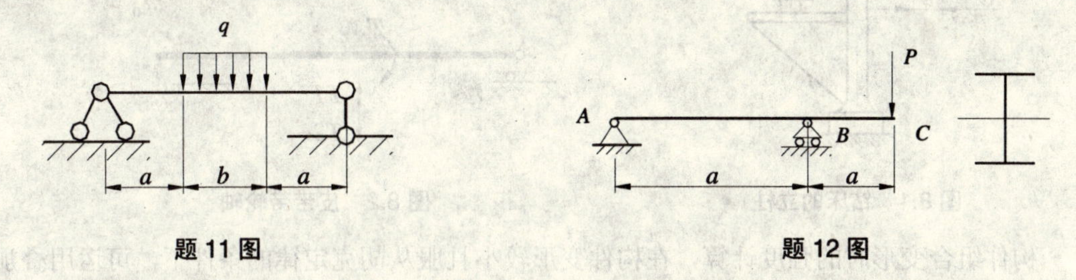

题 11 图　　题 12 图

13. 如图所示简支梁，当载荷 $\boldsymbol{P}$ 直接作用在梁 AB 的跨度中点时，梁内最大弯曲正应力超过许用应力的 30%，为消除这种过载现象，配置一辅助梁 CD。求梁的跨度 a。

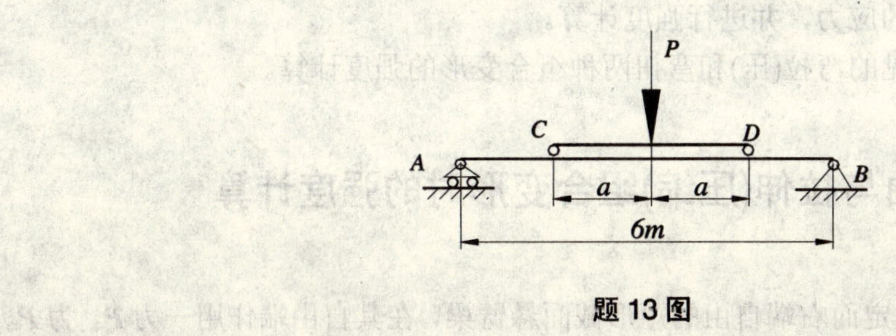

题 13 图

第 8 章　组 合 变 形

学习本章时要求读者必须理解和掌握下述问题：

(1) 理解和掌握组合变形的概念。

(2) 掌握弯拉(压)和弯扭组合变形的强度计算等内容。

8.1　组合变形的概念

前面几章我们研究了等直杆的拉伸(压缩)、剪切、扭转和弯曲这四种基本变形时的强度和刚度问题。但在工程实际中，还会遇到许多上述两种或两种以上的基本变形所组合成的变形，这种变形称为**组合变形**。例如，如图 8.1 所示钻床的立柱在 $\boldsymbol{P}$ 作用下将发生拉伸和弯曲变形；如图 8.2 所示的带轮轴，力 $\boldsymbol{T}$ 及轴承反力使其弯曲，而力偶矩 m_0 和 m_1 使轴扭转，带轮轴的变形是弯曲与扭转的组合变形。

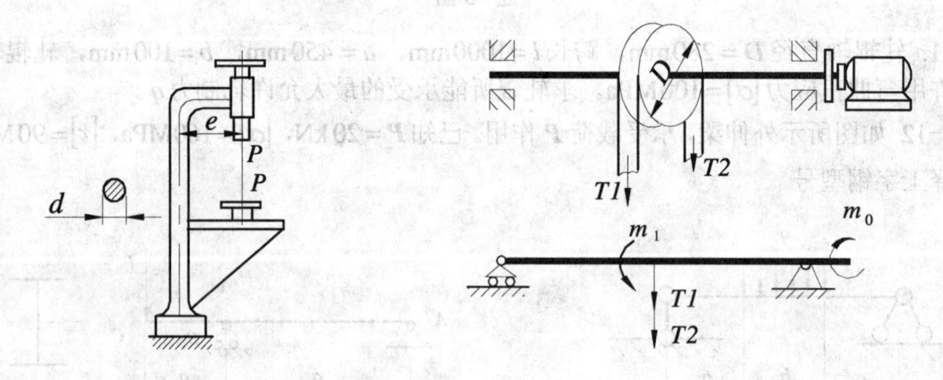

图 8.1　钻床的立柱　　　　图 8.2　皮带带轮轴

构件组合变形时的强度计算，在构件变形较小且服从胡克定律的条件下，可运用叠加原理，首先将作用在构件上的外力进行适当的简化，然后通过平移或分解，使每一组外力只产生一种基本变形，分别计算出各种基本变形引起的应力，最后将它们叠加起来，便得到原有载荷作用下截面上的应力，并进行强度计算。

下面介绍工程中最常见的弯拉(压)和弯扭两种组合变形的强度计算。

8.2　弯曲与拉伸(压缩)组合变形时的强度计算

如图 8.3(a)为一左端固定而右端自由的矩形截面悬臂梁，在其自由端作用一力 $\boldsymbol{P}$，力 $\boldsymbol{P}$ 位于梁的纵向对称面内且与梁的轴线成一夹角 φ，力 $\boldsymbol{P}$ 沿 x、y 方向可分解为两个分力 $\boldsymbol{P}_x$、

P_y(见图 8.3(b))，P_x 使梁产生轴拉伸变形，P_y 使梁产生弯曲变形，因此梁在力 P 的作用下的变形为拉伸与弯曲组合变形。下面对其进行强度计算。

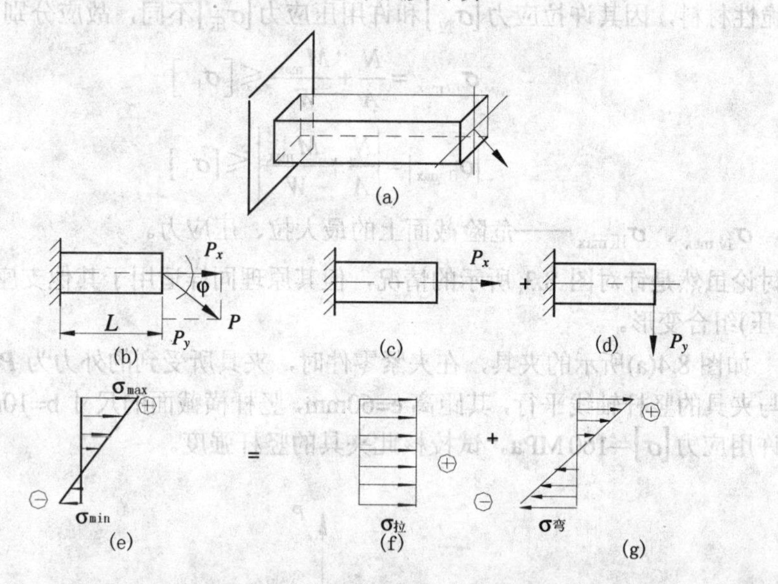

图 8.3　矩形截面悬臂梁的拉伸与弯曲组合变形

如图 8.3(b)所示，将力沿杆的轴线和轴线的垂直方向分解为两个分力。

$$P_x = P\cos\alpha$$
$$P_y = P\sin\alpha$$

在轴向力 P_x 的单独作用下，杆件发生拉伸变形，杆上各截面的轴力都相等，$N = P_x = P\cos\alpha$，与轴力 N 相对应的拉伸正应力 σ_N 呈均匀分布，如图 8.3(f)即

$$\sigma_N = \frac{N}{A}$$

在横向力 P_y 的单独作用下，杆发生弯曲变形。杆上固定端截面具有最大弯矩 $M_{\max} = P_y l = Pl\sin\alpha$，与弯矩 $M_{\max}$ 相对应的弯曲正应力 σ_W 沿截面高度呈线性分布，在上、下边缘处绝对值最大，如图 8.3(g)即

$$\sigma_W = \frac{M_{\max}}{W_z}$$

由于上述两种应力都是正应力，故可按代数和进行叠加。当 $\sigma_W > \sigma_N$ 时，其应力分布如图 8.3(e)所示。

危险截面的上、下边缘的正应力分别为

$$\sigma_{\max} = \frac{N}{A} + \frac{M_{\max}}{W_z}$$

$$\sigma_{\min} = \frac{N}{A} - \frac{M_{\max}}{W_z}$$

由上可见，危险截面上边缘各点的拉应力最大，是危险点。对于塑性材料，因许用拉应力和许用压应力相同。故可建立强度条件

$$\sigma_{\max}=\frac{N}{A}+\frac{M_{\max}}{W}\leqslant[\sigma] \tag{8.1}$$

对于脆性材料，因其许拉应力$[\sigma_{拉}]$和许用压应力$[\sigma_{压}]$不同，故应分别建立强度条件

$$\sigma_{拉\max}=\frac{N}{A}+\frac{M_{\max}}{W}\leqslant[\sigma_{拉}] \tag{8.2}$$

$$|\sigma_{\text{□}\max}|=\left|\frac{N}{A}+\frac{M_{\max}}{W}\right|\leqslant[\sigma_{\text{□}}] \tag{8.3}$$

其中，$\sigma_{拉\max}$、$\sigma_{压\max}$——危险截面上的最大拉、压应力。

上述讨论虽然是针对图 8.3 所示的情况，但其原理同样适用于其他支座和载荷情况下的弯—拉(压)组合变形。

【例 8.1】 如图 8.4(a)所示的夹具，在夹紧零件时，夹具所受到的外力为 P=2kN。已知外力作用线与夹具的竖杆轴线平行，其距离 e=60mm，竖杆横截面的尺寸 b=10mm，h=22mm，其材料的许用应力$[\sigma]$=160 MPa。试校核此夹具的竖杆强度。

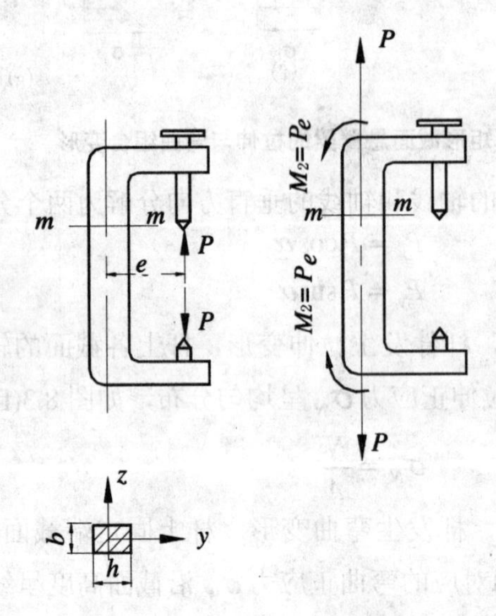

图 8.4　夹具

【解】 对于夹具的竖杆，$\boldsymbol{P}$ 是一对偏心力。$\boldsymbol{P}$ 对竖杆的作用相当于图 8.4(b)中所示的一对轴向力 $\boldsymbol{P}$ 和一对在竖杆的 xy 平面内的力偶，其矩 $\boldsymbol{M=Pe}$。显然，竖杆将发生弯曲和拉伸的组合变形。其任一横截面 m-m 上轴力和弯矩分别为

$$N=P=2\text{kN}$$

$$M_z=M=Pe=2000\times0.06=120\ \text{N·m}$$

竖杆的危险点是在横截面内侧边缘处。因为在该处对应于轴力和弯矩所产生的应力都是拉应力。此危险点处的应力为

$$\sigma_{\max}=\frac{N}{A}+\frac{M_{\max}}{W_z}=\frac{2000}{0.01\times0.022}+\frac{120\times6}{0.01\times0.022^2}=158\ \text{MPa}$$

因为

$$\sigma_{\max}=158\ \text{MPa}<[\sigma]=160\ \text{MPa}$$

所示竖杆的强度条件得到满足。

8.3　圆轴弯曲与扭转组合变形强度计算

在工程实际中会用到大量的轴，但只受到纯扭转而不发生弯曲的轴是很少见的。一般说来，轴除受扭转外，还同时受到弯曲，即产生弯扭组合变形。如转轴、曲柄轴等就是如此。现以如图 8.5(a)所示的圆轴为例，说明弯扭组合变形的强度计算方法。

圆轴左端 A 固定，自由端 B 受力 F 和力偶矩 m_o 作用，力 F 与轴线垂直相交，使轴产生弯曲变形；力偶矩 m_o 使轴产生扭转变形，所以，圆轴 AB 产生弯扭组合变形。

分别考虑力 F 和力偶的作用，画出弯矩图和扭矩图，分别如图 8.5(b)、(c)所示。可见，圆轴各截面的扭矩相同，但弯矩不同，其中固定端处弯矩最大，故固定端截面 A 为危险截面，其上弯矩值和扭矩值分别为

$$M = Fl$$

$$M_n = m_o$$

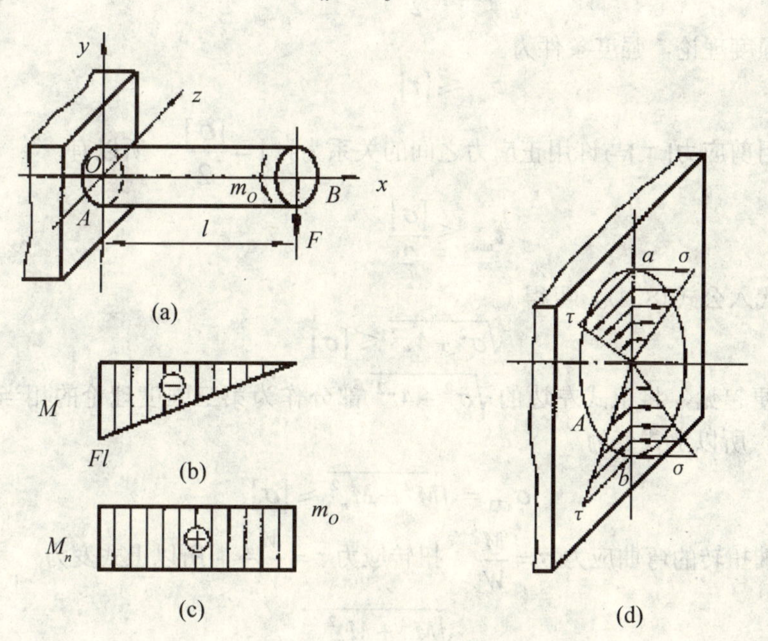

图 8.5　圆轴的弯扭组合变形

在危险截面上，对应弯矩 M 的弯曲正应力 σ 沿截面高度呈线性分布(见图 8.5(d))，在铅垂直径的上、下边缘点有最大弯曲正应力，其值为

$$\sigma = \frac{M}{W}$$

对应扭矩 M_n 的扭转剪应力 τ 在截面上沿半径线性分布(见图 8.5(d))，在周边各点有最大扭转剪应力，其值为

$$\tau = \frac{M_n}{W_n}$$

由以上分析可知，在危险截面铅垂方向上、下边缘 a、b 两点上，σ 和 τ 均为最大值，故 a、b 两点都是危险点，可选任意其中一点作为研究对象。

但这种情形比弯—拉组合作用时复杂得多，不能直接将 σ 和 τ 进行叠加。这种问题的强度计算，必须先找出材料在复杂应力情况下的破坏原因。由于复杂应力的试验难以达到，因此常以简单拉伸(压缩)实验时所得到的材料破坏特性来作为在复杂应力情况时材料破坏原因的假设。这种假设成为强度理论。

对于近代广泛采用的塑性材料，第三、四强度理论比较符合。下面扼要地介绍第三强度理论。

第三强度理论认为，无论应力情况如何复杂，只要最大剪应力达到在简单拉伸时的最大值，材料就发生破坏。所以，第三强度理论也称为最大剪应力理论。

由第三强度理论可知，对于弯、扭组合变形问题，应找出它的最大剪应力。此最大剪应力由分析可得

$$\tau_{\max} = \frac{1}{2}\sqrt{\sigma^2 + 4\tau^2} \tag{8.4}$$

按第三强度理论，强度条件为

$$\tau_{\max} \leqslant [\tau]$$

式中许用剪应力[τ]与许用正应力之间的关系为 $[\tau] = \frac{[\sigma]}{2}$，所以有

$$\tau_{\max} \leqslant \frac{[\sigma]}{2}$$

将上式代入公式(8. 4)，可得

$$\sqrt{\sigma^2 + 4\tau^2} \leqslant [\sigma] \tag{8.5}$$

为了方便起见，将上式左边的 $\sqrt{\sigma^2 + 4\tau^2}$ 部分作为第三强度理论的相当应力，并以 σ_{xd3} 来表示，所以上式变为

$$\sigma_{xd3} = \sqrt{M^2 + M_n{}^2} \leqslant [\sigma]$$

因为圆轴扭转的弯曲应力 $\sigma = \frac{M}{W}$，扭转应力 $\tau = \frac{M_n}{W_n}$，所以上式变为

$$\sigma_{xd3} = \frac{\sqrt{M^2 + M_n{}^2}}{W} \leqslant [\sigma] \tag{8.6}$$

其中，　σ_{xd3}、σ_{xd4} ——第三、第四强度理论相当应力；

M、M_n、W ——危险截面的弯矩、扭矩和抗弯截面系数；

$[\sigma]$——材料的许用应力。

按第四强度理论，强度条件为

$$\sqrt{\sigma^2 + 3\tau^2} \leqslant [\sigma] \tag{8.7}$$

同理，按第四段强度理论分析所得强度计算公式为

$$\sigma_{xd4}=\frac{\sqrt{M^2+0.75M_n^2}}{W}\leqslant[\sigma] \tag{8.8}$$

从上面的分析可知，圆轴弯扭组合变形强度计算时，可直接将危险截面上的M、M_n代入式(8.6)、(8.8)计算。但要特别注意，对非圆截面的弯扭组合变形不能用这两式计算，而必须用式(8.5)、(8.7)计算。

如果弯扭组合变形时，同时有铅直面和水平面两个方向的弯曲变形，则式(8.6)、(8.8)中的M表示这两个方向的合成弯矩，即

$$M=M_{合}=\sqrt{M_y^2+M_z^2}$$

【例 8.2】 转轴 AB 由电动机带动，如图 8.6(a)所示。在轴的中点 C 处装一带轮。重力$G=5\,\text{kN}$，直径$D=800\,\text{mm}$，皮带紧边拉力$T_1=6\,\text{kN}$，松边拉力$T_2=3\,\text{kN}$。轴材料为钢，许用应力$[\sigma]=120\,\text{MPa}$。按第三强度理论设计转轴AB直径d。

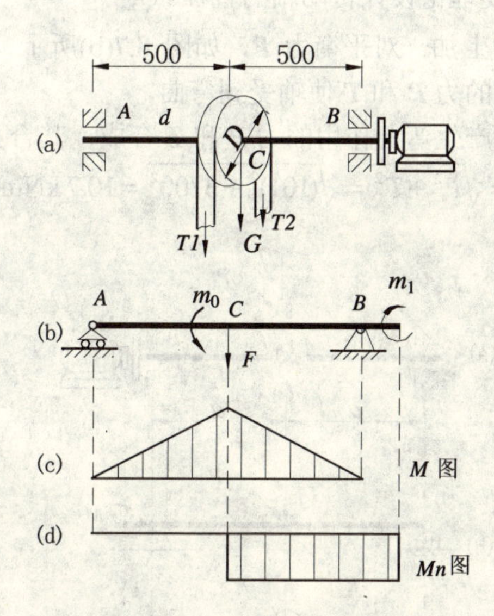

图 8.6　电动机带动皮带轮

【解】 (1) 外力分析。将作用在带轮上的皮带拉力$\boldsymbol{T}_1$和$\boldsymbol{T}_2$向轴线简化，其结果如图 8.6(b)所示。轴 AB 受铅垂力作用为

$$F=G+T_1+T_2=(5+6+3)=14\,\text{kN}$$

此力使轴在铅垂面内发生弯曲变形。附加力偶为

$$m_0=(T_1-T_2)\frac{D}{2}=(6-3)\times\frac{0.8}{2}=1.2\,\text{kN}\cdot\text{m}$$

此力偶矩m_0与电动机传给轴的力偶m_1相平衡(见图 8.6(b))，使轴产生扭转变形，故轴AB产生弯扭组合变形。

(2) 内力分析。画轴的弯矩图和扭矩图分别如图 8.6(c)、(d)所示，由内力图可以判断截面C为危险截面。危险截面上的弯矩和扭矩分别为

$$M=\frac{1}{4}F\times(0.5+0.5)=\frac{1}{4}\times14\times1=3.5\,\text{kN}\cdot\text{m}$$

$$M_n = m_0 = 1.2\,\text{kN·m}$$

(3) 由第三强度理论的强度条件设计直径 d 。

$$\sigma_{xd3} = \frac{\sqrt{M^2 + M_n^2}}{W} \leqslant [\sigma]$$

$$W = \frac{\pi d^3}{32} \geqslant \frac{\sqrt{M^2 + M_n^2}}{[\sigma]} = \frac{\sqrt{3.5^2 + 1.2^2} \times 10^6}{120 \times 10^6} = 0.030833\,\text{m}^3$$

故 $$d \geqslant \sqrt[3]{\frac{32W}{\pi}} = \sqrt[3]{\frac{32 \times 30.833}{3.14}} = 68\,\text{mm}$$

取 $d = 68mm$ 。

【例 8.3】 图 8.7(a)所示的传动轴轴载齿轮的轮齿上受到圆周力 P=10kN，径向力 T=3.7kN，轮子的直径 D=100mm，距离 a=300mm，轴的材料为 45 钢。若轴的许用应力 $[\sigma] = 60\,\text{MPa}$。试按第三强度理论设计传动轴的直径。

【解】 (1) 外力分析。在轴上加一对平衡力 ***P***，如图 8.7(b)所示，简化后得到一个力偶使轴受到扭转；两个相互垂直的力 ***P*** 和 ***T*** 使轴受到弯曲。

为了方便起见，将使轴产生弯曲作用的力 ***P*** 和 ***T*** 合成，其合力为

$$P_{\text{w}} = \sqrt{P^2 + T^2} = \sqrt{(10^4)^2 + 3700^2} = 10.7\,\text{kN·m}$$

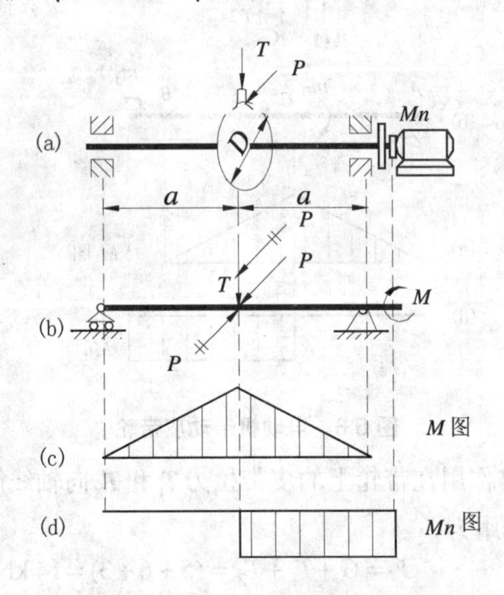

图 8.7　齿轮传动轴

(2) 内力分析。绘出弯矩图和扭矩图，并确定在危险截面上的弯矩和扭矩。

由弯矩图和扭矩图可知，扭矩图如图 8.7(c)、(d)可知，危险截面在传动轴的中点处。该截面上的弯矩和扭矩则分别为

$$M = \frac{P_{\text{w}}}{2} \times \text{a} = \frac{10700}{2} \times 0.3 = 1.61\,\text{kN·m}$$

$$M_{\text{w}} = P\frac{D}{2} = 10000 \times \frac{0.1}{2} = 500\,\text{N·m}$$

(3) 按第三强度理论，计算轴的直径。由公式(8.6)可得

$$W_z \geqslant \frac{\sqrt{M^2+M_n^{\ 2}}}{[\sigma]}=\frac{\sqrt{1620^2+500^2}}{60\times10^6}=28.1\times10^{-6}\text{m}^3$$

$$d \geqslant \frac{\sqrt{32\times28.1\times10^{-6}}}{\pi}=0.066\text{m}$$

因为$W_Z=\dfrac{\pi D^3}{32}$，所以得到轴的直径为轴的直径应不小于66mm。

8.4 小　　结

本章主要介绍了组合变形的概念，弯曲与拉伸(压缩)组合变形的强度计算及弯曲与扭转组合变形的强度计算。

1. 弯——拉(压)组合变形的强度条件

对于塑性材料，因许用拉应力和许用压应力相同。建立强度条件为：

$$\sigma_{\max}=\frac{N}{A}+\frac{M_{\max}}{W}\leqslant[\sigma]$$

对于脆性材料，因其许拉应力$[\sigma_{拉}]$和许用压应力$[\sigma_{压}]$不同，应分别建立强度条件：

$$\sigma_{拉\max}=\frac{N}{A}+\frac{M_{\max}}{W}\leqslant[\sigma_{拉}]$$

$$|\sigma_{压\max}|=\left|\frac{N}{A}+\frac{M_{\max}}{W}\right|\leqslant[\sigma_{压}]$$

2. 弯——扭组合变形的强度条件

第三强度理论的强度条件　$\sigma_{xd3}=\dfrac{\sqrt{M^2+M_n^{\ 2}}}{W}\leqslant[\sigma]$

第四强度理论的强度条件　$\sigma_{xd4}=\dfrac{\sqrt{M^2+0.75M_n^{\ 2}}}{W}\leqslant[\sigma]$

8.5 思考与练习

1. 简单夹钳如图所示。设夹紧力P=3kN，试求夹钳内的最大正应力。

2. 如图所示的链环，直径d=50mm，拉力P=10 kN，试求链环的最大正应力及其位置。如将链环的缺口焊好，则链环的正应力将是原来最大正应力的几分之几？

3. 梁AB的横截面为正方形，其边长$a=100$ mm，受力及长度尺寸如图所示，若已知$F=4$ kN，材料的拉、压许用应力相等，且$[\sigma]=10$ MPa。试校核梁的强度。

4. 悬臂吊车的横梁AB为工字钢，其材料的许用应力$[\sigma]$=120 MPa，吊车的最大起吊重量F=10 kN，$\alpha=30°$ 梁长C=3m。请选择工字钢的型号。

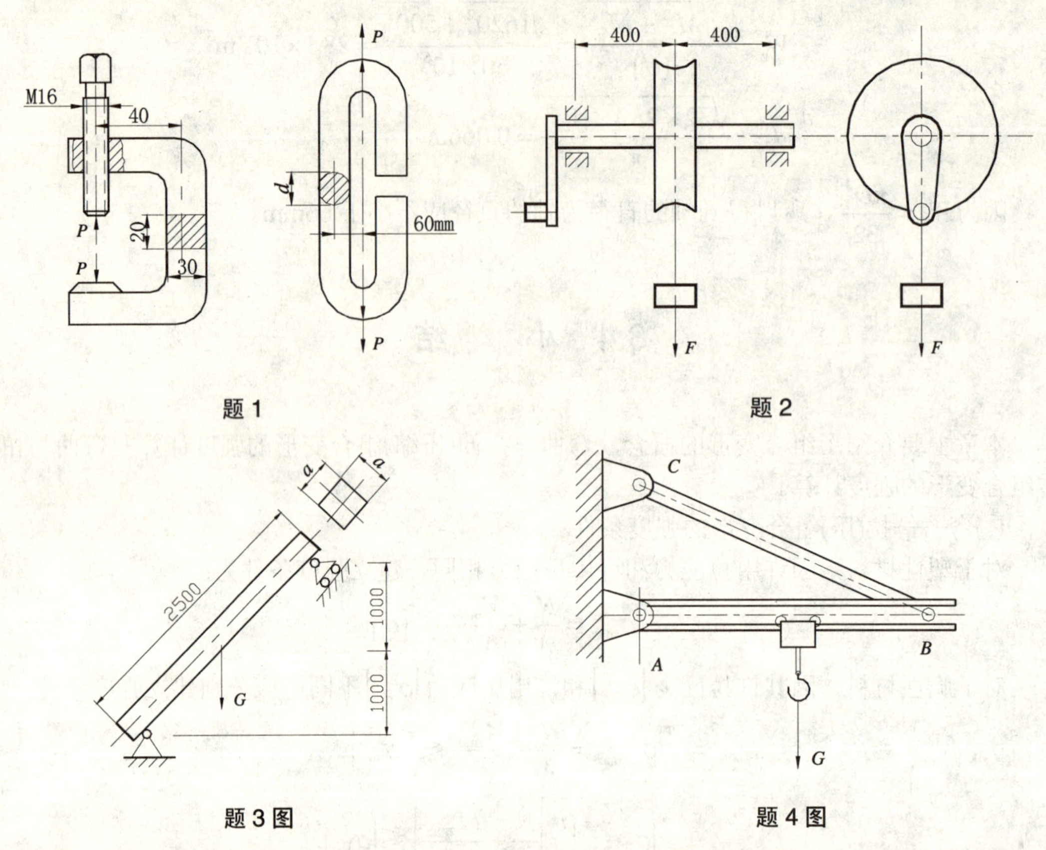

题 1　　题 2

题 3 图　　题 4 图

5. 如图所示的轴 AB 上装有带轮和齿轮。已知带轮直径 D = 160 mm，带拉力 $T_1 = 5$ kN，$T_2 = 2$ kN。齿轮节圆直径 $D_0 = 100$ mm，压力角 $\alpha = 20^\circ$。轴的材料为钢，许用应力 $[\sigma] = 120$ MPa，直径 $D_0 = 38$ mm。按第三强度理论校核该轴的强度。

6. 如图所示带轮轴由电动机通过联轴器带动，已知电动机的功率 $P = 12$ kW，转速 $n = 940$ r/min，带轮直径 D = 300 mm，重量 $G = 600$ N，皮带紧边拉力与松边拉力之比 $T_1/T_2 = 2$，轴 AB 直径 $d = 40$ mm，材料为 45 钢，$[\sigma] = 120$ MPa。试按第三强度理论校核该轴的强度。

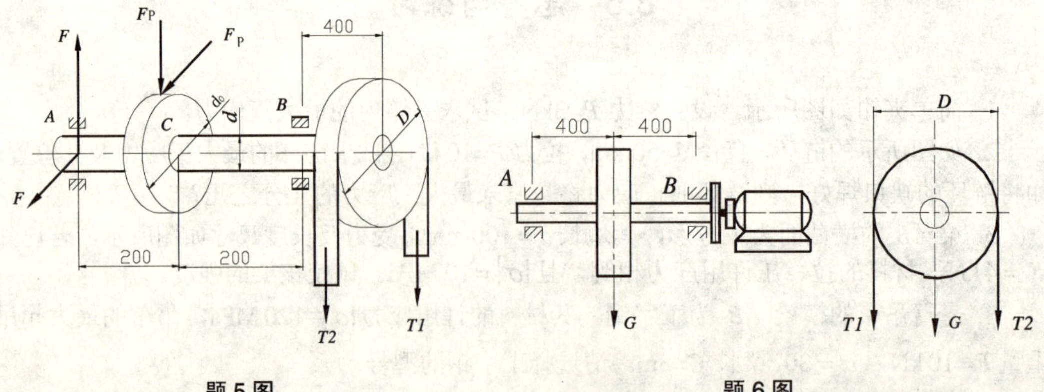

题 5 图　　题 6 图

7. 铣刀轴如图所示，已知铣刀的切削力 $F_t = 2.2\,\text{kN}$， $F_r = 0.7\,\text{kN}$，铣刀轴材料的许用应力 $[\sigma] = 80\,\text{MPa}$。按第四强度理论设计铣刀轴的直径。

8. 如图所示，轴 AB 由电动机带动。在轴 AB 上装一斜齿轮，作用于齿面上圆周力 $F_t = 1.9\,\text{kN}$，径向力 $F_r = 740\,\text{kN}$，轴向力 $F_\alpha = 660\,\text{N}$ 轴的直径 $d = 25\text{mm}$，许用应力 $[\sigma] = 160\,\text{MPa}$。试校核轴 AB 的强度(轴向力 F_α 的轴向压缩不计)。

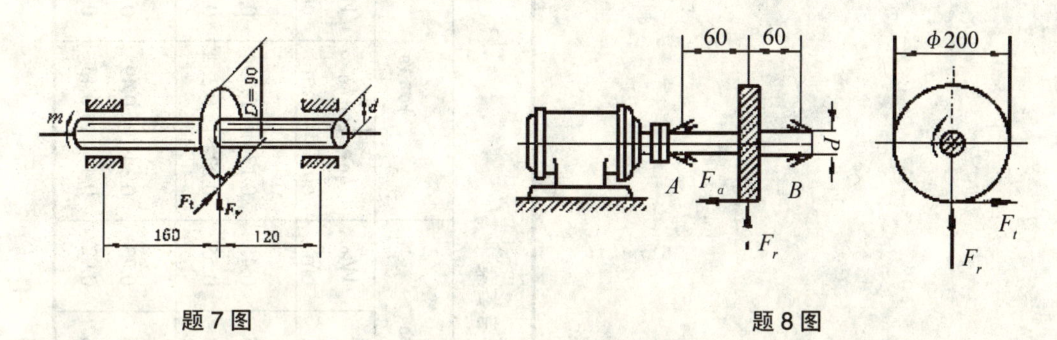

题7图　　　　题8图

9. 如图轴 AB 装上一直齿圆柱齿轮。作用于齿轮上的圆周力 F_t=10 kN，径向力 F_r=3.6 kN，轴的材料为 45 钢。许用应力 $[\sigma_{-1}] = 60\,\text{MPa}$， $\alpha = 0.6$。校核轴 AB 的强度。

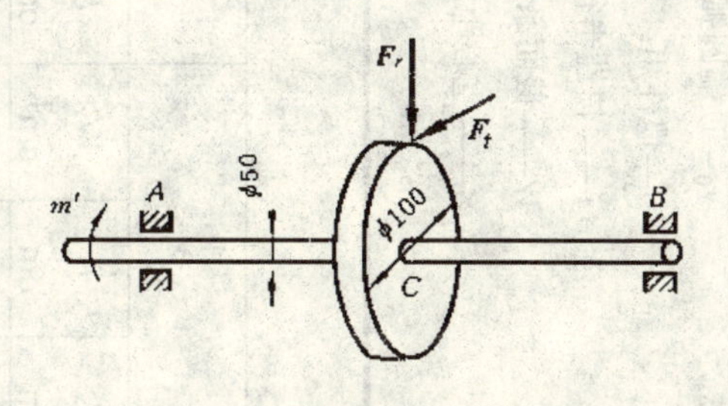

题9图

10. 轴 AB 上安装两个轮，轮 C 上皮带沿垂直方向，轮 E 上皮带沿水平方向。已知 $T_1 = 5\,\text{kN}$， $t_1 = 3\,\text{kN}$， $D_1 = 800\,\text{mm}$； $T_2 = 8\,\text{kN}$， $t_2 = 4\,\text{kN}$， $D = 800\,\text{mm}$。轴的材料为 45 号钢，许用应力 $[\sigma_{-1}] = 45\,\text{MPa}$，折合系数 $\alpha = 0.6$。校核轴 AB 的强度。

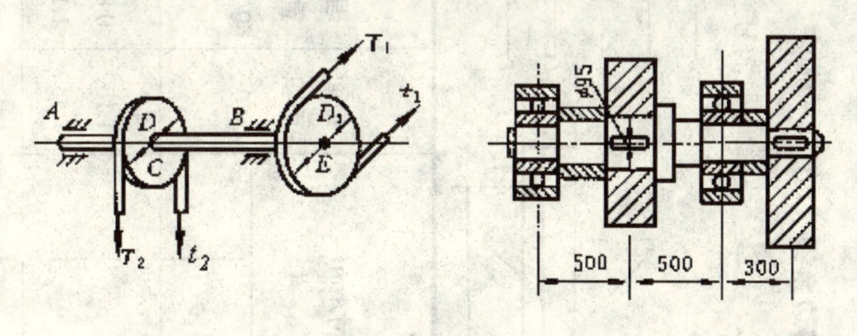

题10图

附录　型　钢　表

一、热轧等边角钢（YB166—65）

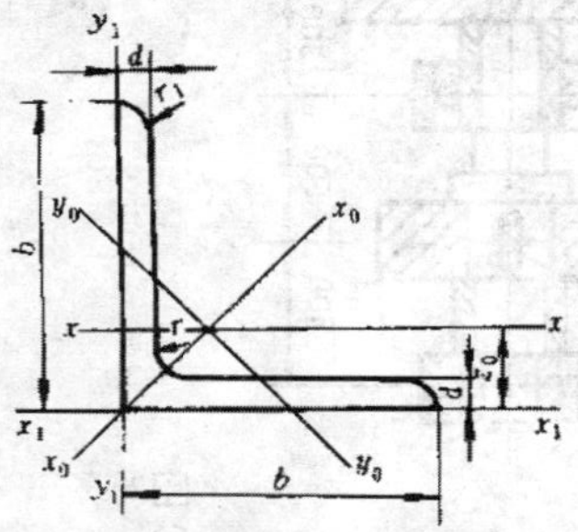

符号意义：

b——边宽；

d——边厚；

r——内圆弧半径；

r_1——边端内弧半径；

r_2——边端外弧半径；

r_0—顶端圆弧半径；

I—惯性矩；

i——惯性半径；

W——截面系数；

z_0——重心距离。

角钢号数	尺寸/mm			截面面积 cm^2	理论重量 $kg/·m^{-1}$	外表面积 $m^2·m^{-1}$	参考答案										z_0 cm
							x-x			x_0- x_0			y_0- y_0			x_1- x_1	
	b	d	r				I_x cm^4	i_x cm	W_x cm^3	I_{x0} cm^4	i_{x0} cm	W_{x0} cm^3	I_{y0} cm^4	i_{y0} cm	W_{y0} cm^3	I_{x1} cm^4	
2	20	3	3.5	1.132	0.889	0.073	0.40	0.59	0.29	0.63	0.75	0.45	0.17	0.39	0.20	0.81	0.60
		4		1.459	1.145	0.077	0.50	0.58	0.36	0.78	0.73	0.55	0.22	0.38	0.24	1.09	0.64
2.5	25	3		1.432	1.124	0.098	0.82	0.76	0.46	1.29	0.95	0.73	0.34	0.49	0.33	1.57	0.73
		4		1.859	1.459	0.097	1.03	0.74	0.59	1.62	0.93	0.92	0.43	0.43	0.40	2.11	0.76

续表

角钢号数	尺寸/mm			截面面积 cm^2	理论重量 $kg/\cdot m^{-1}$	外表面积 $m^2\cdot m^{-1}$	参考答案										z_0 cm
							x–x			x_0–x_0			y_0–y_0			x_1–x_1	
	b	d	r				I_x cm^4	i_x cm	W_x cm^3	I_{x0} cm^4	i_{x0} cm	W_{x0} cm^3	I_{y0} cm^4	i_{y0} cm	W_{y0} cm^3	I_{x1} cm^4	
3.0	30	3	4.5	1.749	1.373	0.117	1.46	0.91	0.68	2.31	1.15	1.09	0.61	0.59	0.51	2.17	0.85
		4		2.276	1.786	0.117	1.84	0.90	0.87	2.92	1.13	1.37	0.77	0.58	0.62	3.63	0.89
3.6	36	3	4.5	2.109	1.656	0.141	2.58	1.11	0.99	4.09	1.39	1.61	1.07	0.71	0.76	4.68	1.00
		4		2.756	2.163	0.141	3.29	1.09	1.28	5.22	1.38	2.05	1.37	0.70	0.93	6.25	1.04
		5		3.382	2.654	0.141	3.95	1.08	1.56	6.24	1.36	2.45	0.65	0.70	1.09	7.84	1.07
4.0	40	3	5	2.359	1.852	0.157	3.59	1.23	1.23	5.69	1.55	2.01	1.49	0.79	0.96	6.41	1.09
		4		3.086	2.422	0.157	4.60	1.22	1.60	7.29	1.54	2.58	1.91	0.79	1.19	8.56	1.13
		5		3.791	2.976	0.156	5.53	1.21	1.96	8.76	1.52	3.10	2.30	0.78	1.39	10.74	1.17
4.5	45	3		2.659	2.088	0.177	5.17	1.40	1.58	8.20	1.76	2.58	2.14	0.90	1.24	9.12	1.22
		4		3.486	2.736	0.177	6.65	1.38	2.05	10.56	1.74	3.32	2.75	0.89	1.54	12.18	1.26
		5		4.292	3.369	0.176	8.04	1.37	2.51	12.74	1.72	4.00	3.33	0.88	1.81	15.25	1.30
		6		5.076	3.985	0.176	9.33	1.36	2.95	14.76	1.70	4.64	3.89	0.88	2.06	18.36	1.33
5	50	3	5.5	2.971	2.332	0.197	7.18	1.55	1.96	11.37	1.96	3.22	2.98	1.00	1.57	12.50	1.34
		4		3.897	3.059	0.197	9.26	1.54	2.56	14.70	1.94	4.16	3.82	0.99	1.96	16.69	1.38
		5		4.803	3.770	0.196	11.21	1.53	3.13	17.79	1.92	5.03	4.64	0.98	2.31	20.90	1.42
		6		5.688	4.465	0.196	13.05	1.52	3.68	20.68	1.91	5.85	5.42	0.98	2.63	25.14	1.46
5.6	56	3	6	3.343	2.624	0.221	10.19	1.75	2.48	16.14	2.20	4.08	4.24	1.13	2.02	17.56	1.48
		4		4.390	3.446	0.220	13.18	1.73	3.24	20.92	2.18	5.28	5.46	1.11	2.52	23.43	1.53
5.6	56	5	6	5.415	4.251	0.220	16.02	1.72	3.97	25.42	2.17	6.42	6.61	1.10	2.98	29.33	1.57
		8		8.367	6.568	0.219	23.63	1.68	6.03	37.37	2.11	9.44	9.89	1.09	4.16	47.24	1.68

续表

角钢号数	尺寸/mm			截面面积 cm^2	理论重量 $kg/\cdot m^{-1}$	外表面积 $m^2\cdot m^{-1}$	参考答案										z_0 cm
							x–x			x_0–x_0			y_0–y_0			x_1–x_1	
	b	d	r				I_x cm^4	i_x cm	W_x cm^3	I_{x0} cm^4	i_{x0} cm	W_{x0} cm^3	I_{y0} cm^4	i_{y0} cm	W_{y0} cm^3	I_{x1} cm^4	
6.3	63	4	7	4.978	3.907	0.248	19.03	1.96	4.13	30.17	2.46	6.78	7.89	1.26	3.29	33.33	1.70
		5		6.143	4.822	0.248	23.17	1.94	5.08	36.77	2.45	8.25	9.57	1.25	3.90	41.73	1.74
		6		7.288	5.721	0.247	27.12	1.93	6.00	43.03	2.43	9.66	11.20	1.24	4.46	50.14	1.78
		8		9.515	7.469	0.247	34.46	1.90	7.75	54.56	2.40	12.25	14.33	1.23	5.47	67.11	1.85
		10		11.657	9.151	0.246	41.09	1.88	9.39	64.85	2.36	14.56	17.33	1.22	6.36	84.31	1.93
7	70	4	8	5.570	4.372	0.275	26.39	2.18	5.14	41.80	2.74	8.44	10.99	1.40	4.17	45.74	1.86
		5		6.875	5.397	0.275	32.12	2.16	6.32	51.08	2.73	10.32	13.34	1.39	4.95	57.21	1.91
		6		8.160	6.406	0.275	37.77	2.15	7.48	59.93	2.71	12.11	15.61	1.38	5.67	68.73	1.95
		7		9.424	7.398	0.275	43.09	2.14	8.59	68.35	2.69	13.81	17.82	1.38	6.34	80.29	1.99
		8		10.667	8.373	0.274	48.17	2.12	9.68	76.37	2.68	15.43	19.98	1.37	6.98	91.92	2.03
7.5	75	5	9	7.367	5.818	0.295	39.97	2.33	7.32	63.30	2.92	11.94	16.63	1.50	5.77	70.56	2.04
		6		8.797	6.905	0.294	46.95	2.31	8.64	74.38	2.90	14.02	19.51	1.49	6.67	84.55	2.07
		7		10.160	7.976	0.294	53.57	2.30	9.93	84.96	2.89	16.02	22.18	1.48	7.44	98.71	2.11
		8		11.503	9.030	0.294	59.96	2.28	11.20	95.07	2.88	17.93	24.86	1.47	8.19	112.97	2.15
		10		14.126	11.089	0.293	71.98	2.26	13.64	113.92	2.84	21.48	30.05	1.46	9.56	141.71	2.22
8	80	5	9	7.912	6.211	0.315	48.79	2.48	8.34	77.33	3.13	13.67	20.25	1.60	6.66	85.36	2.15
		6		9.397	7.376	0.314	57.35	2.47	9.87	90.98	3.11	16.08	23.72	1.59	7.65	102.50	2.19
		7		10.860	8.525	0.314	65.58	2.46	11.37	104.07	3.10	18.40	27.09	1.58	8.58	119.70	2.23
		8		12.303	9.658	0.314	73.49	2.44	12.83	116.60	3.08	20.16	30.39	1.57	9.46	136.97	2.27
		10		15.126	11.874	0.313	88.43	2.42	15.64	140.09	3.04	24.76	36.77	1.56	11.08	171.74	2.35

·162·

续表

角钢号数	尺寸/mm			截面面积 cm^2	理论重量 $kg/\cdot m^{-1}$	外表面积 $m^2\cdot m^{-1}$	参考答案										z_0 cm
							$x-x$			x_0-x_0			y_0-y_0			x_1-x_1	
	b	d	r				I_x cm^4	i_x cm	W_x cm^3	I_{x0} cm^4	i_{x0} cm	W_{x0} cm^3	I_{y0} cm^4	i_{y0} cm	W_{y0} cm^3	I_{x1} cm^4	
		6		10.637	8.350	0.354	82.77	2.79	12.61	131.26	3.51	20.63	34.28	1.80	9.95	145.87	2.44
		7		12.301	9.656	0.354	94.83	2.78	14.54	150.47	3.50	23.64	39.18	1.78	11.19	170.30	2.48
9	90	8	10	13.944	10.946	0.353	106.47	2.76	16.42	168.97	3.48	26.55	43.97	1.78	12.35	194.88	2.52
		10		17.167	13.476	0.353	128.58	2.74	20.07	203.90	3.45	32.04	53.26	1.76	14.52	244.07	2.59
		12		20.306	15.940	0.352	149.22	2.71	23.57	236.21	3.41	37.12	62.22	1.75	16.49	293.76	2.67
		6		11.932	9.366	0.393	114.95	3.01	15.68	181.98	3.90	25.74	47.92	2.00	12.69	200.07	2.67
		7		13.796	10.830	0.393	131.86	3.09	18.10	208.97	3.89	29.55	54.74	1.99	14.26	233.54	2.71
		8		15.638	12.276	0.393	148.24	3.08	20.47	235.07	3.88	33.24	61.41	1.98	15.75	267.09	2.76
10	100	10	12	19.261	15.120	0.392	179.51	3.05	25.06	284.68	3.84	40.26	74.35	1.96	18.57	334.48	2.84
		12		22.800	17.898	0.391	208.90	3.03	29.48	330.95	3.81	46.80	86.84	1.95	21.08	402.34	2.91
		14		26.256	20.166	0.391	236.53	3.00	33.73	374.06	3.77	52.90	99.00	1.94	23.44	470.75	2.99
		16		29.627	23.257	0.390	262.53	2.98	37.82	414.16	3.74	58.57	110.89	1.94	25.63	539.80	3.06

注：1. $r_1=\frac{1}{3}d$，$r_2=0$，$r_0=0$。

2. 角钢长度：

钢号	2～4号	4.5～8号	9～14号	16～20号
长度	3～9m	4～12m	4～19m	6～19m

3. 一般采用的材料：Q215，Q235，Q275，Q235F。

二、**热轧普通工字钢**（GB706—65）

符号意义：

h——高度；
b——腿宽；
d——腰厚；
t——平均腿厚；
r——内圆弧半径；
r_1——腿端圆弧半径；
I——惯矩；
W——截面系数；
i——惯性半径；
S——半截面的静矩。

型号	尺寸/mm						截面面积 cm^2	理论重量 $Kg \cdot m^{-1}$	参考数值						
									X–X				Y–Y		
	h	b	d	l	r	r_1			I_x cm^4	W_x cm^3	i_x cm	I_x：S_x	I_x cm^4	W_x cm^3	i_y cm
10	100	68	4.5	7.6	6.5	3.3	14.3	11.2	245	49	4.14	8.59	33	9.72	1.52
12.6	126	74	5	8.4	7	3.5	18.1	14.2	448.43	77.529	5.159	10.85	46.906	12.677	1.609
14	140	80	5.5	9.1	7.5	3.8	21.5	16.9	712	102	5.76	12	64.4	16.1	1.73
16	160	88	6	9.9	8	4	26.1	20.5	1130	141	6.68	13.8	93.1	21.2	1.89
18	180	94	6.5	10.7	8.5	4.3	30.6	24.1	1660	185	7.36	15.4	122	26	2
20a	200	100	7	11.4	9	4.5	35.5	27.9	2370	237	8.15	17.2	158	31.5	2.12
22b	200	102	9	11.4	9	4.5	39.5	31.1	2500	250	7.96	16.9	169	33.1	2.06
22a	220	110	7.5	12.3	9.5	4.8	42	33	3400	309	8.99	18.9	225	40.9	2.31
22b	220	112	9.5	12.3	9.5	4.8	46.4	36.4	3570	325	8.78	18.7	239	42.7	2.27
25a	250	116	8	13	10	5	48.5	38.1	5023.54	401.88	10.18	21.58	280.046	48.283	2.403
25b	250	118	10	13	10	5	53.5	42	5283.96	422.72	9.938	21.27	309.297	52.423	2.404
28a	280	122	8.5	13.7	10.5	5.3	55.45	43.4	7114.14	508.15	11.32	24.62	345.051	56.565	2.495
28b	280	124	10.5	13.7	10.5	5.3	61.05	47.9	7480	534.29	11.08	24.24	379.496	61.209	2.493

续表

型号	尺寸/mm						截面面积 cm^2	理论重量 $Kg\cdot m^{-1}$	参考数值						
									X–X				Y–Y		
	h	b	d	l	r	r_1			I_x cm^4	W_x cm^3	i_x cm	I_x: S_x cm	I_x cm^4	W_x cm^3	i_y cm
32a	320	130	9.5	15	11.5	5.8	67.05	52.7	11075.5	692.2	12.84	27.46	459.93	70.758	2.619
32b	320	132	11.5	15	11.5	5.8	73.45	57.7	11621.4	726.33	12.58	27.09	501.53	75.989	2.614
32c	320	134	13.5	15	11.5	5.8	79.95	62.8	12167.5	760.47	12.34	26.77	543.81	81.166	2.608
36a	360	136	10	15.8	12	6	76.3	59.9	15760	875	14.4	30.7	552	81.2	2.69
36b	360	138	12	15.8	12	6	83.5	65.6	16530	919	14.1	30.3	582	84.3	2.64
36c	360	140	14	15.8	12	6	90.7	71.2	17310	962	13.8	29.9	612	87.4	2.6
40a	400	142	10.5	16.5	12.5	6.3	86.1	67.6	21720	1090	15.9	34.1	660	93.2	2.77
40b	400	144	12.5	16.5	12.5	6.3	94.1	73.8	22780	1140	15.6	33.6	692	96.2	2.71
40c	400	146	14.5	16.5	12.5	6.3	102	80.1	23850	1190	15.2	33.2	727	99.6	2.65
45a	450	150	11.5	18	13.5	6.8	102	80.4	32240	1430	17.7	38.6	855	114	2.89
45b	450	152	13.5	18	13.5	6.8	111	87.4	33760	1500	17.4	38	894	118	2.84
45c	450	154	15.5	18	13.5	6.8	120	94.5	35280	1570	17.1	37.3	938	122	2.79
50a	500	158	12	20	14	7	119	93.6	46470	1860	19.7	42.8	1120	142	3.07
50b	500	160	14	20	14	7	129	101	48560	1940	19.4	42.4	1170	146	3.01
50c	500	162	16	20	14	7	139	109	50640	2080	19	41.8	1220	151	2.96
56a	560	166	12.5	21	14.5	7.3	135.25	106.2	65585.6	2342.31	22.02	47.73	1370.16	165.08	3.182
56b	560	168	14.5	21	14.5	7.3	146.45	115	68512.5	2446.69	21.63	47.17	1486.75	174.25	3.162
56c	560	170	16.5	21	14.5	7.3	157.85	123.9	71439.4	2551.41	21.27	46.66	1558.39	183.34	3.158
63a	630	176	13	22	15	7.5	154.9	121.6	93916.2	2981.47	24.62	54.17	1700.55	193.24	3.314
63b	630	178	15	22	15	7.5	167.5	131.5	98083.6	3163.38	24.2	53.51	1812.07	203.6	3.289
63c	630	180	17	22	15	7.5	180.1	141	102251.1	3298.42	23.82	52.92	1924.91	213.88	3.268

注：1. 工字钢长度：10～18 号，长 5～19m；20～63 号，长 6～19m。

2. 一般采用的材料 Q215、Q235、Q275、1235F。

参 考 文 献

1 哈尔滨工业大学．理论力学(I)[M]．北京：高等教育出版社，1996
2 清华大学理论力学教研组．理论力学(上册) [M]．北京：人民教育出版社，1981
3 浙江大学．理论力学．北京：高等教育出版社，1983
4 刘延柱，杨海兴．理论力学．北京：高等教育出版社，1991
5 刘鸿文．材料力学．北京：高等教育出版社，1997
6 范钦珊．工程力学教程(I)．北京：高等教育出版社，1998
7 顾朴．材料力学．北京：高等教育出版社，1985
8 张秉荣，章剑青．工程力学．北京：机械工业出版社，2001
9 河海大学理论力学教研组．工程静力学．南京：河海大学出版社，2005
10 郝桐生．理论力学．北京：高等教育出版社，1998